DEIN COACH ZUM ERFOLG!

Dein ActiveBook au

Du kannst auf alle digitalen Inhalte (Prüfung 2022, interaktive Aufgaben, Videos) online zugreifen. Registriere dich dazu unter **www.stark-verlag.de/mystark** mit deinem **persönlichen Zugangscode**:

C08570-000855

Die Inhalte dieser Auflage stehen bis Schuljahresende zur Verfügung.

MySTARK

Das ActiveBook *bietet dir:*

- Viele interaktive Übungsaufgaben zu prüfungsrelevanten Themenbereichen
- Sofortige Ergebnisauswertung
- Detailliertes Feedback
- Lernvideos zu zentralen Themen

DEIN COACH ZUM ERFOLG!

So kannst du interaktiv lernen:

Interaktive Aufgaben

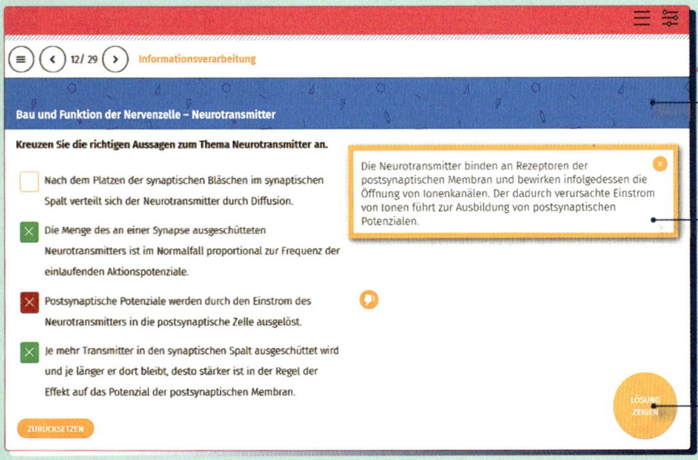

Prüfungsrelevante Themenbereiche

Hilfreiches Feedback bei falschen Antworten

Sofortige Ergebnisauswertung

Lernvideos

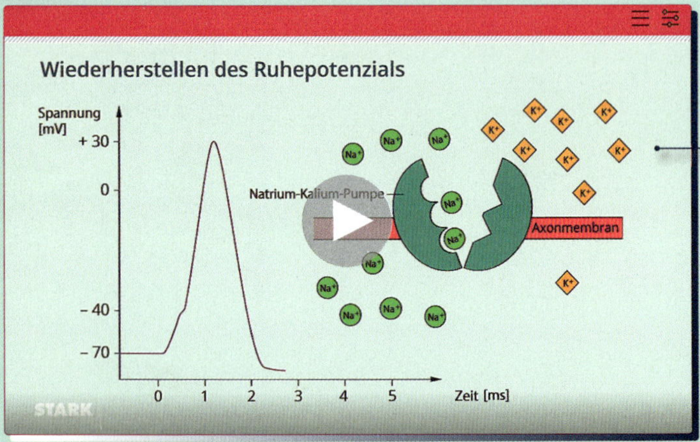

Lernvideos zu wichtigen Themen

Systemvoraussetzungen:

- Mindestens 1024×768 Pixel Bildschirmauflösung
- Chrome, Firefox oder ähnlicher Webbrowser
- Adobe Reader oder kompatibler anderer PDF-Reader
- Internetzugang

2023

Abitur

Original-Prüfungsaufgaben
mit Lösungen

Gymnasium · Baden-Württemberg

Biologie LF

STARK

20. neu bearbeitete und ergänzte Auflage
www.stark-verlag.de

Inhaltsverzeichnis

Abiturprüfung 2020

Abiturprüfung 2021

Abiturprüfung 2022

Sobald die Original-Prüfungsaufgaben 2022 freigegeben sind, können Sie sie als PDF auf der Plattform MyStark herunterladen (Zugangscode vgl. Farbseiten zu Beginn des Buches).

aufgaben
immunbiologie
Lösung

Autoren:

Christian Schillinger	Übungsaufgaben, Lösungen der Abituraufgaben 2019 – 2022
Thomas Frischmann	Lösungen der Abituraufgaben 2019 – 2021
Werner Lingg	Lösungen der Abituraufgaben 2014 – 2018

Vorwort

Liebe Schülerinnen und Schüler,

das vorliegende Buch bietet Ihnen die Möglichkeit, sich optimal auf die schriftliche Abiturprüfung im Leistungsfach Biologie im Gymnasium in Baden-Württemberg vorzubereiten.

Der Abschnitt „**Hinweise und Tipps für die Abiturprüfung im Leistungsfach Biologie**" gibt Ihnen eine Übersicht zu den **Anforderungen** und zum **Ablauf** der schriftlichen Prüfung, zur Herangehensweise bei der **Bearbeitung** der Prüfungsaufgaben sowie Tipps zur mündlichen Zusatzprüfung.

Der Hauptteil dieses Buches enthält die **Original-Prüfungsaufgaben** aus den Jahren **2014 bis 2021**. Die Aufgaben zur **Abiturprüfung 2022** stehen Ihnen auf der Plattform MyStark zum Download zur Verfügung, sobald sie freigegeben sind. Zu allen Abituraufgaben bieten wir Ihnen **ausführliche, kommentierte Lösungsvorschläge**, z. T. **mit Tipps und Hinweisen zur Lösungsstrategie**, die eine effektive Vorbereitung auf die Prüfung ermöglichen.

Lernen Sie gerne am **PC** oder **Tablet**? Nutzen Sie das **ActiveBook** auf der Plattform MyStark, um mithilfe von interaktiven Aufgaben Ihr biologisches Fachwissen effektiv zu trainieren. Zentrale biologische Themen finden Sie außerdem in **Lernvideos** anschaulich erklärt (vgl. Farbseiten zu Beginn des Buches).

Sollten nach Erscheinen dieses Bandes noch wichtige Änderungen in der Abiturprüfung 2023 vom Kultusministerium bekannt gegeben werden, können Sie aktuelle Informationen dazu ebenfalls online auf der Plattform MyStark abrufen.

Wir wünschen Ihnen viel Erfolg bei den Prüfungen!

Ihr
Stark Verlag

Stichwortverzeichnis 2014–2021

Thematisches Verzeichnis

Themengebiet/ Jahrgang	2014	2015	2016	2017	2018	2019	2020	2021	2022
Zytologie	II, IV	III	I	I, IV	I, II, III		IV	II	I, II
Proteine/ Enzyme	II, IV	III, IV	II	III		I, II	III	I, II	I, II
Immunbiologie	I	II	III	II	I, II	I, III	II	III	I
Neurophysio-logie/Sinnes-physiologie	I	I	I, II, III, IV	I, II, IV	IV	III, IV	I	I, IV, V*	II, V*
Molekular-genetik/ Gentechnik	I, II, III, IV	II, IV	I, II	II, III	I, III, IV	I, II, IV	I, II, III, IV	II, III, IV, V*	I, IV, V*
Evolution	I	I, III	IV	II	II	IV	I, II, IV	IV, V*	IV

* Für die Abiturprüfungen 2021 und 2022 wurde aufgrund der pandemiebedingten unterrichtlichen Einschränkungen jeweils eine zusätzliche Aufgabe (V) zur Verfügung gestellt. Aus den fünf Aufgaben wählte die Fachlehrkraft vorab vier aus.

HINWEISE UND TIPPS

Hinweise und Tipps zur Abiturprüfung

1 Rahmenbedingungen und Anforderungen der Prüfung

An den allgemeinbildenden Gymnasien und Gemeinschaftsschulen mit Oberstufe in Baden-Württemberg legen Abiturient*innen in drei Leistungsfächern eine zentral gestellte, schriftliche Abiturprüfung ab. Als Prüfling im Leistungsfach Biologie erhalten Sie vier (römisch nummerierte) Aufgaben, aus denen Sie **drei** Aufgaben auswählen und bearbeiten müssen. In den Jahren 2021 und 2022 wurden aufgrund der pandemiebedingten unterrichtlichen Einschränkungen fünf Aufgaben zur Verfügung gestellt und die Fachlehrkräfte trafen die Vorauswahl (vier Aufgaben). Die **Bearbeitungszeit** beträgt einschließlich der Auswahlzeit **270 Minuten**. Jede Aufgabe ergibt bei vollständiger Lösung 20 Verrechnungspunkte. Als Hilfsmittel ist ein Nachschlagewerk zur deutschen Rechtschreibung zugelassen, eine Codesonne wird vorgelegt.

1.1 Inhaltliche Grundlagen der Prüfung

In der folgenden Tabelle sind die vom Kultusministerium im **Bildungsplan** 2016 verbindlich festgelegten **Sachgebiete** und ihre jeweiligen Fachinhalte knapp aufgeführt. Als Kompetenzerwartungen formuliert finden Sie diese Bildungsplaninhalte unter:
www.bildungsplaene-bw.de/,Lde/Startseite/BP2016BW_ALLG/BP2016BW_ALLG_GYM_BIO

Sachgebiet	Inhaltliche Konkretisierung
System Zelle	• **Zelle:** Zelle als offenes System, Bedeutung der Kompartimentierung, Unterschiede zwischen Pro- und Eukaryoten • **Zellorganellen:** Struktur und Funktion, Zuordnung von Zellstrukturen auf elektronenmikroskopischen Bildern • **Biomembranen:** Modelle, Experimente zur Bestimmung von Eigenschaften (Osmose), Transportmechanismen (aktiv, passiv, Membranfluss) • **Stoffwechselprozesse:** Fotosynthese und Zellatmung (Reaktionsgleichungen, Zuordnung der Teilprozesse zu Reaktionsräumen, Energieumwandlung), energetische Kopplung (ATP als Energieüberträger)

Sachgebiet	Inhaltliche Konkretisierung
Biomoleküle und molekulare Genetik	• **Biomoleküle:** Bau und Funktion von Proteinen und Nukleinsäuren, Strukturebenen von Proteinen, Experiment zur Isolierung von DNA, Strukturmerkmale der DNA • **Biokatalyse:** Struktur und Funktion von Enzymen, Experimente zur Abhängigkeit der Enzymaktivität, Hemmung und Regulation der Enzymaktivität • **DNA und Genaktivität**: DNA-Replikation, Proteinbiosynthese, Mutationen und deren Auswirkungen, Unterschiede der Proteinbiosynthese bei Pro- und Eukaryoten, Wirkungsweise von Antibiotika, differenzielle Genaktivität und Genregulation bei Prokaryoten
Molekularbiologische Verfahren und Gentechnik	• Werkzeuge und Verfahren der Molekularbiologie (Restriktionsenzyme, Plasmide, PCR, Gelelektrophorese) • genetischer Fingerabdruck • Experimente zur Molekularbiologie • Herstellung transgener Organismen (Isolierung und Transfer von Genen, Selektion transgener Organismen) • Chancen und Risiken gentechnisch veränderter Organismen in Medizin und Landwirtschaft
Kommunikation zwischen Zellen	**Nervensystem:** • Informationsaufnahme, -weiterleitung und -verarbeitung • Motoneuron: Struktur und Funktion • Ruhepotenzial, Aktionspotenzial, Erregungsweiterleitung • Erregungsübertragung an Synapsen • Verrechnung der Signale von erregenden und hemmenden Synapsen • Reizaufnahme und Transduktion an lichtempfindlicher Sinneszelle • Entstehung der Wahrnehmung im Gehirn (z. B. Sehwahrnehmung) **Hormonsystem:** • Regelung von Stoffwechselprozessen durch Hormone • Wirkungsmechanismen von Hormonen auf molekularer Ebene **Immunsystem:** • Humorale und zelluläre Immunantwort • Vielfalt der Antikörper und Rezeptoren • Unterscheidung von körpereigen und körperfremd (MHC-System, z. B. Allergie, Transplantation, Autoimmunerkrankung) • Vermehrung und Pathogenität von Viren (HIV), Nachweismethoden (ELISA) und Therapieansätze
Evolution und Ökologie	• Ordnung der Artenvielfalt nach Kriterien • Belege für stammesgeschichtliche Verwandtschaft (Morphologie, DNA-Analyse) zur Konstruktion von Stammbäumen, Vergleich mit konvergenter Entwicklung (Homologie und Analogie) • Synthetische Evolutionstheorie: Einfluss der Evolutionsfaktoren auf den Genpool, Artbildung und Einnischung • Wirkung abiotischer und biotischer Selektionsfaktoren auf Populationen • Bedeutung und Erhalt der Biodiversität, nachhaltige Entwicklung • Evolution des Menschen: biologisch und kulturell

Sachgebiet	Inhaltliche Konkretisierung
Chancen und Risiken biomedizinischer Verfahren	• Vergleich geschlechtlicher und ungeschlechtlicher Fortpflanzung • Verfahren der Reproduktionsbiologie (Klonen, *in-vitro*-Fertilisation, Keimbahntherapie), ethische Bewertung • Methoden der Pränataldiagnostik, Präimplantationsdiagnostik, ethische Bewertung • Therapieansätze der modernen Medizin (z. B. mit Stammzellen)

Teil des Bildungsplans sind darüber hinaus **grundlegende biologische Prinzipien**, die sich durch alle Sachgebiete des Bildungsplans als „roter Faden" ziehen und zur Analyse und Erklärung biologischer Phänomene dienen. Diese Prinzipien lassen sich jeweils einem der drei übergeordneten **Basiskonzepte** zuweisen:

- **Struktur und Funktion:** Zwischen dem Bau eines Moleküls, Organells, Organs, Organismus und dessen Funktion besteht ein Zusammenhang.
- **System:** Lebende Systeme existieren auf verschiedenen Strukturebenen (u. a. Zelle, Population, Ökosystem) und stehen mit ihrer Umwelt in stetigem Stoff- und Energieaustausch (offene Systeme).
- **Entwicklung:** Biologische Systeme können sich verändern, sowohl auf Individualebene (z. B. Wachstum) als auch auf der Ebene von Populationen (Evolution).

Basiskonzept	Biologisches Prinzip	Bedeutung
Struktur und Funktion	Schlüssel-Schloss-Prinzip	Durch Passgenauigkeit zweier (oder mehrerer) Strukturen wird eine spezifische Wirkung erzielt (z. B. Transmitter – Rezeptor, Antigen – Antikörper, Enzym – Substrat).
	Oberflächenvergrößerung	(Stoffwechsel-)Leistung kann ohne Zuwachs an Volumen erhöht werden (z. B. Faltung der inneren Mitochondrienmembran, Lungenbläschen).
	Angepasstheit	Lebewesen sind strukturell oder im Verhalten an die Umgebungsbedingungen angepasst (z. B. Verdunstungsschutz bei Pflanzen, Schnabelform bei Vögeln).
	Gegenspielerprinzip	Zwei Faktoren wirken in einem Bezugssystem einander entgegengesetzt (z. B. Insulin und Glucagon zur Regulation des Blutzuckerspiegels, Strecker- und Beugemuskeln).
System	Kompartimentierung	Lebende Systeme sind in abgegrenzte Reaktionsräume gegliedert (z. B. Zellorganellen, Gewebe, Organe).
	Stoff- und Energieumwandlung	Alle Lebensvorgänge gehen mit Energieumwandlungen einher, energiebedürftige Vorgänge sind mit energieliefernden Vorgängen gekoppelt (z. B. ATP als Energiequelle für aktiven Transport, Aufbau von Membranpotenzialen, Muskelbewegung).
	Steuerung und Regelung	Für die Anpassung an wechselnde Bedingungen ist die Fähigkeit zur Regulation essenziell (z. B. Regulation der Enzymaktivität, der Genaktivität; negative Rückkopplung).

System	Information und Kommunikation	Aufnahme, Verarbeitung, Speicherung und Weitergabe von Information ermöglicht Kommunikation innerhalb und zwischen Lebewesen (z. B. Signaltransduktion, Zell-Zell-Kontakte).
Entwicklung	Reproduktion	Lebewesen pflanzen sich geschlechtlich und/oder ungeschlechtlich fort und geben ihre Erbinformation an ihre Nachkommen weiter (z. B. Mitose, Meiose).
	Variabilität	Merkmalsunterschiede zwischen Individuen einer Population beruhen auf der Veränderlichkeit der genetischen Information (Mutation und Rekombination) und Modifikationen (z. B. Melaninproduktion als Reaktion auf Umwelteinflüsse).
	Evolution	Das Zusammenwirken von Evolutionsfaktoren verändert den Genpool von Populationen (z. B. Artumwandlung durch veränderte Umweltfaktoren).

Ideal zur Überprüfung des biologischen Fachwissens sind die im **ActiveBook** enthaltenen interaktiven Aufgaben. Hier finden Sie auch anschauliche **Lernvideos** zu zentralen Themen (vgl. Farbseiten zu Beginn des Buches).
Zur Auffrischung des relevanten Prüfungsstoffs kurz vor der Prüfung ist das „Abitur-Skript Biologie" (Stark Verlag, Best.-Nr. 8570S2, erscheint vsl. Dezember 2022) besonders gut geeignet.

1.2 Prozessbezogene Kompetenzen

Neben der Beherrschung fachlicher Inhalte und der Fachsprache soll auch überprüft werden, ob Sie Strukturen und Inhalte bisher unbekannter biologischer Sachverhalte erfassen können, diese mit dem eigenen Wissen verknüpfen und schließlich zu angemessenen Lösungen und Bewertungen kommen können. Die unbekannten Inhalte werden Ihnen als Materialien (z. B. in Form von Einführungstexten, Versuchsbeschreibungen, Diagrammen, Tabellen oder Skizzen) zur Prüfungsaufgabe vorgelegt.
Diese Fähigkeiten, die über die Wiedergabe des reinen, angelernten Wissens hinausgehen, werden als **prozessbezogene Kompetenzen** bezeichnet. Sie umfassen Mittel der Erkenntnisgewinnung, Formen der Informationsauswertung sowie die Fähigkeit zur (ethischen) Bewertung biologischer Forschung und Anwendungen. Damit verbundene Kompetenzen, die von Ihnen in der Prüfung erwartet werden, sind u. a.:

Informationen und Erkenntnisse gewinnen:
- Aus einem wissenschaftlichen Text die wesentlichen Informationen entnehmen und sie zusammenfassen oder sie in einem Schema darstellen (Textverständnis)
- Versuchsdaten aus Tabellen und Diagrammen auswerten
- Informationen aus Grafiken und Bildern entnehmen
- Versuchsabläufe und -ergebnisse in Diagramme/Grafiken umsetzen
- eigene Hypothesen aufstellen, Experimente planen (Versuchsanordnungen skizzieren), um Hypothesen zu überprüfen
- Modelle zur Erklärung von Sachverhalten nutzen und fachgerecht modifizieren

Beantwortung themenübergreifender Fragestellungen:
In jedem Aufgabenblock sind mehrere Bildungsplanthemen eingearbeitet (anders als in den meist themenbezogenen Kursklausuren). Eine Aufgabe beginnt z. B. mit Fragen zur Immunreaktion. Im Zusammenhang mit Antikörpern könnte sowohl in Richtung Proteinbiosynthese als auch in Richtung Proteinaufbau weiter gefragt werden.

Wiedererkennen grundlegender biologischer Prinzipien:
Großer Wert wird auf die Fähigkeit gelegt, grundlegende biologische Prinzipien in einem neuen Zusammenhang wiederzuerkennen und zu bearbeiten.

Biologische Allgemeinbildung:
Wissensstandards aus der Mittelstufe, die zur Allgemeinbildung zählen, werden vorausgesetzt. Beispiele sind: Entwicklung der Amphibien, Entwicklung der Insekten, Baupläne der Wirbeltiere bzw. Insekten, Grundbegriffe aus der Ökologie, die wichtigsten pflanzlichen Organe, die wichtigsten menschlichen Organe (Verdauungsorgane, Atmungsorgane und Blutkreislauf des Menschen).

Bewerten:
Am anspruchsvollsten sind Aufgaben, in denen Sie auf der Basis Ihrer Kenntnisse und/oder eines Wertesystems abwägend Urteile fällen sollen. Diese Bewertung kann die Eignung von Modellen zur Veranschaulichung komplexer Sachverhalte betreffen, den Einfluss des Menschen auf die Natur oder biologische Forschungsmethoden, -ergebnisse und Anwendungen.

1.3 Anforderungsbereiche und Operatoren

Aus der Aufgaben- und Fragestellung gehen Art und Umfang der geforderten Leistung hervor. Dazu werden in den Aufgaben handlungsleitende Verben, sogenannte **Operatoren** verwendet, die als eindeutige Arbeitsanweisungen dienen. Sie lassen Rückschlüsse auf das Anforderungsniveau zu. Es werden drei **Anforderungsbereiche** (AFB) unterschieden, denen typische Operatoren zugeordnet werden können.

- Anforderungsbereich I: Reproduktionsaufgaben
- Anforderungsbereich II: Reorganisationsaufgaben
- Anforderungsbereich III: Transferaufgaben

Der Schwerpunkt liegt in der Abiturprüfung auf dem Anforderungsbereich II, der somit mehr als 50 % der zu erreichenden Verrechnungspunkte bzw. der Prüfungsleistung umfasst. Hinsichtlich der verbleibenden Prüfungsleistung werden die Reproduktionsaufgaben gegenüber den Transferaufgaben stärker gewichtet (z. B. 30 % : 20 %).

Reproduktionsfragen (AFB I):
Hierbei handelt es sich um die Wiedergabe von Fachwissen ohne weitere Begründung und Erläuterung. Sie sollen …

- Fachbegriffe nennen oder aufzählen;
- bekannte Zusammenhänge, Fakten, Abläufe oder Vorgänge darstellen, zusammenfassen oder aufzählen;

- Aufbau oder Funktion bekannter biologischer Objekte, Organe etc. beschriften oder wiedergeben;
- bekannte Schemata, Diagramme oder Experimente wiedergeben.

Operator	Erwartung	Beispiel
Benennen Sie … *	Eigenschaften und Bestandteile biologischer Objekte bzw. Vorgänge genau angeben	2018, II 1.1 2022, I 1
Beobachten Sie …	mit den eigenen Sinnen bewusst wahrnehmen oder an Messgeräten ablesen	
Formulieren Sie … * Geben Sie wieder … *	bekannte Inhalte wiederholen bzw. zusammenfassen	2018, III 1.1 2022, I 2.1 2016, IV 3
Führen Sie … durch.	eine Anleitung (z. B. Experiment) umsetzen	
Nennen Sie …	Elemente, Sachverhalte, Begriffe, Daten ohne Erläuterungen aufzählen	2014, IV 1.1 2017, II 4
Nutzen Sie …	Hilfsmittel, Informationen oder Medien fachgerecht einsetzen	
Skizzieren Sie … * Zeichnen Sie … Erstellen Sie eine schematische Zeichnung. * Fertigen Sie eine beschriftete Zeichnung an. *	eine möglichst exakte grafische Darstellung beobachtbarer oder gegebener Strukturen anfertigen	2015, III 1.1 2016, I 1 2017, I 1 2018, II 2.3 2019, IV 1.1 2021, III 5.2 2022, II 1.1
Stellen Sie dar …	Sachverhalte, Zusammenhänge, Methoden etc. strukturiert wiedergeben	2018, I 1 2020, III 3.3

* Diese Operatoren werden in den Aufgabenstellungen der Abiturprüfung 2023 nicht mehr verwendet.

Reorganisationsfragen (AFB II):

Gefordert ist die Anwendung grundsätzlich bekannter Lerninhalte auf eine neuartige Fragestellung oder einen veränderten Sachzusammenhang. Dies kann bedeuten:

- Beschriftung eines homologen Organs
- Ablauf eines biologischen Vorgangs an einem anderen Fallbeispiel in korrekter Fachsprache erklären
- Auswertung von Daten, Grafiken an anderen Fallbeispielen

Operator	Erwartung	Beispiel
Bestimmen Sie mithilfe … *	Ergebnisse mittels gegebener Daten erzeugen	2018, III 1.2
Beschreiben Sie …	Strukturen, Sachverhalte, Prozesse oder Zusammenhänge strukturiert und fachsprachlich richtig mit eigenen Worten wiedergeben	2018, III 3.1 2019, I 2.1 2022, I 2.2

Erklären Sie … Geben Sie (mögliche) Erklärungen …	einen Sachverhalt auf Regeln und Gesetzmäßigkeiten zurückführen und ihn nachvollziehbar machen	2015, II 2.2 2017, III 3.1 2018, I 3.2 2022, I 3
Erläutern Sie …	einen Sachverhalt veranschaulichend darstellen und durch zusätzliche Informationen verständlich machen	2016, IV 4.2 2017, II 2.2 2018, I 2 2020, I 1.1
Ermitteln Sie …	einen Zusammenhang oder eine Lösung finden und das Ergebnis formulieren	2017, II 2.3 2021, III 3
Leiten Sie ab … * Ordnen Sie (zu) …	auf der Grundlage wesentlicher Merkmale sachgerechte Schlüsse ziehen Begriffe, Gegenstände etc. aufgrund bestimmter Merkmale systematisch einteilen	2015, III 4.3 2021, V 2.2 2016, I 2.2 2019, II 1.3
Planen Sie …	zu einem vorgegebenen Problem Lösungswege entwickeln	2017, II 2.1
Stellen Sie diesen Fall grafisch dar … * Erstellen Sie ein Diagramm … *	bislang unbekannte Sachverhalte, Strukturen oder Ergebnisse auf das Wesentliche reduziert übersichtlich grafisch darstellen	2015, I 3.1 2016, I 2.1
Untersuchen Sie …	Sachverhalte oder Objekte zielorientiert erkunden, Merkmale und Zusammenhänge herausarbeiten	
Vergleichen Sie …	Gemeinsamkeiten, Ähnlichkeiten und Unterschiede ermitteln	2019, IV 3.2 2021, IV 3.2
Wenden Sie an …	Eine Methode oder Kenntnisse auf einen anderen Sachverhalt beziehen	

* Diese Operatoren werden in den Aufgabenstellungen der Abiturprüfung 2023 nicht mehr verwendet.

Transferfragen (AFB III):
Dabei handelt es sich um neuartige, komplexe und vielschichtige Problemstellungen, die nur durch einen planvollen und kreativen Denkansatz gelöst werden können. Von Ihnen wird erwartet:

- Anwendung einer Gesetzmäßigkeit zur Lösung eines neuen Problems
- Ursachen/Bedingungen für bestimmte Abläufe erkennen u. verständlich darstellen
- Anwendung einer biologischen Versuchstechnik in einem neuen Zusammenhang
- Wiedererkennen einer Gesetzmäßigkeit in neuem Zusammenhang
- Erkennung wesentlicher Gemeinsamkeiten/Unterschiede
- Vorhersagen/Schlussfolgerungen mit Begründung
- Bildung von Hypothesen, Planung von Experimenten
- Analyse und Strukturierung eines anspruchsvollen Originaltextes
- Umsetzen von Tabellen und Grafiken in die Fachsprache

Operator	Erwartung	Beispiel
Analysieren Sie … *	wichtige Bestandteile oder Eigenschaften auf eine bestimmte Fragestellung hin herausarbeiten	2014, IV 1.2
Begründen Sie …	Sachverhalte auf Regeln und Gesetzmäßigkeiten bzw. kausale Beziehungen von Ursachen und Wirkung zurückführen	2016, III 4 2018, IV 4.2 2020, IV 2.2
Bewerten Sie …	einen Sachverhalt nach fachlichen Gesichtspunkten oder auf der Basis eigener bzw. gesellschaftlicher Werte begründet beurteilen	2014, IV 4.3 2016, IV 4.1
Deuten Sie … * Interpretieren Sie …	fachspezifische Zusammenhänge auf mögliche Erklärungen untersuchen und diese abwägend darstellen	2016, II 3
Diskutieren Sie … * Erörtern Sie … *	Argumente und Beispiel zu einer Aussage oder These einander gegenüberstellen und abwägen. Eigene Gedanken zu einer Problemstellung entwickeln und zu einem begründeten Urteil kommen.	2016, IV 3
Entwickeln/Formulieren Sie eine Hypothese … *	begründete Vermutung auf der Grundlage von Beobachtungen, Untersuchungen, Experimenten oder Aussagen formulieren	2014, IV 3 2018, III 2.1
Werten Sie aus …	Daten, Einzelergebnisse usw. in einen Zusammenhang stellen, um daraus Schlussfolgerungen zu ziehen	2021, I 3 2022, IV 3

* Diese Operatoren werden in den Aufgabenstellungen der Abiturprüfung 2023 nicht mehr verwendet.

2 Tipps zur Auswahl und Bearbeitung der Prüfungsaufgaben

2.1 Auswahlzeit

Die Auswahl der drei Aufgabenblöcke, in denen Sie voraussichtlich die meisten Punkte erreichen können, ist von größter Wichtigkeit. Ein späterer Wechsel, den Sie vornehmen, da sich erst bei genauerer Betrachtung eine wichtige Teilfrage als zu schwierig herausstellt, ist sehr zeitraubend. Nehmen Sie sich daher die Zeit, das Material jeder Aufgabe zu sichten und die Teilaufgaben genau durchzulesen. Lassen Sie sich nicht abschrecken von langen Vortexten, von völlig unbekannten Skizzen und Tabellen und nie gehörten Krankheits- und Tiernamen. Achten Sie auf die im vorangehenden Abschnitt erklärten Anforderungsbereiche und die dazu gehörenden Operatoren. Ergebnisse einer Messreihe (z. B. als Diagramm) „darzustellen“ ist viel leichter als diese „auszuwerten“.
Suchen Sie nach Reproduktions- und Reorganisationsaufgaben, die Sie sicher beherrschen. Addieren Sie die nach Ihrer Einschätzung erreichbaren Verrechnungspunkte für

jeden Aufgabenblock und vergleichen Sie die erreichte Punktezahl. Meist ist dann schon klar, welche Aufgabe abgewählt wird. Testen Sie dieses Verfahren für einen beliebigen Abiturjahrgang in diesem Buch. Sie werden feststellen, dass Sie oft nur auf die Hälfte der erreichbaren Punktezahl kommen. Dies ist beabsichtigt, da Faktenwissen allein noch nicht für eine gute Note ausreichen soll. Deshalb ist es ratsam, sich durch anspruchsvolle Texte oder Skizzen nicht gleich von einer Aufgabe abschrecken zu lassen.

2.2 Bearbeitung der gewählten Aufgaben

Studium der Vortexte, Sichtung des Materials, Analysieren der (Teil-)Aufgaben
Investieren Sie ausreichend Zeit für ein intensives Studium der Vortexte sowie für die Analyse der gegebenen Materialien. Markieren Sie wichtige Textpassagen und Elemente des zur Verfügung gestellten Materials und notieren Sie sich Stichpunkte. Zur Lösung komplexer Aufgabenstellungen sind sie eine wertvolle Strukturierungshilfe für die Verknüpfung ihres Vorwissens mit den Informationen aus dem Text und dem gegebenen Material. Lesen Sie sich den Aufgabentext der (Teil-)Aufgabe durch und unterstreichen Sie die Operatoren. Komplexe Fragestellungen sollten Sie in Teilaufgaben unterteilen. Lesen Sie unter Berücksichtigung der Operatoren nochmals den zur Aufgabe gehörenden Text bzw. betrachten Sie das Material. Kennzeichnen Sie dabei wichtige Informationen und machen Sie sich Randnotizen am Aufgabentext.

Reinschrift, Konzept, Aufgabenblatt, Rechtschreibung
Beachten Sie, dass nur bewertet wird, was in der Reinschrift steht. Alle Notizen, die Sie auf dem Aufgabenblatt oder dem Konzeptpapier (eigene Schmierzettel sind nicht erlaubt) hinterlassen, werden zwar eingesammelt, aber nicht gewertet. So wird vermieden, dass unklar ist, welche Antwort gelten soll: die richtige im Konzept oder die falsche in der Reinschrift.
Nur bei offensichtlichen Übertragungsfehlern in die Reinschrift wird der Entwurf gewertet. Dies gilt auch für den Fall, dass jemand aus Zeitgründen den letzten Teil der Antwort nur auf dem Konzept hat. Die meisten Prüflinge benutzen deshalb die Konzeptblätter (grüne Farbe) nur als Schmierzettel und schreiben gleich in die Reinschrift. Bei schweren Mängeln in der sprachlichen Form (Rechtschreibung und Grammatik) und/oder der Darstellungsform können bis zu 2 Notenpunkte (das sind bis zu 8 Verrechnungspunkte!) abgezogen werden. Fertigen Sie also eine Stichwortliste, eine grobe Gliederung oder Skizzenentwürfe am besten erst einmal im Konzept an.

Fachsprache, Skizzen
Achten Sie darauf, dass Sie in Ihren Antworten alle Fachbegriffe verwenden, die zur vollständigen Beantwortung einer Aufgabenstellung notwendig sind. Kurze Definitionen der Fachbegriffe unterstreichen Ihre Fachkompetenz. Häufig lassen sich Formulierungshilfen aus den Vortexten übernehmen. Anatomische und schematische Skizzen müssen in der Regel mindestens eine halbe Seite groß sein. Vermeiden Sie auf jeden Fall zu kleine Skizzen mit unklarer Beschriftung sowie mit Kugelschreiber oder Filzstift korrigierte Strukturen, Sie riskieren ansonsten unnötige Punktabzüge. Für Skizzen nutzen Sie daher am besten Bleistift, Radiergummi und Lineal.

Zeitmanagement, Vollständigkeit
Planen Sie grob mit 60 Minuten pro Aufgabenblock (ohne Auswahlzeit). Dann bleibt auch genügend Zeit für eine abschließende Kontrolle der Vollständigkeit und der Rechtschreibung.
Nicht selten werden zurückgestellte Teilaufgaben vergessen. Deshalb auch der Hinweis auf dem Deckblatt: Für jede Aufgabe beginnt man einen neuen vierseitigen Papierbogen und markiert ihn deutlich mit der Aufgabennummer. Damit entfällt die Suche nach Teilaufgaben, die als Nachtrag irgendwo zwischen anderen Aufgabenblöcken versteckt sind. Auf diesem Bogen lässt sich jederzeit eine Transferaufgabe nachtragen, die man erst bearbeiten will, wenn die leichteren Aufgaben erledigt sind. Haken Sie deshalb alle erledigten Teilfragen auf dem Aufgabenblatt deutlich sichtbar ab.

2.3 Analyse des Materials

Zur Beantwortung der Fragestellung müssen häufig Materialien wie Sachtexte, Bilder, Grafiken, Diagramme oder Tabellen ausgewertet werden. Es ist aber auch möglich, dass Sie sich mit Modellen, (mikroskopischen) Präparaten oder sogar kleinen Experimenten auseinandersetzen müssen. Im Folgenden erhalten Sie einen kurzen Überblick, wie Sie bei der Auswertung der gängigsten Materialien optimal vorgehen.

Sachtexte
Lesen Sie den Text in einem ersten Durchgang vollständig durch. Markieren Sie beim abermaligen Lesen sparsam wichtige Sachinformationen im Zusammenhang mit den gestellten Aufgaben. Notieren Sie sich stickpunktartig wichtige Teilaussagen in Bezug auf die Aufgabenstellung.

Bilder und Grafiken
Zunächst sollten Sie sich darüber klar werden, ob es sich um ein Bild (d. h. ein Foto, ein licht- oder elektronenmikroskopisches Bild, ein Gemälde etc.) oder eine Zeichnung (Versuchsaufbau, Skizze, Schema etc.) handelt. Prüfen Sie dann, ob Ihnen die dargestellte Struktur oder der Sachverhalt aus dem Unterricht vertraut ist, und ordnen Sie diese/n in einen größeren thematischen Rahmen ein.
Lesen Sie in der Aufgabenstellung nach, ob lediglich eine Beschreibung oder aber eine Erklärung oder Rückschlüsse von Ihnen erwartet werden, und notieren Sie sich dann stichpunktartig, …

- was ganz allgemein dargestellt wird und wie es sich thematisch einordnen lässt.
- welche Detailinformationen gegeben sind und welche Sie zusätzlich benennen können.
- welche Beobachtungen Sie machen können. Beschränken Sie sich dabei auf Aspekte, die sich eindeutig ableiten lassen.
- welche Fragen offenbleiben und welche Rückschlüsse Sie aus dem Sachverhalt in Bezug auf die Aufgabenstellung und anhand Ihres Fachwissens ziehen können.

Diagramme
Arbeiten Sie zunächst die Grundaussage des Diagramms heraus. Betrachten Sie dazu die x-Achse, auf der meist die unabhängige Größe aufgetragen ist, und die y-Achse,

die meist die abhängige Größe angibt. Auch die Unterschrift des Diagramms enthält oft Informationen, die man für einen einleitenden Satz über die Grundaussage verwenden kann. Ordnen Sie das Diagramm einem behandelten Unterrichtsinhalt zu. Analysieren und notieren Sie dann, …

- um welchen Diagrammtyp (z. B. Kreis-, Linien- oder Balkendiagramm) es sich handelt.
- welche Größen sich auf der x- und y-Achse befinden und wie diese skaliert sind (z. B. linear oder logarithmisch).
- welche Merkmale des Diagramms die wichtigsten sind (z. B. Minima, Maxima, Steigung, Wendepunkte einer Kurve, Zunahme oder Abnahme), und benennen Sie, wenn es möglich ist, die Kurve (z. B. Sättigungs-, Optimums-, Wachstumskurve) sowie charakteristische Kurvenabschnitte (z. B. linearer, exponentieller Anstieg oder Abfall, konstanter Verlauf).
- welche (Haupt-)Trends ablesbar sind und welche Teilaussagen formuliert werden können.
- welche Aussagen sich durch das Diagramm hinsichtlich der Fragestellung letztlich treffen lassen und welche weiteren Fragen eventuell durch das Diagramm aufgeworfen werden.

Tabellen
Tabellen stellen häufig zusammengefasste Daten dar, die in Experimenten oder biologischen Beobachtungen gewonnen werden.

- Verschaffen Sie sich zunächst einen Überblick und versuchen Sie, die Inhalte der Tabelle einem Ihnen bekannten Sachverhalt zuzuordnen.
- Betrachten Sie die Kopfzeile und die Randspalte, um sich klar zu werden, was z. B. Gegenstand des Vergleiches ist und anhand welcher Kriterien verglichen wird.
- Achten Sie auf Einheiten und Größen, die in der Tabelle verwendet werden.
- Prüfen Sie, ob bereits die Aufgabenstellung Hinweise zur Auswertung enthält.
- Notieren Sie, ähnlich wie bei Diagrammen, welche Hauptaussagen und Teilaussagen gemacht werden können. Dazu müssen Sie die einzelnen Zeilen und Spalten auswerten. Eventuell hilft es Ihnen, wenn Sie die Inhalte der Tabelle in ein Diagramm auf Ihr Konzeptblatt übertragen.

3 Die mündliche Zusatzprüfung

Während Sie im Abitur in zwei Basisfächern *verpflichtend* mündlich geprüft werden, können Sie sich in den schriftlichen Prüfungsfächern *freiwillig* zur mündlichen Prüfung melden, wenn Sie Ihre Note verbessern möchten. Auch die/der Prüfungsvorsitzende kann eine zusätzliche mündliche Prüfung anordnen. Die mündliche Prüfung dauert **20 Minuten** und erstreckt sich schwerpunktmäßig auf **mindestens zwei Sachgebiete** des Bildungsplans der Qualifikationsphase (siehe Punkt 1.1). Die Fragen zum ersten Teil der Prüfung (Vortrag) werden Ihnen schriftlich und i. d. R. materialgestützt vorgelegt. Sie können sich 20 Minuten unter Aufsicht vorbereiten.

Vorbereitungszeit

Zur Beantwortung der Aufgaben müssen häufig **Materialien** wie Abbildungen, Diagramme, Grafiken oder Tabellen ausgewertet werden (siehe Beispielaufgabe, S. XIII). Es ist aber auch möglich, dass Sie sich mit Modellen, (mikroskopischen) Präparaten oder sogar kleinen Experimenten auseinandersetzen sollen. Analysieren Sie daher die Fragestellungen genau und überlegen Sie sich, wie Sie ihre Antworten am besten gliedern. Oft wird der Einstieg durch eine einfache Reproduktionsaufgabe erleichtert, die eine Skizze oder Definition fordert. Achten Sie dabei auf die **Operatoren**. Schreiben Sie Ihre Lösungen nur **stichpunktartig** auf. Überlegen Sie, welche Medien (Tafel, Flipchart, Dokumentenkamera etc.) Sie in Ihren Vortrag sinnvoll einbeziehen können und treffen Sie entsprechende Vorkehrungen (Anfertigen eines Tafelbildes, einer Skizze oder eines (Fließ-)Diagramms). Vergleichen Sie abschließend Ihre dargestellten Ergebnisse mit den Fragestellungen.

In der Prüfung

Die Prüfung besteht aus **zwei Teilen**: einem **10-minütigen Vortrag** auf der Grundlage der vorgelegten Aufgabe/n mit dem Schwerpunkt auf einem der sechs unter 1.1 aufgeführten Sachgebiete und einem anschließenden **10-minütigen Prüfungsgespräch** über ein neues (Schwerpunkt-)Sachgebiet. Stellen Sie sich also darauf ein, dass Teilaufgaben zu zwei unterschiedlichen Sachgebieten gestellt werden.

- Begrüßen Sie die Mitglieder der Prüfungskommission, bereiten Sie sich vor und beginnen Sie nach Aufforderung Ihren Kurzvortrag zu den gestellten Aufgaben. Folgen Sie nach Möglichkeit der Reihenfolge der Fragen. Sprechen Sie unter Verwendung der Fachsprache möglichst frei, langsam und verständlich und halten Sie während Ihres Vortrags Blickkontakt mit den Prüfer*innen. Setzen Sie geeignete Medien zur Veranschaulichung ein. Wenn Sie im Zuge Ihres Vortrags eine Skizze anfertigen, lassen Sie während des Zeichnens keine langen Phasen der „Stille" entstehen, sondern geben Sie erklärende Kommentare. Achten Sie dabei darauf, dass Ihr Vortrag nicht länger als 10 Minuten dauert. In der Regel werden Sie in diesem ersten Prüfungsteil nicht unterbrochen. Rechnen Sie aber mit Rückfragen, nachdem Sie Ihren Vortrag beendet haben.
- Im zweiten Teil der Prüfung wird ein weiteres Sachgebiet schwerpunktmäßig angesprochen. Häufig ergeben sich aus dem im ersten Teil zur Verfügung gestellten Material oder aus den Fragestellungen Hinweise auf ein weiteres Sachgebiet. Überlegen Sie sich daher bereits während der Vorbereitung auf Ihren Kurzvortrag, welche angrenzenden Sachgebiete für das anschließende Prüfungsgespräch infrage kämen. Es kann aber auch sein, dass zu Beginn des zweiten Teils als Ausgangssituation neues Material (z. B. ein Diagramm, ein Modell oder die Beschreibung eines Experiments) vorgelegt wird. Hier sollen Sie also zeigen, dass Sie sich auch unvorbereitet auf ein weiteres Sachgebiet einstellen und Fragen dazu schnell und flexibel beantworten können. Achten Sie darauf, die Fragen zu verstehen und stellen Sie gegebenenfalls Rückfragen. Antworten Sie unter Verwendung der Fachsprache ausführlich und versuchen Sie in dieser Phase der Prüfung das Gespräch so weit wie

möglich selbst zu steuern, indem Sie Vergleiche oder Parallelen zu angrenzenden Themen ziehen oder grundlegende biologische Prinzipien (z. B. Struktur-Funktion-Zusammenhänge) aufzeigen.

Beispielaufgabe aus dem Sachgebiet „Kommunikation zwischen Zellen“:

Abiturprüfung 2023 | **Biologie Leistungsfach**
Name: | Prüfungszeit: 20 min | Vorbereitungszeit: 20 min

Tetanus – tödliche Anspannung

Tetanus (gr. *tetanos,* Spannung, Krampf) ist eine bakterielle Infektionskrankheit, die zum Tod durch Atemlähmung führen kann. Üblicherweise erfolgt die Infektion durch das Eindringen von Sporen des Erregers *Clostridium tetani* in Wunden. Dieser sondert u. a. den Giftstoff Tetanospasmin ab, der durch Endocytose in periphere Nervenzellen aufgenommen und von diesen in Vesikeln zum Rückenmark transportiert wird. Dort gelangt er in inhibitorische Neurone und bewirkt die Auslösung starker Muskelkrämpfe. Schutz vor Tetanus bietet eine aktive Immunisierung gegen das Toxin.

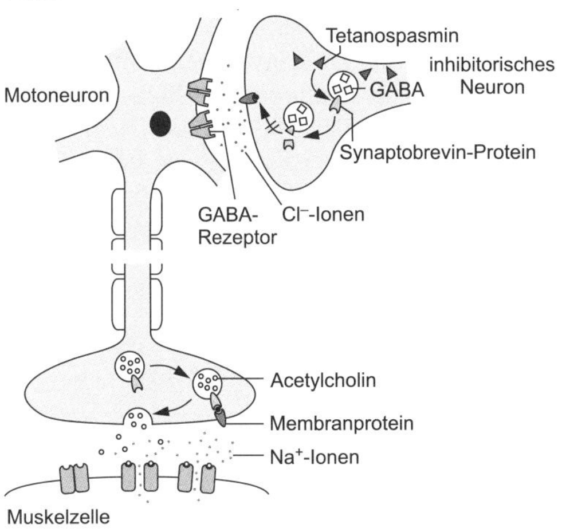

Schematische Darstellung der Wirkung des Tetanus-Toxins Tetanospasmin

1.1 **Benennen** Sie die abgebildeten Strukturen eines Motoneurons und **erläutern** Sie hieran einen Struktur-Funktions-Zusammenhang.
1.2 **Erläutern** Sie anhand der Abbildung, wie es durch den Giftstoff Tetanospasmin zu den symptomatischen starken Muskelkrämpfen kommt. **Begründen** Sie, welche medizinischen Maßnahmen dagegen ergriffen werden können.
1.3 **Erläutern** Sie in diesem Zusammenhang die auf molekularer Ebene ablaufenden Vorgänge, die zu einem Aktionspotenzial führen.
2.1 **Erläutern** Sie das Prinzip einer aktiven Immunisierung.
2.2 **Begründen** Sie, warum es infolge einer Tetanus-Infektion trotz einer üblichen sofortigen passiven Immunisierung gegen das Tetanospasmin-Toxin zu den typischen Muskelkrämpfen kommen kann.

Bewertungskriterien
Neben den Fachkenntnissen spielt auch die Gesprächsfähigkeit und die Auffassungsgabe des Prüflings eine große Rolle. Eine angemessene Ausdrucksweise unter Verwendung der Fachsprache und eine anschauliche Darstellung sind ebenfalls wichtige Prüfungskriterien.

4 Hinweise zur Benutzung dieses Buches

Dieses Buch enthält neben einem ausführlichen **Stichwortverzeichnis** auch ein **Thematisches Verzeichnis**, das Ihnen zusätzlich zur Abiturvorbereitung auch die gezielte Vorbereitung auf themenbezogene Kursklausuren ermöglicht.
Im Vorspann finden Sie Informationen zu den **für die Abiturprüfung 2023 relevanten Inhalten**. Außerdem enthält der Band **Hinweise** zum Ablauf der schriftlichen und mündlichen Abiturprüfung und **Tipps** zur Bearbeitung von Abituraufgaben.
Der Hauptteil umfasst neben drei **Übungsaufgaben**, deren Schwerpunkt auf den neuen Themen des Bildungsplans liegt, die zentral gestellten schriftlichen **Abiturprüfungen der Jahrgänge 2014 bis 2021.** Die Aufgaben der Abiturprüfung **2022** können Sie auf der Plattform MyStark abrufen, sobald sie freigegeben sind. Die von Ihnen in der Prüfung erwartete **Aufgabenlösung** in möglichst knapper Fachsprache steht in Normalschrift. **Tipps** und **Hinweise** zum Lösungsansatz sind durch graue Hinterlegung hervorgehoben; ergänzende, alternative oder vertiefende Antworten sind durch *kursive* Schrift gekennzeichnet.

Sollten nach Erscheinen dieses Bandes noch wichtige Änderungen in der Abiturprüfung 2023 vom Kultusministerium Baden-Württemberg bekannt gegeben werden, finden Sie aktuelle Informationen dazu online auf der Plattform MyStark.

ÜBUNGSAUFGABEN

VP

Pseudoblepharisma tenue – eine einzigartige Dreierbeziehung

Das Wimperntierchen *Pseudoblepharisma tenue* (Ciliata) beherbergt neben einzelligen Grünalgen der Gattung *Chlorella* auch bakterielle Endosymbionten, die nahe mit Schwefelpurpurbakterien verwandt sind. *P. tenue* wurde in einem Torfmoor nahe Konstanz am Bodensee entdeckt und ernährt sich von Bakterien. Obwohl die Erstbeschreibung des lila-grünen Ciliaten vermutlich bereits in den 1920er-Jahren erfolgte, wurde die einzigartige Dreierbeziehung aus einem Bakterium, das unter anaeroben Bedingungen Fotosynthese betreibt, einer einzelligen fotoautotrophen Grünalge und einem heterotrophen Ciliaten erst in jüngster Vergangenheit näher untersucht.

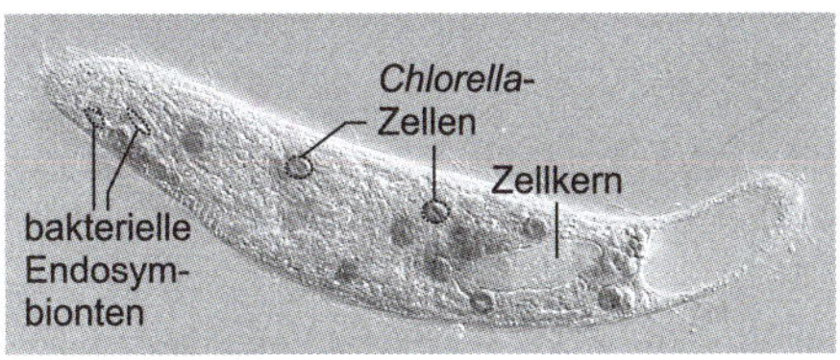

Abb. 1: *P. tenue* in einer lichtmikroskopischen Aufnahme

1.1 Nennen Sie je einen Vorteil, der sich für die Endosymbionten und für deren Wirtszelle durch die Endosymbiose ergeben hat. 2

1.2 Fertigen Sie eine beschriftete Schemazeichnung eines Chloroplasten an und erläutern Sie, inwiefern dessen Bau die sogenannte Endosymbiontentheorie stützt. 4

Schwefelpurpurbakterien betreiben mithilfe von Bakteriochlorophyll unter günstigen Lichtverhältnissen Fotosynthese, ohne dabei Sauerstoff freizusetzen (anoxygen).

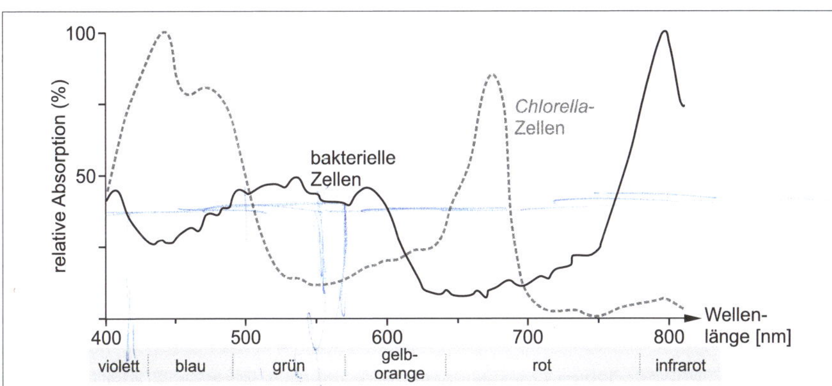

Abb. 2: Absorptionsspektren der endosymbiontischen Zellen von *P. tenue*

2.1 Begründen Sie anhand der Absorptionsspektren der endosymbiontischen Zellen von *P. tenue* (Abb. 2), weshalb der Ciliat lila-grün erscheint. 2

Die molekularen Abläufe der Lichtreaktion bei Schwefelpurpurbakterien sind in Abbildung 3 vereinfacht dargestellt.

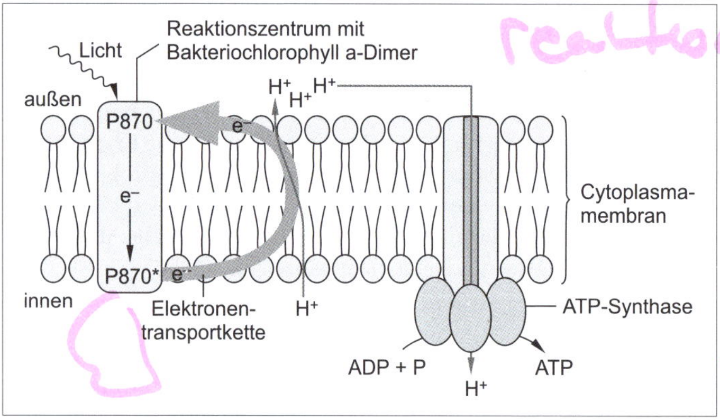

Abb. 3: Schema der Lichtreaktion bei Schwefelpurpurbakterien (stark vereinfacht)

2.2 Vergleichen Sie anhand von mindestens drei Kriterien die Lichtreaktion der Fotosynthese von Schwefelpurpurbakterien (Abb. 3) mit der Ihnen bekannten Lichtreaktion oxygener fotoautotropher Organismen. 5

Die einzellige Grünalge *Chlorella* wurde auch von Melvin CALVIN zur Aufklärung der Dunkelreaktion der Fotosynthese genutzt. CALVIN injizierte in einen beleuchteten Schlauch mit einer Algensuspension radioaktiv markiertes Kohlenstoffdioxid ($^{14}CO_2$). Nach unterschiedlich langen Inkubationszeiten ließ er die Algenzellen in siedenden Alkohol tropfen, um sofort alle Stoffwechselreaktionen zu stoppen. Die Inhaltsstoffe der *Chlorella*-Zellen trennte er dann mithilfe der Papierchromatografie auf und machte sie durch Auflegen eines Röntgenfilms sichtbar (Autoradiographie). Stellen, an denen sich Moleküle befanden, die den radioaktiv markierten Kohlenstoff aufgenommen hatten, schwärzten sich.
Durch das zeitlich versetzte Auftreten verschiedener radioaktiv markierter organischer Substanzen und das Ausmaß der Schwärzung konnte CALVIN aufklären, wie es in einer lichtunabhängigen Sekundärreaktion der Fotosynthese zu einer Umwandlung des energiearmen Kohlenstoffdioxidgases in energiereiche Zuckerverbindungen kommt.

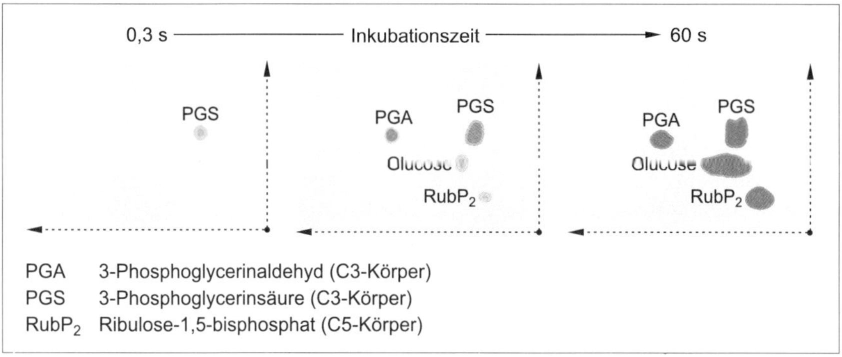

Abb. 4: Autoradiogramme nach unterschiedlich langen Inkubationszeiten (stark vereinfacht)

3.1 Erläutern Sie anhand der in Abbildung 4 dargestellten Autoradiogramme den nach seinem Entdecker benannten Calvin-Zyklus. 4

3.2 Erklären Sie den Zusammenhang zwischen den beiden Teilreaktionen der Fotosynthese, der Licht- und der Dunkelreaktion. 3

20

Quellen:
Abb. 1: © Dr. Sebastian Hess, Köln
Abb. 2 verändert nach: Muñoz-Gómez, S., Kreutz, M., Hess, S. (2021). A microbial eukaryote with a unique combination of purple bacteria and green algae as endosymbionts. Science Advances 7, Fig. 2G
Abb. 3 verändert nach: phototrophe Bakterien; © 1999 Spektrum Akademischer Verlag, Heidelberg
Abb. 4 verändert nach: J. Boscq, http://vieterre.fr/terminale/termspe-enjeux-contemporains/2-la-plante-productrice-de-matiere-organique/tp-td-photosynthese-et-produits-de-la-photosynthese/ und Kroll, Demmer, Thies: Stoffwechsel. Serie Biologie, Westermann Wien

Lösungsvorschlag

1.1 Nennung je eines Vorteils durch die Endosymbiose:

Für die Endosymbionten:

- Versorgung mit Nährstoffen (z. B. Stickstoffquellen) durch die Wirtszelle (und Möglichkeit zur Einsparung eigener Stoffwechselenergie)
- Gewährleistung stabiler äußerer Bedingungen
- Schutz vor Fressfeinden

Für die Wirtszelle:

- Fähigkeit zum Aufbau energiereicher Stoffe durch Fotosynthese
- Möglichkeit, neue Lebensräume zu erschließen (sauerstoffarmer Lebensraum Moor)
- Flexibilität, unter wechselnden Umweltbedingungen Energiestoffwechsel zu betreiben (verschiedene Lichtqualitäten, An- und Abwesenheit von Sauerstoff)

1.2 Zeichnung eines Chloroplasten:

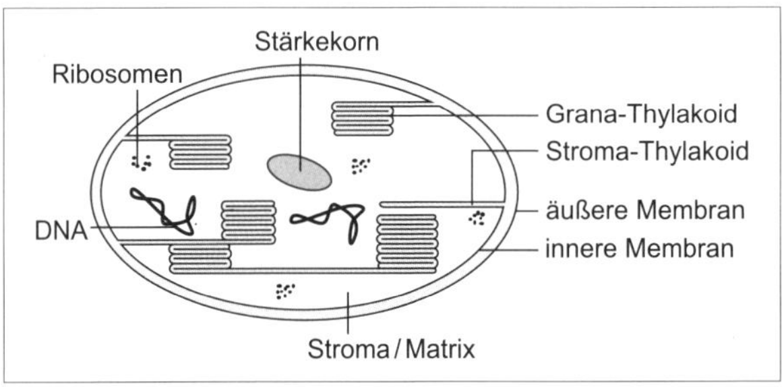

Erläuterung, inwiefern der Chloroplastenbau die Endosymbiontentheorie stützt:

> **TIPP** Aus Ihrer Antwort muss die Bedeutung der Endosymbiontentheorie klar hervorgehen. Sie können z. B. eine kurze Definition voranstellen.

Die Endosymbiontentheorie besagt, dass eukaryotische Vorläuferzellen phototrophe (bzw. heterotrophe) Prokaryoten endozytotisch aufgenommen haben, die sich dann als Endosymbionten innerhalb der Wirtszellen etablierten. Aus ihnen entwickelten sich die Chloroplasten (und Mitochondrien).

Eigenschaften, die für die Theorie sprechen:

- Das Organell besitzt eine Doppelmembran. Die äußere Membran entspricht dabei der Phagosomenmembran, die innere der Membran des aufgenommenen Prokaryoten.
- Chloroplasten enthalten wie Prokaryoten eigene DNA.
- Chloroplasten enthalten wie Prokaryoten eigene Ribosomen.

2.1 **Begründung** der lila-grünen Färbung von *P. tenue*:

Die besondere Färbung ergibt sich daraus, dass der Ciliat Endosymbionten beherbergt, die Pigmente mit unterschiedlichen Absorptionseigenschaften besitzen.

- lila Färbung: Die purpurfarbenen Zellen reflektieren orange-rotes Licht (zwischen 620 nm und 730 nm) überwiegend und auch blaues Licht (zwischen ca. 440 nm und 480 nm) zu mehr als 2/3, während sie grün-gelbes Licht (zwischen ca. 500 nm und 580 nm) zu annähernd 50 % absorbieren. Es ergibt sich daher für die bakteriellen Endosymbionten die Mischfarbe lila.
- grüne Färbung: Die Grünalgen absorbieren blaues Licht (Absorptionsmaximum bei ca. 440 nm) und rotes Licht (Absorptionsmaximum bei ca. 680 nm), grünes hingegen nicht. Die *Chlorella*-Zellen erscheinen daher grün.

2.2 **Vergleich** der Lichtreaktionen beider Organismengruppen:

> **TIPP** Der Operator „vergleichen" erfordert, dass Sie Gemeinsamkeiten und Unterschiede berücksichtigen.

Gemeinsamkeiten:

- Beide Organismengruppen besitzen (mindestens) ein in der Membran lokalisiertes, durch Licht anregbares Fotosystem (mit Reaktionszentrum, RZ).
- Angeregte Elektronen des Chlorophyll(-Paar)s im RZ werden über eine Elektronentransportkette in der Membran weitergegeben (Redoxsysteme).
- Der Elektronentransport setzt Energie frei, die zum Transport von Protonen durch die Membran genutzt wird. Es baut sich ein Protonengradient auf.
- Der Rückstrom der Protonen ins Innere (gemäß Konzentrationsgefälle) durch das Transmembranprotein ATP-Synthase wird zur Bildung von ATP genutzt.
- Bei den Bakterien erfolgt der Elektronentransport zyklisch. Auch bei grünen Pflanzen gibt es am Fotosystem I einen zyklischen Elektronentransport.

Unterschiede:

- Bei den Bakterien liegt nur ein Fotosystem vor, grüne Pflanzen nutzen zwei hintereinander geschaltete Fotosysteme.
- Bei Bakterien liegt das Fotosystem in der Cytoplasmamembran, bei grünen Pflanzen sind die Fotosysteme in der Thylakoidmembran der Chloroplasten integriert.
- Der Elektronentransport bei den Bakterien verläuft zyklisch, bei Pflanzen v. a. linear; die Elektronen werden auf einen Endakzeptor ($NADP^+$) übertragen.
- Bei Pflanzen wird die Elektronenlücke im Fotosystem II durch Elektronen aufgefüllt, die durch die Spaltung von Wasser entstehen. Bei den Bakterien werden die angeregten Elektronen schließlich wieder auf das Chlorophyll-Paar im RZ übertragen.
- Nur bei Pflanzen entsteht als Nebenprodukt Sauerstoff (durch die Wasserspaltung).

3.1 Erläuterung des Calvin-Zyklus anhand der Autoradiogramme:

TIPP Auch wenn im Unterricht keine detaillierte Betrachtung der Dunkelreaktion stattfand, sollte es Ihnen dennoch möglich sein, anhand des Vortextes sowie des zeitlich versetzten Auftretens und der unterschiedlichen Intensität der Schwärzungen des Röntgenfilms die wesentlichen Abläufe des Calvin-Zyklus zu rekonstruieren.

- In einem ersten Schritt wird das aus der Umgebung stammende CO_2 *(mithilfe des Enzyms Rubisco)* an einen C5-Körper (Ribulose-1,5-bisphosphat) gebunden (fixiert). Der entstehende C6-Körper zerfällt allerdings rasch in zwei Moleküle Phosphoglycerinsäure (PGS). Diese PGS-Moleküle (C3-Körper) sind das erste stabile Umwandlungsprodukt der Dunkelreaktion, das sich durch eine Schwärzung des Röntgenfilms nach 0,3 Sekunden zeigt.
- Durch Umwandlung von PGS entsteht 3-Phosphoglycerinaldehyd (PGA). Dies wird durch die deutliche Schwärzung im mittleren Autoradiogramm gestützt.
- Ein Teil des PGA wird zur Synthese von Glucose (C6-Körper) genutzt, der Rest wird zu Ribulose-1,5-bisphosphat umgewandelt, das dann wieder als Akzeptormolekül zur CO_2-Fixierung zur Verfügung steht. Dies wird durch das dritte Autoradiogramm bestätigt. Während die Schwärzungen durch Glucose und RubP2 im zweiten Autoradiogramm noch relativ schwach und wenig ausgedehnt erscheinen, sind diese nach 60 Sekunden jeweils sehr markant ausgeprägt.

3.2 Erläuterung des Zusammenhangs der Teilreaktionen der Fotosynthese:
Beide Reaktionen sind voneinander abhängig, da $NADPH+H^+$, das in der Lichtreaktion (durch Übertragung von Elektronen und Protonen auf $NADP^+$) gebildet wird, (als Reduktionsmittel) für die enzymatisch katalysierten Reaktionen der Dunkelreaktion (Calvin-Zyklus) benötigt wird. Das regenerierte $NADP^+$ wiederum wird in der Lichtreaktion als finaler Elektronenakzeptor genutzt. Außerdem entsteht in der Lichtreaktion ATP, das im Calvin-Zyklus für bestimmte Reaktionsschritte erforderlich ist.

VP

Die Bierhefe – Mikrobe des Jahres 2022

Alljährlich werden Bakterien oder Pilze, die für den Menschen eine besondere Bedeutung haben, von der Vereinigung für Allgemeine und Angewandte Mikrobiologie zur Mikrobe des Jahres ernannt. Bei der für 2022 ausgewählten Bierhefe verweist bereits der wissenschaftliche Name *Saccharomyces cerevisiae* („Zuckerpilz des Bieres") auf den Wert des einzelligen Pilzes für den Menschen.

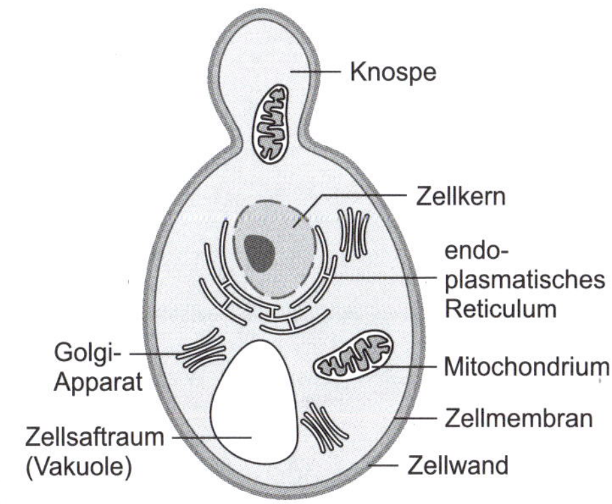

Abb. 1: Schema einer Hefezelle

Unter anaeroben Bedingungen verstoffwechselt der Pilz Glucose zu Kohlenstoffdioxid und Alkohol (Ethanol). Bei Anwesenheit von Sauerstoff schalten Hefepilze auf aeroben Stoffwechsel (Zellatmung) um.
In natürlicher Umgebung kommen Hefezellen u. a. auf Blättern und Früchten vor und ernähren sich von Mono- und Disacchariden.

1.1 Pilze stellen ein eigenes Reich dar. Begründen Sie mithilfe von Abbildung 1, warum sich die Bierhefe weder den Bakterien noch dem Tier- oder Pflanzenreich zuordnen lässt. 3

1.2 Stellen Sie die Reaktionsgleichung der alkoholischen Gärung durch Hefezellen dar. 2

In einem Schulversuch (Abbildung 2) soll die alkoholische Gärung nachgewiesen werden. Etwa 20 g Haushaltszucker werden in 200 ml lauwarmem Wasser aufgelöst und eine Packung Bierhefe wird hinzugegeben. Anschließend wird der Erlenmeyerkolben mit einem mit Kalkwasser ($Ca(OH)_2$) gefüllten Gärröhrchen luftdicht verschlossen. Bereits nach kurzer Zeit lässt sich eine starke Schaumbildung im Erlenmeyerkolben beobachten und Gasblasen entweichen durch das Kalkwasser aus dem Kolben. Das Kalkwasser trübt sich durch ausfallenden Kalk ($CaCO_3$) zunehmend milchig weiß ein. Nach einigen Tagen kommt die Reaktion zum Erliegen. Entfernt man den Stopfen, ist ein intensiver Alkoholgeruch wahrnehmbar.

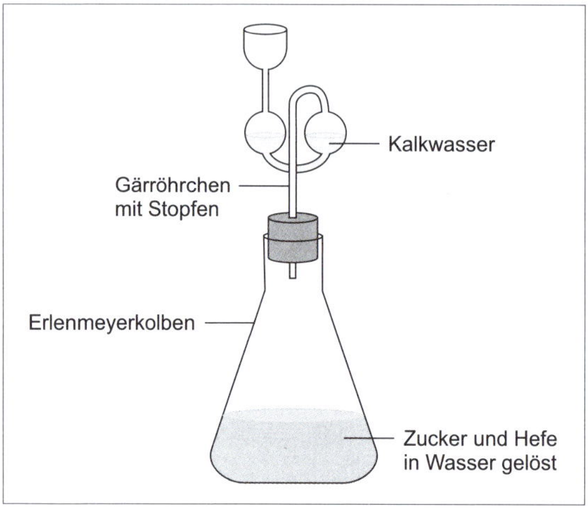

Abb. 2: Versuchsaufbau zur alkoholischen Gärung

2.1 Erläutern Sie den gewählten Versuchsaufbau und die Versuchsdurchführung. 3

2.2 Stellen Sie eine Hypothese auf, weshalb die Reaktion nach einigen Tagen zum Erliegen kommt. 2

2.3 Ethanol als Produkt der alkoholischen Gärung ist noch sehr energiereich. Planen Sie ein experimentelles Vorgehen, wie man dies nachweisen könnte. 3

Bei der alkoholischen Gärung durch Hefe wird das Endprodukt der Glykolyse Pyruvat unter Abspaltung von Kohlenstoffdioxid zu Ethanol verstoffwechselt. Der französische Chemiker und Mikrobiologe Louis PASTEUR führte bereits im 19. Jahrhundert Experimente mit dem fakultativen Anaerobier durch. Er stellte fest, dass Hefen Glucose unter anaeroben Bedingungen wesentlich schneller verbrauchen als bei ausreichender Sauerstoffversorgung. Dieses Phänomen wird nach seinem Entdecker auch als Pasteur-Effekt bezeichnet.

3.1 Beschreiben Sie im Wesentlichen ausgehend von Pyruvat die weiteren Reaktionsschritte der Zellatmung. Ordnen Sie die Teilprozesse den entsprechenden Reaktionsräumen zu. 3

3.2 Begründen Sie, weshalb bei Sauerstoffmangel die weiteren Reaktionsschritte der Zellatmung nicht ablaufen können. 2

3.3 Erklären Sie den Pasteur-Effekt. 2

20

Quellen:
Abb. 1: verändert nach Walker, G. M., Stewart, G. G. (2016). Saccharomyces cerevisiae in the production of fermented beverages. Beverages 2(4):30. https://doi.org/10.3390/beverages2040030, CC BY 4.0

Lösungsvorschlag

1.1 **Begründung**, warum Pilze nicht zu Bakterien, Tieren oder Pflanzen zählen:

- **Bakterien:** Zelltyp der Protozyte, bei dem das genetische Material frei im Cytoplasma liegt und der insgesamt wenig kompartimentiert ist. Hefen weisen dagegen einen Zellkern mit Kernhülle auf, in dem das genetische Material eingeschlossen ist. Auch liegt eine starke Kompartimentierung vor. Hefen können daher nicht zu den Bakterien gerechnet werden.
- **Tiere:** Zelltyp der Euzyte ohne Zellwand und Vakuole (und ohne Chloroplasten). Da Hefen eine Zellwand und eine Vakuole aufweisen, kann es sich bei Hefen nicht um tierische Zellen handeln.
- **Pflanzen:** Zelltyp der Euzyte mit Zellwand, Vakuole und Chloroplasten. Hefen verfügen nicht über Chloroplasten. Somit handelt es sich bei Hefen nicht um pflanzliche Zellen.

> **TIPP** Hefezellen unterscheiden sich von pflanzlichen Zellen auch hinsichtlich des Zellwandaufbaus (Hefen: Chitin; Pflanzen: Cellulose und Lignin). Dies lässt sich aus der Abbildung allerdings nicht ableiten.

1.2 **Darstellung** der Reaktionsgleichung der alkoholischen Gärung:

$$\underset{\text{(Glucose)}}{C_6H_{12}O_6} \longrightarrow \underset{\text{(Ethanol)}}{2\,C_2H_5OH} + \underset{\text{(Kohlenstoffdioxid)}}{2\,CO_2}$$

> **TIPP** Sie können die Reaktionsgleichung selbstverständlich auch einschließlich der in der Glykolyse gewonnenen ATP-Moleküle darstellen:
> $$C_6H_{12}O_6 + 2\,ADP + 2\,P_i \longrightarrow 2\,C_2H_5OH + 2\,CO_2 + 2\,ATP$$

2.1 **Erläuterung** des Versuchsaufbaus und der Versuchsdurchführung:

- Da Hefen (vgl. Vortext) unter Anwesenheit von Sauerstoff auf aeroben Stoffwechsel umschalten, muss für einen Gärungsversuch ein luftdichter Abschluss gewährleistet und das Entweichen des gebildeten CO_2-Gases ermöglicht werden. Dies geschieht durch Verschluss des Erlenmeyerkolbens mit einem Stopfen und dem im Gärröhrchen befindlichen Kalkwasser.

> **TIPP** Der Sauerstoff, der sich in der Luft im Erlenmeyerkolben befindet, ist rasch aufgebraucht; dann herrschen anaerobe Bedingungen.

- Im Haushaltszucker ist das Edukt der alkoholischen Gärung Glucose enthalten und lauwarmes Wasser beschleunigt die enzymatisch katalysierte Gärung.

> **TIPP** Haushaltszucker ist ein Disaccharid aus Glucose und Fructose. Die durch Wärme beschleunigte Reaktion lässt sich mit der RGT-Regel und dem Temperaturoptimum der Enzyme erklären.

- Das Kalkwasser dient dazu, nachzuweisen, dass CO_2 (ein Produkt der Gärung) freigesetzt wird.

TIPP Die Reaktionsgleichung lautet:

$$Ca(OH)_2 + CO_2 \longrightarrow CaCO_3 + H_2O$$

2.2 **Aufstellung** einer **Hypothese**, weshalb die Reaktion zum Erliegen kommt:
- Hefen haben das Substrat (Glucose) aufgebraucht, sodass keine Produkte mehr entstehen können.
- Hefen haben sich (noch bevor das gesamte Substrat aufgebraucht wurde) durch den gebildeten Alkohol selbst vergiftet und sind abgestorben.

2.3 **Planung** eines Experiments zum Nachweis des Energiegehalts von Ethanol:
- Die meisten organischen Stoffe, so auch Ethanol, sind brennbar und zeigen dadurch, dass in ihren chemischen Bindungen Energie steckt, die als Wärme freigesetzt werden kann.
- Um aus dem wässrigen Versuchsansatz das Ethanol abzutrennen, bietet es sich an, den Ansatz zu erhitzen. Da Ethanol mit ca. 78 °C eine deutlich geringere Siedetemperatur als Wasser (100 °C) aufweist, verdampft zuerst der Alkohol.
- Dieser kann entweder direkt über ein aufgesetztes Steigrohr (siehe Abb. A) abgefackelt werden oder durch Abkühlung über ein langes Glasrohr (Abb. B) als flüssiges Destillat kondensiert und angezündet werden.

TIPP Je nach (experimenteller) unterrichtlicher Behandlung des Themas können Sie Ihre Ausführungen auch mithilfe einer grafischen Darstellung des Versuchsaufbaus illustrieren:

A Abflammen

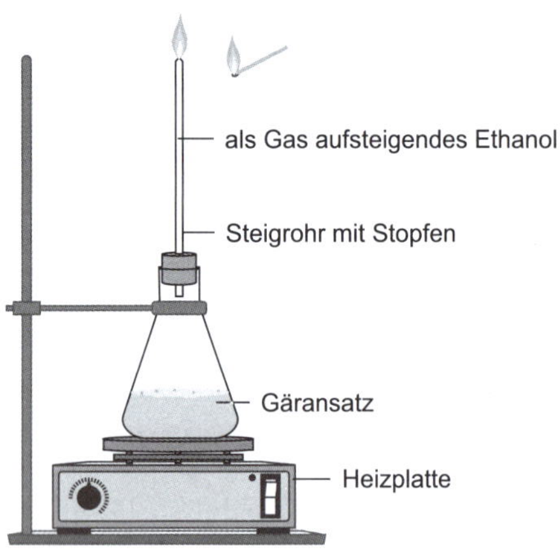

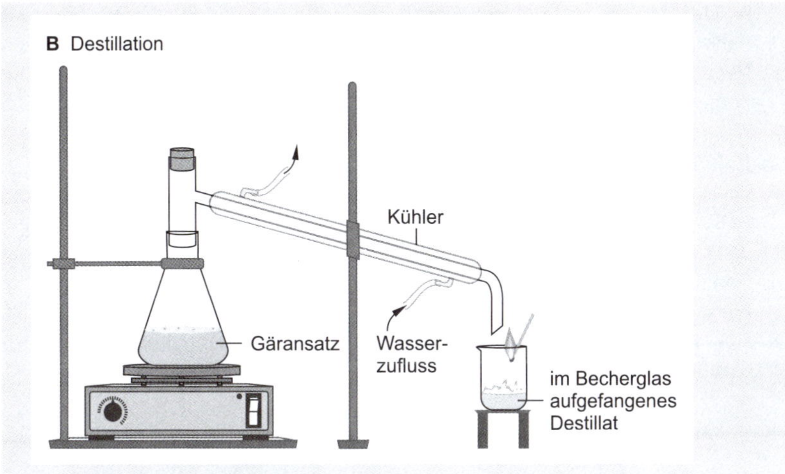

3.1 Beschreibung der weiteren Reaktionsschritte der Zellatmung und **Zuordnung** zu den entsprechenden Reaktionsräumen:

- **Oxidative Decarboxylierung:** Matrix der Mitochondrien
  Das Endprodukt der Glykolyse Pyruvat (C3-Körper) wird durch Abspaltung von CO_2 zu Acetyl-Coenzym A (aktivierte Essigsäure) umgewandelt. Dabei entsteht NADH + H^+.
- **Citratzyklus:** Matrix der Mitochondrien
  Die aktivierte Essigsäure (C2-Körper) wird an einen C4-Körper gebunden. Der entstehende C6-Körper wird in einem Kreisprozess über mehrere Reaktionsschritte abgebaut, bis wieder das Akzeptormolekül (C4) zur Verfügung steht. Pro Umlauf des Citratzyklus werden 2 CO_2-Moleküle freigesetzt sowie NADH + H^+-Moleküle und (wenig) ATP gebildet.
- **Atmungskette:** innere Membran der Mitochondrien
  NADH + H^+ überträgt die (zuvor aufgenommenen) Elektronen auf Proteinkomplexe in der inneren Mitochondrienmembran. Stufenweise gelangen die Elektronen über weitere Proteinkomplexe zum Endakzeptor, molekularem Sauerstoff (O_2), der sich mit den freigesetzten H^+-Ionen zu Wasser verbindet. Die schrittweise Energiefreisetzung wird dazu genutzt, um im Intermembranraum gegenüber der Matrix einen Protonengradienten aufzubauen. Bei dessen Abbau durch (in die Matrix gerichtete) ATP-Synthasen kann Energie in Form von ATP gewonnen werden.

3.2 Begründung, warum die weiteren Reaktionsschritte der Zellatmung bei Sauerstoffmangel nicht ablaufen können:
Molekularer Sauerstoff ist der Endakzeptor der Elektronen, die in der Atmungskette schrittweise über eine Reihe von Membranproteinen weitergegeben werden. Dabei gibt NADH + H^+ als Reduktionsmittel Elektronen und Protonen ab, sodass

anschließend NAD^+ zur erneuten Beladung mit e^- und H^+ zur Verfügung steht. Fehlt Sauerstoff, kann NAD^+ auch nicht regeneriert werden, sodass die weiteren Reaktionsschritte der Zellatmung aufgrund dieses NAD^+-Mangels nicht ablaufen können.

3.3 Erklärung des Pasteur-Effekts:
Da bei der Gärung lediglich der erste Schritt der Zellatmung, die Glykolyse, stattfindet, können pro Mol Glucose nur 2 ATP gewonnen werden. Der Energiegewinn der Zellatmung ist damit 19-mal höher (38 ATP pro Mol Glucose). Dementsprechend muss für dieselbe Energieausbeute unter anaeroben Bedingungen 19-mal mehr Glucose verbraucht werden als unter aeroben Bedingungen. Dadurch erklärt sich der wesentlich schnellere Glucoseverbrauch der Hefen unter anaeroben Bedingungen (Pasteur-Effekt).

VP

Das Laron-Syndrom

Das Laron-Syndrom wurde erstmals 1966 von dem israelischen Endokrinologen Zvi Laron beschrieben. Die extrem seltene Erbkrankheit beruht auf einer Veränderung des Gens, das für den Somatotropin-Rezeptor codiert. Somatotropin (Abb. 1) ist ein von der Hypophyse ausgeschüttetes Proteohormon. Es steuert insbesondere in der Entwicklungsphase das Wachstum. Menschen mit Laron-Syndrom weisen infolge eines starken Mangels des Wachstumsfaktors IGF-1 einen ausgeprägten Kleinwuchs auf.

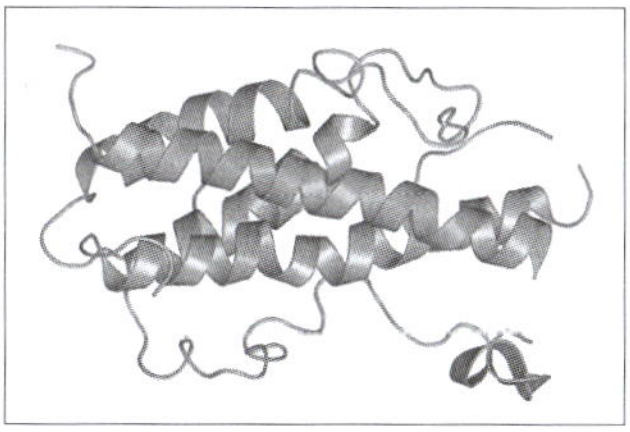

Abb. 1: Struktur von Somatotropin (Bändermodell)

1.1 Nennen Sie charakteristische Merkmale eines Hormons (drei Angaben). 2

1.2 Erläutern Sie die Bedeutung des Hormonsystems für den menschlichen Körper und zeigen Sie diese beispielhaft an je einem Proteo- und einem Steroidhormon. 3

Die Signaltransduktion von Somatotropin läuft über den sogenannten JAK-STAT-Signalweg, der in Abbildung 2 schematisch dargestellt ist.

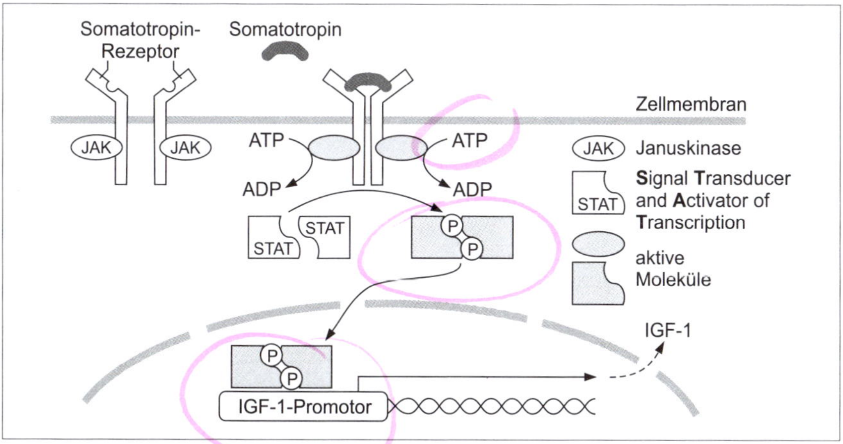

Abb. 2: JAK-STAT-Signalweg (stark vereinfacht)

2.1 Beschreiben Sie die in Abbildung 2 dargestellten Prozesse. 3

2.2 Begründen Sie Unterschiede zur Signalübermittlung mittels Steroidhormonen. 2

2.3 Beschreiben Sie zwei Möglichkeiten, wie es infolge einer Veränderung der Gensequenz zum Laron-Syndrom kommen kann. 3

Diagnostisch lässt sich bei Patienten mit Laron-Syndrom ein erhöhter Somatotropin-Spiegel bei einem erniedrigten IGF-1-Spiegel feststellen. Letzterer steigt auch nach Applikation von Somatotropin nicht an. IGF-1 ist ein Wachstumsfaktor (ebenfalls ein Hormon), der in Form einer negativen Rückkopplung auf den Hypothalamus auch die Produktion von Somatotropin regelt.

3.1 Stellen Sie die negative Rückkopplung durch den Wachstumsfaktor IGF-1 in Form eines Regulationsschemas dar. Erläutern Sie das Prinzip der negativen Rückkopplung. 2

3.2 Begründen Sie anhand von Abbildung 2 und der Textinformation den diagnostischen Befund bei Menschen mit Laron-Syndrom. 3

Eine Heilung des Laron-Syndroms ist bis heute nicht möglich. Mit Mecasermin steht jedoch ein Medikament zur Verfügung, das bei Menschen mit Laron-Syndrom bei täglicher Anwendung das Wachstum fördern kann.

4 Geben Sie eine mögliche Erklärung für die Wirkungsweise des Medikaments Mecasermin und begründen Sie, wie es verabreicht werden muss. 2

20

Lösungsvorschlag

1.1 Nennung charakteristischer Merkmale von Hormonen:

- Hormone sind körpereigene (biochemische) Botenstoffe.
- Typische (endokrine) Hormone werden in speziellen Zellen bzw. Organen (Hormondrüsen) gebildet.
- Hormone werden in das Blut ausgeschüttet und über die Blutbahn transportiert.
- Hormone wirken nur an bestimmten Zelltypen (Zielzellen), indem sie an spezifische Rezeptorproteine binden.
- Hormone können ihre Wirkung an vom Bildungsort entfernten Stellen im Organismus entfalten.
- Die Wirkung von Hormonen setzt oft vergleichsweise langsam ein und kann relativ lange andauern.
- Hormone wirken bereits in kleinsten Mengen.

> **TIPP** Nur drei Angaben sind verlangt.

1.2 Erläuterung der Bedeutung des Hormonsystems:

Das Hormonsystem steuert über die (regulierte) Ausschüttung von Botenstoffen viele grundlegende Lebensfunktionen des Körpers, z. B. den Energiestoffwechsel, den Wasserhaushalt und den Schlaf-/Wachrhythmus, aber auch Entwicklungsprozesse wie Größen- und Muskelwachstum und die Ausbildung der Geschlechtsmerkmale. Da das Hormonsystem eng mit dem Nervensystem verzahnt ist, sind auch auf Umweltreize abgestimmte Reaktionen möglich.

> **TIPP** Von den nachfolgenden Beispielen ist jeweils nur eines gefordert, weitere Möglichkeiten sind je nach unterrichtlicher Besprechung denkbar. Das häufig im Unterricht behandelte Schilddrüsenhormon Thyroxin ist allerdings ein Abkömmling einer Aminosäure und kann somit nicht als Beispiel angeführt werden.

Beispiele für die Wirkung von Proteohormonen:

- Insulin senkt den Blutzuckerspiegel, u. a. indem es Zellen veranlasst, Glucose aufzunehmen. Es versorgt dadurch Zellen mit energieliefernden Nährstoffen und wirkt einer Überzuckerung entgegen.
- Das Antidiuretische Hormon (ADH oder Vasopressin) fördert die Wasserrückresorption in der Niere und reguliert so die Konzentration osmotisch wirksamer Teilchen im Blut *(Osmolarität des Blutes)* und u. a. den Blutdruck.
- FSH, das follikelstimulierende Hormon, ist bei Frauen u. a. für die Reifung und Freisetzung der Eizelle (Eisprung) verantwortlich und somit entscheidend dafür, dass es zu einer Befruchtung und Schwangerschaft kommen kann.

Beispiele für die Wirkung von Steroidhormonen:

- Testosteron stimuliert bei Männern u. a. die Ausbildung der Geschlechtsmerkmale und die Reifung von Spermien. Eine ausreichend hohe Konzentration des Hormons ist daher Voraussetzung für das Erreichen der Geschlechtsreife.
- Östrogene sind bei Frauen u. a. für die Steuerung des weiblichen Zyklus und für die Reifung der Eizellen zuständig. Ihre regulierte Ausschüttung bedingt daher u. a. die weibliche Fruchtbarkeit.

2.1 Beschreibung der Prozesse der Signaltransduktion:

- Das Proteohormon Somatotropin dockt über zwei Bindungsstellen an den extrazellulären Teil des (aus zwei identischen Molekülen bestehenden) Somatotropin-Rezeptors an, der in der Membran der Zielzelle verankert ist.
- Es kommt zu einer Aneinanderlagerung der beiden einzelnen Rezeptorkomponenten *(Dimerisierung)*.
- Januskinasen, die mit den intrazellulären Molekülteilen des Rezeptors assoziiert sind, werden durch die Hormonbindung aktiviert.
- Die Kinasen katalysieren jeweils die Abspaltung einer Phosphatgruppe von ATP und deren Übertragung auf ein STAT-Molekül *(Phosphorylierung)*.
- Je zwei phosphorylierte STAT-Proteine lagern sich zu einem Komplex *(Dimer)* zusammen und werden dadurch aktiviert.
- Der STAT-Komplex wandert (durch die Kernporen) in den Zellkern und aktiviert durch Anlagerung an den IGF-1-Promotor die Transkription des Gens, das für den Wachstumsfaktor IGF-1 codiert.
- Die gebildete IGF-1-mRNA verlässt den Zellkern und wird (an den Ribosomen) zum Protein IGF-1 translatiert.

2.2 Begründung der Unterschiede zur Signalübertragung durch Steroidhormone:

Da Steroidhormone (anders als Somatotropin, siehe Vortext und Abb. 1) keine Proteine, sondern relativ kleine, fettlösliche Moleküle sind, können sie Zellmembranen durch Diffusion durchdringen. Steroidhormone übermitteln daher ihre Information nicht extrazellulär über einen membranständigen Rezeptor, der im Zellinneren eine Signalkaskade auslöst, sondern binden im Zytoplasma direkt an spezifische Steroidrezeptoren. Die entstehenden Hormon-Rezeptor-Komplexe gelangen in den Zellkern und beeinflussen dort als Transkriptionsfaktoren die Expression bestimmter Gene.

2.3 Beschreibung zweier Möglichkeiten:

Die Veränderung des Gens, das für den Rezeptor codiert, führt dazu, dass …

- die Bindungsstelle für Somatotropin ihre Raumstruktur verändert, sodass Somatotropin nicht mehr oder nur noch schlecht binden kann. Die Signaltransduktion unterbleibt (weitgehend).
- die Bindungsstellen für die Januskinasen so verändert sind, dass die Enzyme nicht mehr mit dem Rezeptor assoziiert vorliegen. Bei Bindung von Somatotropin wird keine Signalkette ausgelöst.

- das Rezeptorprotein nicht mehr in die Zellmembran eingebaut werden kann, z. B. da das Protein keinen entsprechenden lipophilen Molekülteil mehr aufweist. Die Zelle ist dann nicht mehr empfindlich für Somatotropin.

Wenn die Somatotropin-Signaltransduktion gestört ist, wird die IGF-1-Proteinbiosynthese nicht ausreichend angeregt und es kommt zum IGF-1-Mangel.

TIPP Weitere Annahmen sind denkbar, die Beschreibung zweier Möglichkeiten ist gefordert.

3.1 **Darstellung** des Regulationsschemas:

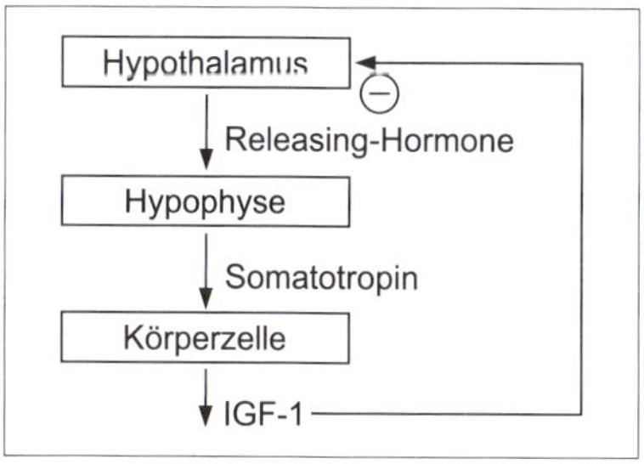

Erklärung des Prinzips der negativen Rückkopplung:
Bei der negativen Rückkopplung wirkt in einem Regelkreis ein Endprodukt (hier: IGF-1) hemmend auf diejenigen Elemente zurück, die seinen Bildungsprozess fördern. Durch diese Regelung wird gewährleistet, dass die Konzentration der betreffenden Größe bedarfsgerecht ein bestimmtes Niveau nicht übersteigt und stabil (homöostatisch) bleibt.

3.2 **Begründung** des diagnostischen Befunds:
Die niedrige IGF-1-Konzentration erklärt sich dadurch, dass die Signaltransduktion, die zur Bildung von IGF-1 führt, stark eingeschränkt abläuft, da (z. B.) die Somatotropin-Rezeptoren gegenüber Somatotropin unempfindlich sind.
Ist die IGF-1-Konzentration im Blut niedrig, entfällt die hemmende Wirkung von IGF-1 auf den Hypothalamus (weitgehend), sodass die Hypophyse beständig angeregt wird, Somatotropin auszuschütten. Das Hormon zirkuliert daher vermehrt im Blut (hoher Somatotropin-Spiegel), ohne seine Wirkung (vollständig) entfalten zu können.
Dass auch nach einer externen Applikation von Somatotropin der IGF-1-Spiegel nicht ansteigt, erklärt sich aus den oben genannten Gründen.

4 Mögliche **Erklärung** der Wirkungsweise von Mecasermin:
Da beim Laron-Syndrom ein starker Mangel des Wachstumsfaktors IGF-1 vorliegt, der das Wachstum begrenzt, wäre eine IGF-1-Zufuhr von außen denkbar.

Mecasermin könnte daher IGF-1 enthalten (z. B. isoliert oder gentechnisch hergestellt) oder einen anderen Wirkstoff, der IGF-1 strukturell ähnlich ist und dessen Funktion erfüllt.

Begründung der Verabreichungsform:
Da es sich bei IGF-1 (und bei einem strukturell ähnlichen Wirkstoff vermutlich ebenfalls) um ein Protein handelt, ist keine orale Verabreichung möglich. Proteinmoleküle werden im Verdauungstrakt enzymatisch abgebaut. Mecasermin muss daher injiziert werden.

TIPP Wenn Sie schlüssig argumentieren, sind auch andere, weniger naheliegende Wirkungsweisen denkbar. So könnte etwa der JAK-STAT-Signalweg anderweitig stimuliert werden.

PRÜFUNGSAUFGABEN

VP

Als giftigste Schlange der Welt gilt der australische Inland-Taipan *(Oxyuranus microlepidotus)*. Ein einziger Tropfen seines Giftes würde ausreichen, um etwa 100 Menschen zu töten.
Das Gift besteht hauptsächlich aus zwei Proteinen, dem α- und β-Neurotoxin. Das α-Neurotoxin wirkt postsynaptisch durch Blockade des Rezeptors für Acetylcholin an neuromuskulären Synapsen, während das β-Neurotoxin präsynaptisch die Wiederherstellung der Transmittervesikel verhindert. Einige Zeit nach dem Biss kommt es zum tödlichen Atemstillstand.

Abb. 1: Inland-Taipan
Xlerate/Wikipedia, CC BY-SA 3.0

1.1 Stellen Sie anhand einer beschrifteten Skizze (Größe mindestens ½ Seite) die wesentlichen Schritte der Erregungsübertragung an einer Synapse dar. 3

1.2 Erläutern Sie, wie α- und β-Neurotoxin jeweils den Atemstillstand bewirken. 3

Der Tod nach einem Taipan-Biss kann nur durch schnelles Verabreichen eines sogenannten Antiserums verhindert werden, das Antikörper gegen Taipan-Toxine enthält. Um dieses zu gewinnen, werden beispielsweise einem Pferd kleinste Dosierungen des Schlangengiftes verabreicht. Anschließend werden die Antikörper aus dem Blut des Pferdes gewonnen.

2 Beschreiben Sie die hierbei im Pferd ablaufenden immunbiologischen Vorgänge. 3

Neben dem Inland-Taipan gibt es in Australien zwei weitere Taipan-Arten, den Küsten-Taipan *(Oxyuranus scutellatus)* und die erst 2007 entdeckte Art *Oxyuranus temporalis*. Alle drei extrem giftigen Schlangenarten haben sich im Laufe der Evolution aus einer weniger giftigen Stammart entwickelt.

Evolutive Veränderungen wurden in den letzten 200 Jahren unterschiedlich erklärt. Ein erster Erklärungsansatz für die Veränderlichkeit der Arten stammte von JEAN-BAPTISTE LAMARCK. Er hätte die Veränderung der Giftigkeit der *Oxyuranus*-Schlangen beispielsweise wie folgt formuliert:

„*Durch zunehmende Jagd verblieben im Lebensraum der Schlangen vorwiegend wehrhafte Beutetiere. Die Schlangen versuchten auch diese zu erbeuten, ohne dabei selbst verletzt zu werden. Durch häufigen Gebrauch ihres Giftapparates entwickelten sie die Fähigkeit, immer mehr und stärkeres Gift zu produzieren, das die Beutetiere schnell und effektiv tötete. Diese Fähigkeit vererbten sie an ihre Nachkommen.*"

3 Stellen Sie dar, was man LAMARCK aus heutiger evolutionsbiologischer Sicht entgegenhalten würde und erläutern Sie die Veränderung der Giftigkeit der *Oxyuranus*-Schlangen aus heutiger evolutionsbiologischer Sicht. 4

Die drei heute lebenden *Oxyuranus*-Arten müssen durch zwei aufeinanderfolgende Artaufspaltungen aus einer gemeinsamen Stammart entstanden sein. Dafür gibt es drei mögliche Verwandtschaftshypothesen (Abbildung 2). Um zwischen diesen Hypothesen zu entscheiden, werden ausgewählte homologe DNA-Sequenzen der drei Arten verglichen. Außerdem liegen entsprechende DNA-Sequenzen anderer Schlangenarten vor. Ein kleiner Ausschnitt von 15 Basen ist in Abbildung 3 angegeben.

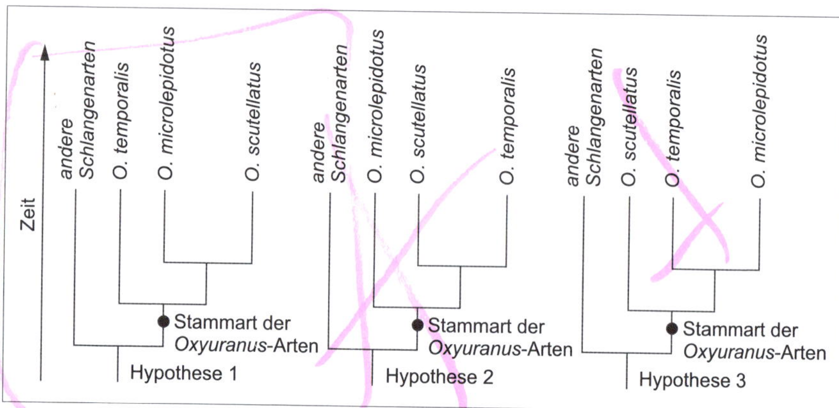

Abb. 2: Mögliche Hypothesen zur Verwandtschaft der drei *Oxyuranus*-Arten

Art	Basensequenzen														
	1	2	3	4	5	6	7	8	9	10	11	12	13	14	15
andere Schlangenarten	C	A	T	T	C	G	T	T	T	A	T	C	C	C	A
Oxyuranus scutellatus (Küsten-Taipan)	T	A	T	C	C	G	C	C	T	A	T	C	T	C	A
Oxyuranus temporalis	T	A	T	C	C	G	C	C	T	A	T	C	C	C	A
Oxyuranus microlepidotus (Inland-Taipan)	T	A	T	C	C	G	C	C	T	A	T	C	T	C	A

Abb. 3: Homologe Basensequenzen bei verschiedenen Schlangenarten

4 Vergleichen Sie die DNA-Sequenzen der drei *Oxyuranus*-Arten mit denen anderer Schlangen.
Begründen Sie anhand der Basensequenzen (Abbildung 3), warum Hypothese 1 zu bevorzugen ist und die Hypothesen 2 und 3 eher auszuschließen sind. 3

5 Beschreiben Sie ein molekular- oder immunbiologisches Verfahren zur Klärung von Verwandtschaftsverhältnissen. Erläutern Sie die zu erwartenden experimentellen Ergebnisse für die drei *Oxyuranus*-Arten nach Hypothese 1. 4

20

Lösungsvorschlag

1.1 Schematische Skizze der Erregungsübertragung:

TIPP Je nach Fragestellung muss man zwei Typen von Skizzen unterscheiden: Anatomische Skizzen nach dem elektronenmikroskopischen Bild (z. B. von einer Bakterienzelle) oder Funktionsskizzen, die zusätzlich durch Symbole (z. B. Rezeptoren) und Pfeile den Ablauf eines Vorgangs (z. B. des Kniesehnenreflexes) Schritt für Schritt verdeutlichen sollen. Ihre Skizze kann in vielen Details von der hier angebotenen Darstellung abweichen, aber der molekulare Ablauf der Erregungsübertragung muss erkennbar sein. Im Idealfall ist keine zusätzliche Erklärung notwendig. Hilfreich für eine möglichst kurze Darstellung ist die Strukturierung durch Nummerierung.

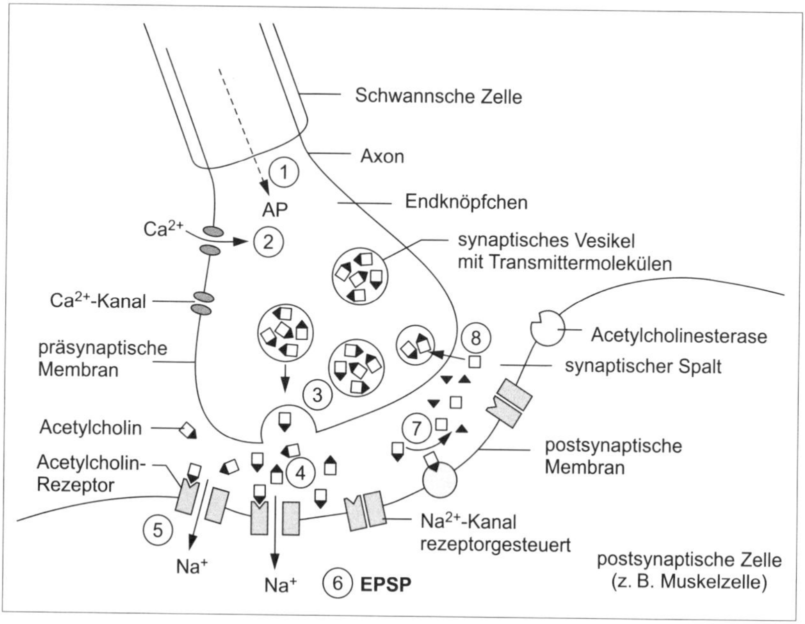

1.2 Erläuterung der Toxinwirkung:

α-Neurotoxin: Die Blockade der Acetylcholin-Rezeptoren verhindert die Bindung der Transmittermoleküle, sodass die rezeptorgesteuerten Na^+-Kanäle (in der postsynaptischen Membran) nicht geöffnet werden können. Infolgedessen strömen auch keine Na^+-Ionen (in die Muskelzelle) ein und die postsynaptische Membran kann nicht depolarisiert werden. Es entsteht kein (überschwelliges) postsynaptisches Potenzial (= PSP) bzw. erregendes postsynaptisches Potenzial (= EPSP), sodass die Muskelzelle unerregt bleibt und nicht kontrahiert. Es kommt daher zur Lähmung der Atemmuskeln und zum Tod durch Atemstillstand.

Alternativantwort: Da im Vortext nur von einer „Blockade der Rezeptoren" und nicht von einer „Blockade der Na^+-Kanäle" die Rede ist, könnte die Bindung der α-Neurotoxin-Moleküle an die Rezeptoren auch eine dauerhafte Öffnung der Na^+-Kanäle bewirken. Die daraus resultierende Dauererregung könnte zu einem anhaltenden Krampf der Atemmuskeln führen, sodass es zum Atemstillstand durch Erschöpfungslähmung kommt.

β-Neurotoxin: Die Spaltprodukte des Acetylcholin müssen nach ihrer Aufnahme (Cholin) und Resynthese im Endknöpfchen wieder in Vesikeln gespeichert werden. Erst dann steht der Transmitter für eine erneute Erregungsübertragung zur Verfügung. Ist die Vesikelzahl verringert, sinkt auch die Transmitterkonzentration im synaptischen Spalt und ein entstehendes EPSP reicht nicht aus, um die Muskelzelle zu erregen und zu kontrahieren. Die Lähmung der Atemmuskeln und der Tod durch Atemstillstand sind die Folge.

2 Beschreibung der humoralen Immunantwort:

> **TIPP** Im Pferd läuft eine aktive Immunantwort ab, die mit der Bildung Toxin-spezifischer Antikörper endet. Die Vorgänge entsprechen einer humoralen Immunantwort.

A **Erkennungsphase:** Die injizierten Toxin-Moleküle werden von Makrophagen phagozytiert, in Bruchstücke zerlegt und mithilfe spezieller Membranproteine (= MHC II) auf der Membranoberfläche präsentiert. Spezifische T-Helferzellen werden durch den Zellkontakt mit den präsentierten Antigenen (und durch Signalstoffe der Makrophagen) aktiviert. B-Lymphozyten (B-Zellen) mit passenden Rezeptoren binden die Taipan-Toxine, phagozytieren sie, und präsentieren Fragmente auf ihrer Membranoberfläche. Diese B-Zellen nehmen ebenfalls Zellkontakt mit den zuvor aktivierten T-Helferzellen auf.

B **Differenzierungsphase:** Die T-Helferzellen schütten aufgrund des doppelten Antigenkontaktes Signalstoffe (Zytokine) aus, die diese B-Zellen zur Vermehrung und Differenzierung in Plasmazellen und B-Gedächtniszellen anregen.

C **Wirkungsphase:** Die Plasmazellen produzieren spezifische Antikörper gegen Taipan-Toxine und schütten diese in das Blut des Pferdes aus (Verklumpung der Taipan-Toxine = Antigen-Antikörper-Reaktion).

3 **Darstellung** der Gegenargumente:

- Der häufige Gebrauch des Giftapparats hat keine Auswirkung auf die Giftigkeit der Toxine. Es ist kein Einfluss der Gewohnheit auf die Gift-Gene nachweisbar, eine aktive Anpassung ist nicht möglich.
- Die Vererbung von erworbenen Eigenschaften bzw. Fähigkeiten findet nicht statt.

TIPP Epigenetische Forschungsergebnisse sind hier (noch) nicht berücksichtigt.

Erläuterung der Veränderung der Giftigkeit aus heutiger Sicht:
Durch Mutationen im Toxin-Gen kommt es im Genpool einer Schlangen-Population zu einer genetischen Variabilität der Giftigkeit. Durch Rekombination (Neukombination von Erbgut durch Meiose und Befruchtung) werden ständig Individuen mit unterschiedlich wirksamen Giften erzeugt. Individuen mit stärker wirkenden Giften besitzen bei Beutemangel einen Selektionsvorteil, da sie gebissene und flüchtende Beutetiere mit größerer Wahrscheinlichkeit wiederfinden. Durch ihre höhere Jagdausbeute steigen auch ihre Fitness und ihr Fortpflanzungserfolg. Dadurch wird sich mit jeder Generation der Anteil ihrer Gene im Genpool erhöhen und damit auch der Anteil an giftigeren Schlangen in der Population (transformierende Selektion).

4 **Vergleich** der Basensequenzen:
Küsten-Taipan und Inland-Taipan haben identische Basensequenzen. Von diesen Arten unterscheidet sich *O. temporalis* nur in einer Base (Base 13: C statt T), während sich die anderen Schlangenarten in 4 bzw. 5 Basen von der Gattung *Oxyuranus* unterscheiden.

Alternativantwort: Alle drei *Oxyuranus*-Arten unterscheiden sich an mindestens vier Positionen von den anderen Schlangenarten: Base 1 (T statt C), Base 4 (C statt T), Base 7 (C statt T), Base 8 (C statt T). Küsten-Taipan und Inland-Taipan unterscheiden sich zusätzlich an Position 13 (T statt C) von den anderen Schlangenarten.

Begründung für Hypothese 1:
Je größer die genetische Ähnlichkeit, desto näher ist die Verwandtschaft und desto später erfolgte die Artaufspaltung durch Mutationen. *O. scutellatus* und *O. microlepidotus* sind sich nach Abb. 3 genetisch am ähnlichsten. Nur der Stammbaum der Hypothese 1 bestätigt die engste Verwandtschaft bzw. die späteste Artaufspaltung dieser beiden Arten. Die Hypothesen 2 und 3 widersprechen der genetischen Ähnlichkeit von *O. scutellatus* und *O. microlepidotus*.

Vertiefte Argumentation: Eine Neumutation, die nach der Aufspaltung eines Genpools in zwei Arten aufgetreten ist, kann zwischen den Genpools nicht mehr durch Rekombination ausgetauscht werden und ist deshalb nach der Artaufspaltung nur in einer Art nachweisbar. Vor diesem Hintergrund ist der Stammbaum in

Hypothese 1 am wahrscheinlichsten: *O. temporalis* hatte sich (aus unbekannten Gründen) schon von der Stammart der *Oxyuranus*-Arten abgespalten, bevor beim Vorfahren von *O. scutellatus* und *O. microlepidotus* die Mutation an Position 13 (T statt C) auftrat. Ein einziger Mutationsschritt wäre die wahrscheinlichste Ursache dafür, dass sich *O. scutellatus* und *O. microlepidotus* an Position 13 von *O. temporalis* unterscheiden.

TIPP Dieser Erklärung liegt das Prinzip der Ursachendeutung mit möglichst wenigen zusätzlichen Hypothesen zugrunde (Einfachheitsprinzip).

Hypothese 2 und 3 machen das Ergebnis von Abb. 3 nur durch mehrere Mutationsschritte erklärbar und sind deshalb weniger wahrscheinlich. Träfe Hypothese 2 zu, wäre bereits bei der Stammart für alle *Oxyuranus*-Arten die Mutation an Position 13 (C→T) erfolgt. Nach der Abspaltung von *O. microlepidotus* (aus unbekannten Gründen) wäre es dann beim gemeinsamen Ahnen von *O. scutellatus* und *O. temporalis* wieder zu einer Aufspaltung gekommen, wobei es nach der Abspaltung nur bei *O. temporalis* zu einer (Rück-)Mutation (T→C) gekommen sein müsste.

TIPP Hypothesen 1–3 mit möglichen Mutationsschritten, die den Befund an Position 13 erklären würden:

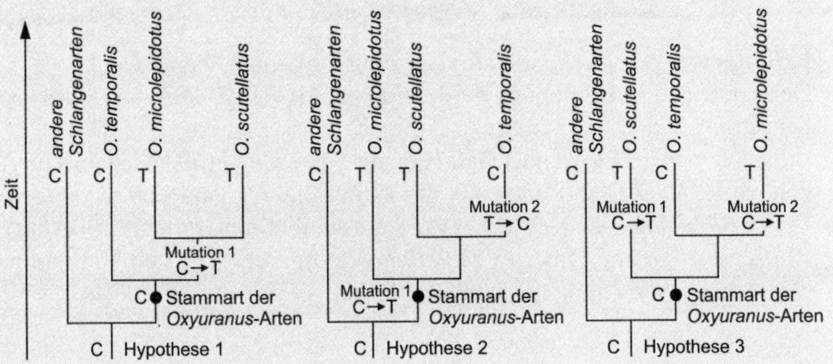

5 **TIPP** Für die Beschreibung kommen folgende molekularbiologische Methoden infrage: Serum-Präzipitin-Test, DNA-Hybridisierungstest oder die Aminosäuresequenzanalyse wichtiger Proteine.

Angenommene Fragestellung: Ist der Inland-Taipan näher mit *O. scutellatus* oder näher mit *O. temporalis* verwandt?

Beschreibung des Serum-Präzipitin-Tests:

- *O. microlepidotus* wird Blut zur Isolierung des Blutserums entnommen.
- Einem möglichst weit entfernt verwandten Testtier (z. B. Kaninchen) wird dieses Serum injiziert, sodass eine aktive Immunantwort gegen die fremden Blutproteine erfolgt.
- Dem Testtier wird nach einigen Wochen Blut zur Gewinnung des Testserums entnommen. Es enthält spezifische Antikörper gegen Bluteiweiße von *O. microlepidotus*.
- 100 %-Eichung: Das Testserum wird mit dem Blutserum des Inland-Taipans vermischt, um den beobachteten maximalen Verklumpungsgrad als 100 %-Marke festzulegen.
- Das Testserum wird mit den Blutseren der Tiere vermischt, deren Verwandtschaftsgrad gemessen werden soll, in diesem Fall mit *O. scutellatus*-Serum und *O. temporalis*-Serum. Je stärker die Verklumpung (= Präzipitation), desto größer ist die Ähnlichkeit der Serumproteine mit denen des Inland-Taipans.

Erläuterung des zu erwartenden Ergebnisses gemäß Hypothese 1:
Der Grad der Verklumpung (Präzipitation) des Testserums (= Antikörper) mit Blutserum von *O. scutellatus* (= Antigen) müsste stärker sein als bei *O. temporalis*. Die nähere Verwandtschaft bedeutet, dass eine größere genetische Ähnlichkeit vorliegt. Dies gilt auch für die Gene, die Serumproteine codieren. Haben *O. microlepidotus* und *O. scutellatus* die ähnlichsten Proteine (= Antigene) im Blutserum, kommt es bei *O. scutellatus*-Serum zur stärksten Verklumpung mit den spezifischen Antikörpern im Testserum.

VP

Der Bedarf an proteinreichen Nahrungsmitteln wächst mit den steigenden Ernährungsansprüchen einer stetig wachsenden Weltbevölkerung. Bei den in der Tiermast verwendeten pflanzlichen Futtermitteln sind einige der für Tiere essenziellen Aminosäuren in nur geringen Mengen enthalten. Durch Anreicherung des Futters mit essenziellen Aminosäuren kann die Wertigkeit der Nahrung für die Tiermast deutlich gesteigert werden.
Heute werden zum Beispiel mithilfe des Bakteriums *Corynebacterium glutamicum* jährlich über 600 000 Tonnen der essenziellen Aminosäure Lysin produziert.

1 Geben Sie eine Bedeutung von Aminosäuren für den Organismus an. Erklären Sie in diesem Zusammenhang den Begriff „essenziell". 2

Die Lysin-Synthese in *C. glutamicum* geht von Asparaginsäure aus, die in einem ersten Schritt von einem Enzym E1 umgesetzt wird. Abbildung 1 zeigt einen Ausschnitt aus der Basensequenz des codogenen Strangs für das Gen von Enzym 1. Abbildung 2 zeigt den weiteren Syntheseweg für die Aminosäure Lysin. Abbildung 3 zeigt, wie diese Synthese reguliert wird.

3' … C G G G A C C A G C A T G T C … 5'

Abb. 1: Ausschnitt aus dem codogenen Strang für das Gen von E1

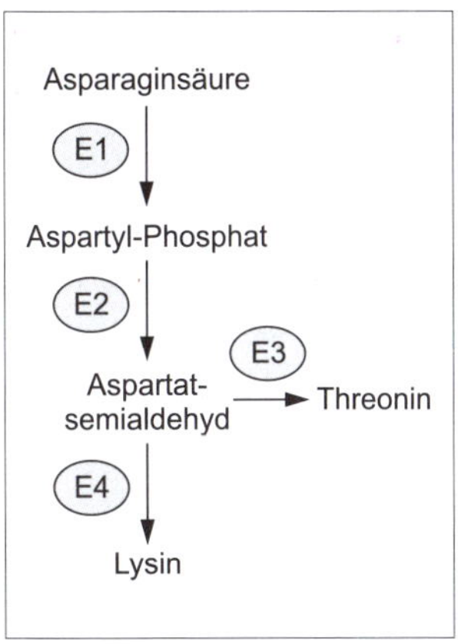

Abb. 2: Lysin-Syntheseweg in *C. glutamicum* (vereinfacht)

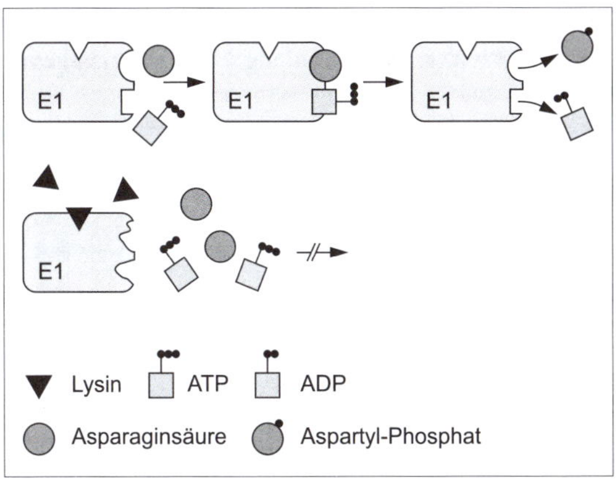

Abb. 3: Regulation der Lysin-Synthese (vereinfacht)

2.1 Ermitteln Sie mithilfe der Codesonne (siehe Anhang) die der Basensequenz zugehörige Aminosäuresequenz von E1.

Erklären Sie am Beispiel der Lysin-Synthese (Abbildung 2) den Begriff Genwirkkette. 3

2.2 Erklären Sie unter Zuhilfenahme der Abbildungen 2 und 3, wie die Produktion von Lysin in *C. glutamicum* auf Enzymebene reguliert wird. 3

Man kennt Mutanten von *C. glutamicum*, die eine verstärkte Lysin-Produktion aufweisen. Die Mutationen betreffen die Gene für die Enzyme E1 und E3.

3 Erläutern Sie jeweils eine Möglichkeit, wie durch Veränderungen an den Enzymen E1 und E3 die Lysin-Produktion gesteigert werden kann.
Geben Sie eine mögliche Erklärung für die Beobachtung, dass bestimmte Mutationen im Gen für E1 oder im Gen für E3 zu keiner Änderung der Lysin-Syntheserate führen. 3

Die Lysin-Produktion kann auch auf Genebene geregelt werden. Hierbei wirkt eine hohe Lysin-Konzentration hemmend auf die Genexpression.

4.1 Erklären Sie anhand einer beschrifteten Skizze ein Modell für die Genregulation der Lysin-Synthese. Berücksichtigen Sie hierbei nur das für das Enzym E4 codierende Gen. 3

4.2 Erläutern Sie je einen Vorteil der Regulation auf Enzym- bzw. auf Genebene für das Bakterium. 2

Das von *C. glutamicum* produzierte Lysin kann isoliert werden, nachdem es über die Zellmembran ins Kulturmedium abgegeben wurde. Um diese Abgabe von Lysin zu untersuchen, hat man neun verschiedene Stämme (Stamm A bis I) von *C. glutamicum* verglichen. Diese Stämme unterscheiden sich ausschließlich in ihrer intrazellulären Lysin-Konzentration. Abbildung 4 zeigt Messergebnisse des Lysin-Transports durch die Zellmembran für die verschiedenen Stämme von *C. glutamicum*.

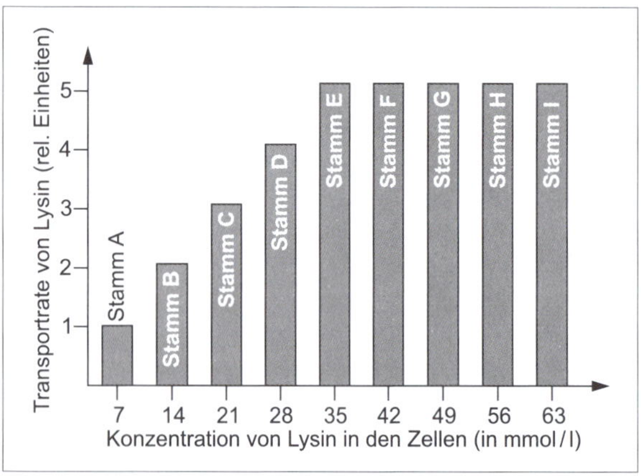

Abb. 4: Transportrate (transportierte Lysin-Menge pro Zeiteinheit) durch die Zellmembran bei den Stämmen A bis I

5 Beschreiben Sie die Ergebnisse (Abbildung 4) und interpretieren Sie diese hinsichtlich eines möglichen Transportmechanismus.
Bei anderen Stämmen von *C. glutamicum* beobachtet man höhere Geschwindigkeiten der Lysin-Abgabe unter gleichen Kulturbedingungen. Erläutern Sie zwei mögliche Ursachen. 4/20

Anlage Codesonne

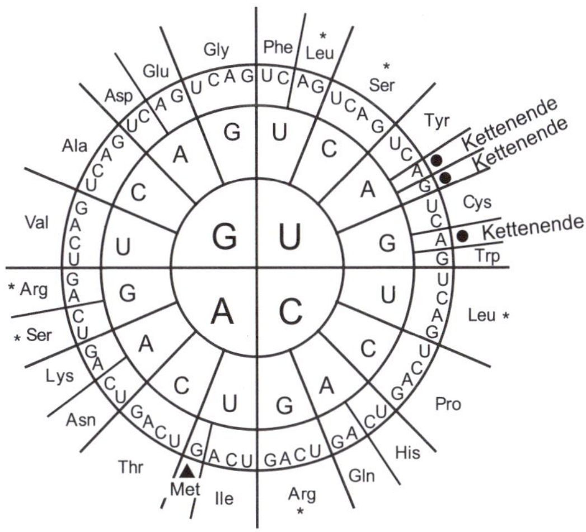

* zweimal auftretende Aminosäuren
● Stopp-Codons
▲ Start-Codon

Lösungsvorschlag

1 **Benennung** *einer* Bedeutung der Aminosäuren für den Organismus:

- Bausteine der Proteine (Peptide, Enzyme)
- Ausgangsstoffe für Hormone (z. B. Thyroxin, Adrenalin)
- Ausgangsstoffe für Neurotransmitter (z. B. Glutamat, Dopamin)
- Bestandteil des Elektrolyt-Haushaltes (z. B. A^--Ionen im Axon)

Erklärung des Begriffs:
Essenzielle (= lebensnotwendige) Aminosäuren müssen mit der Nahrung aufgenommen werden, da der Organismus sie nicht selbst herstellen kann.

2.1 **Ermittlung** der Aminosäuresequenz:

DNA (codogener Strang)	3' … CGG GAC CAG CAT GTC … 5'
mRNA	5' … GCC CUG GUC GUA CAG … 3'
Aminosäuresequenz	… Ala – Leu – Val – Val – Gln …

Erklärung des Begriffs Genwirkkette am Beispiel der Lysin-Synthese:
Die Synthese von Lysin erfolgt in drei aufeinanderfolgenden und voneinander abhängigen Reaktionsschritten, die jeweils durch ein spezifisches Enzym (E1, E2 und E4) katalysiert werden. Jedes dieser Enzyme wird von einem eigenen Gen (G1, G2 und G4) codiert.

TIPP Schema der Lysin-Genwirkkette inkl. Hemmung (siehe Abb. 3):

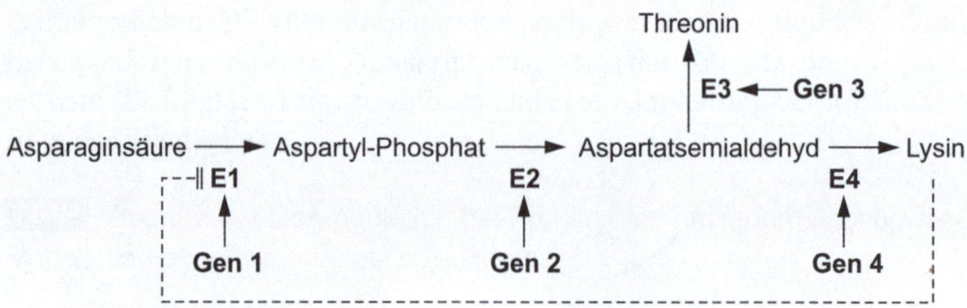

2.2 **Erklärung** der Enzymregulation:
Das Enzym E1 wird durch das Endprodukt Lysin allosterisch gehemmt (= Endprodukthemmung). Wenn durch die Genwirkkette genügend Lysin produziert wurde, „schaltet sich die Synthesekette selbst ab“, da Lysin das Enzym des ersten Reaktionsschrittes (E1) hemmt. Umgekehrt wird bei Lysin-Mangel die Synthesekette wieder gestartet, da der „Hemmstoff“ Lysin fehlt. Der Hemmungsmechanismus der Enzymaktivität von E1 läuft folgendermaßen ab: Lysin bindet an ein allosterisches Zentrum von E1 und verändert dadurch die Raumstruktur des Proteins so stark, dass das aktive Zentrum von E1 sein Substrat (Asparaginsäure) und ATP nicht mehr binden kann. Asparaginsäure kann daraufhin nicht mehr oder nur

verlangsamt in Aspartyl-Phosphat umgesetzt werden, und E2 und E4 können aufgrund Substratmangels nicht mehr arbeiten. Lysin wird nicht oder nur noch in geringen Mengen gebildet.

3 **Erläuterung** der Möglichkeiten zur Produktionssteigerung:

- E1: Eine Mutation bewirkt eine Veränderung der Tertiärstruktur, sodass Lysin nicht mehr in das allosterische Zentrum passt. E1 kann daher nicht mehr gehemmt werden und die Lysin-Produktion wird verstärkt.

  Oder: Eine Mutation bewirkt eine Veränderung der Tertiärstruktur, die zu einer Optimierung des aktiven Zentrums führt. Asparaginsäure kann schneller umgesetzt werden, die Lysin-Produktion wird gesteigert.

  Oder: Wenn unter „Veränderungen an den Enzymen" auch die Enzymkonzentration verstanden wird, könnte eine Mutation im Gen für E1 auch dessen Expressionsrate erhöhen und somit über eine Erhöhung der E1-Konzentration die Lysin-Syntheserate steigern.
- E3: Durch eine Mutation wird die Aktivität von E3 gehemmt und dadurch die konkurrierende Reaktion zu Threonin blockiert. Die Konzentration von Aspartatsemialdehyd und damit die Substratkonzentration für E4 steigt, sodass Lysin verstärkt produziert wird.

Erklärung der Mutationen in G1 oder G3 ohne Einfluss auf die Lysin-Syntheserate:

- Die Mutation in G1 ändert zwar die Basensequenz des Gens, aber wegen der Degeneration des genetischen Codes wird die gleiche Aminosäure codiert (stumme Mutation).
- Die Mutation in G1 bewirkt zwar einen Aminosäuretausch, aber es erfolgt keine Änderung der Raumstruktur des Enzyms, da die neue Aminosäure eine ähnliche Stabilisierung der Tertiärstruktur bewirkt (z. B. gleiche Polarität, H-Brücken).
- Die Mutation bewirkt zwar einen Aminosäuretausch/-verlust und dies führt auch zu einer Änderung der Raumstruktur, aber das aktive bzw. allosterische Zentrum des Enzyms bleibt unverändert und das Enzym trotz geänderter Raumstruktur intakt.
- Eine Mutation in E3 hemmt zwar die Threonin-Synthese, aber die erwartete erhöhte Lysin-Syntheserate bleibt wegen der verstärkten Endprodukthemmung aus.

4.1 **Skizze** mit **Erklärung** des Operon-Modells (nach JACOB-MONOD) am Beispiel der Genregulation der Lysin-Synthese:

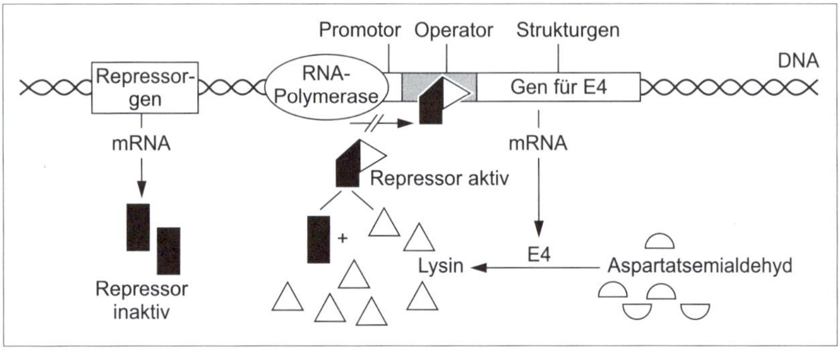

C. glutamicum kontrolliert die Synthese der Aminosäure Lysin, indem die Transkription des Gens 4 kontrolliert wird, das für das Enzym E4 codiert. Dies geschieht mithilfe eines „Gen-Schalters“, der als Operator bezeichnet wird. Dieser spezielle Abschnitt auf der DNA kontrolliert den Zugang der RNA-Polymerase zum Strukturgen. Zusammen mit dem Promotor, der als Startregion für die Bindung der RNA-Polymerase dient, bildet der ganze DNA-Abschnitt ein sogenanntes Operon.

Bei der Endproduktrepression stellt ein Regulatorgen einen inaktiven Repressor her, der allosterisch durch das Endprodukt der Stoffwechselkette (Lysin) aktiviert wird:

- Ist die Lysin-Konzentration in der Bakterienzelle gering, findet die Bindung von Lysin an den vom Repressorgen hergestellten Repressor nicht statt und der Repressor bleibt inaktiv. Der Operator liegt frei, und die RNA-Polymerase kann zum Strukturgen gelangen und das Gen transkribieren. Das im Laufe der Proteinbiosynthese hergestellte Enzym 4 kann die Synthese von Lysin katalysieren, sodass dessen Konzentration ansteigt.
- Ist die Lysin-Konzentration in der Bakterienzelle hoch, bindet das gebildete Lysin an den Repressor und verändert dessen Struktur (allosterisch), sodass der Repressor aktiviert wird und spezifisch an den Operator bindet. Die RNA-Polymerase gelangt aufgrund dieser Bindung nicht zum Strukturgen für E4 und kann die DNA nicht in mRNA transkribieren. Da die Genexpression von E4 auf diese Weise gehemmt wird, kann E4 nicht hergestellt und die Synthese von Lysin aus Aspartatsemialdehyd nicht katalysiert werden. Damit sinkt die Lysin-Konzentration.

4.2 Erläuterung je eines Vorteils:

- Genregulation: Die Regelung eines Stoffwechselweges über die Genaktivität (der Enzyme) bedeutet eine Einsparung von Ressourcen und Energie, da die jeweiligen Enzyme nur hergestellt werden, wenn sie auch notwendig sind. Für eine Regelung auf Enzymebene müssen hingegen alle Stoffwechselenzyme ständig unter großem Energieaufwand (für Transkription und Translation) produziert und bereitgehalten werden, unabhängig davon, ob sie auch benötigt werden.
- Vorteil der Enzymregulation: Die Regulation auf Enzymebene ermöglicht eine schnelle Reaktion auf sich ändernde (Umwelt-)Bedingungen. Da die Enzyme bereits vorliegen, muss nur ihre Aktivität geregelt werden. Notwendige Korrekturen der Produktkonzentration (z. B. von Lysin) oder notwendige Richtungsänderungen des Synthesewegs (z. B. bei erhöhtem Bedarf an Threonin) können auf diese Weise schnell umgesetzt werden.

5 Beschreibung der Ergebnisse:

Das Balkendiagramm gibt die nach einer bestimmten Zeit ins Außenmedium abgegebene/transportierte Menge Lysin in Abhängigkeit von der intrazellulären Lysin-Konzentration an (Transportrate = Konzentrationsänderung pro Zeit). Von Stamm A bis Stamm I nimmt die intrazelluläre Lysin-Konzentration jeweils um 7 mmol/l zu. Von Stamm A bis Stamm E nimmt die Transportrate ebenfalls linear zu, d. h., eine Verdoppelung der intrazellulären Lysin-Konzentration bewirkt auch eine Verdoppelung der Transportrate. Von Stamm F bis I bleibt die Transportrate jedoch konstant bei fünf relativen Einheiten, trotz weiterer Zunahme der intrazellulären Lysin-Konzentration um jeweils 7 mmol/l.

Interpretation hinsichtlich des Transportmechanismus:

Unter der Annahme, dass die extrazelluläre Lysin-Konzentration (im Kulturmedium) geringer ist als in der Zelle, ist dieses Ergebnis ein deutlicher Hinweis auf einen passiven Transport entlang eines Konzentrationsgefälles. Der lineare Zusammenhang zwischen Konzentrationsunterschied und Transportrate lässt sich mit kanalvermittelter oder mit Carrier-vermittelter Diffusion erklären:

- Kanalvermittelte Diffusion: In der Zellmembran befindet sich eine bestimmte Zahl von Tunnelproteinen („Lysin-Kanäle"), die für Lysin-Moleküle durchlässig sind. In den Bakterienzellen liegt Lysin je nach Stamm in einer bestimmten Konzentration vor. Daher treffen aufgrund der statistischen Molekülbewegungen pro Zeiteinheit eine bestimmte Zahl von Lysin-Molekülen auf die Membranporen und gelangen so in das Kulturmedium. Je höher die Lysin-Konzentration, desto mehr Teilchen treffen pro Zeiteinheit auf die Kanäle und die Transportrate steigt proportional an (Stämme B bis E). Bei sehr hoher Lysin-Konzentration (ab Stamm F) kann die Transportrate (bei gleicher Temperatur) nicht mehr gesteigert werden, da die limitierte Zahl der Lysin-Kanäle bei voller Auslastung nicht mehr Moleküle pro Zeiteinheit passieren lassen kann.

- Carrier-vermittelte Diffusion: Die Carrier-Moleküle binden die Lysin-Moleküle und schleusen ihr „Substrat“ durch Änderung der Molekülstruktur durch die Membran. Im geringen Konzentrationsbereich steigt die Transportrate ebenfalls proportional (meist sogar überproportional) an, bis alle Carrier-Moleküle mit maximaler Auslastung arbeiten. Eine weitere Steigerung der Lysin-Konzentration kann dann die Transportrate nicht mehr erhöhen, da Sättigung eintritt.

TIPP Auch aktiver Transport ist nicht ganz auszuschließen. In diesem Fall wäre die Sättigung bei höherer intrazellulärer Lysin-Konzentration durch Sättigung der beteiligten Transportenzyme bzw. durch ATP-Limitierung zu erklären. Allerdings ist dieser Mechanismus aufgrund des entgegengesetzten Konzentrationsgefälles eher unwahrscheinlich.
Die freie Diffusion der Lysin-Moleküle durch die Membran (ohne Vermittlung durch Membranproteine) ist nicht möglich, da Lysin-Moleküle zu den polaren Aminosäuren gehören. Überdies ließe sich die Stagnation bei hoher Konzentration nicht erklären.

Erläuterung möglicher Ursachen für eine erhöhte Transportrate:

- Kanalvermittelte Diffusion: Die Anzahl der Tunnelmoleküle in der Membran ist erhöht oder eine optimalere Struktur der Tunnelproteine bewirkt einen schnelleren Transport.
- Carrier-vermittelte Diffusion: Die Anzahl der Carrier-Moleküle in der Membran ist erhöht oder eine Strukturänderung der Carrier-Proteine bewirkt einen schnelleren Transport.

VP

Erythrozyten (rote Blutzellen) transportieren Sauerstoff. Einen Mangel an Erythrozyten bezeichnet man als Anämie. Typische Symptome einer Anämie sind erhöhte Herzfrequenz, leichte Ermüdbarkeit, Atemnot besonders bei körperlicher Belastung und häufig auch Kopfschmerzen. Anämie kann erworben (z. B. bei Blutverlust, Hormonstörungen, Nierenerkrankungen) oder angeboren sein.
Das körpereigene Hormon Erythropoetin (EPO) regt in Stammzellen des Knochenmarks die Bildung von Erythrozyten an.
Das EPO-Gen wurde auf dem 7. Chromosom lokalisiert und codiert für ein Protein, welches aus 165 Aminosäuren besteht.

1 Fertigen Sie eine beschriftete Schemazeichnung vom Aufbau eines DNA-Abschnitts an (Größe etwa eine ½ Seite).
Nennen Sie drei Anforderungen, die ein Molekül erfüllen muss, damit es als Erbsubstanz infrage kommt und begründen Sie kurz, wie die DNA diese Anforderungen erfüllt. 5

Das EPO-Gen wird in Nierenzellen exprimiert. Abbildung 1 zeigt vereinfacht, wie die Expression des EPO-Gens reguliert wird.

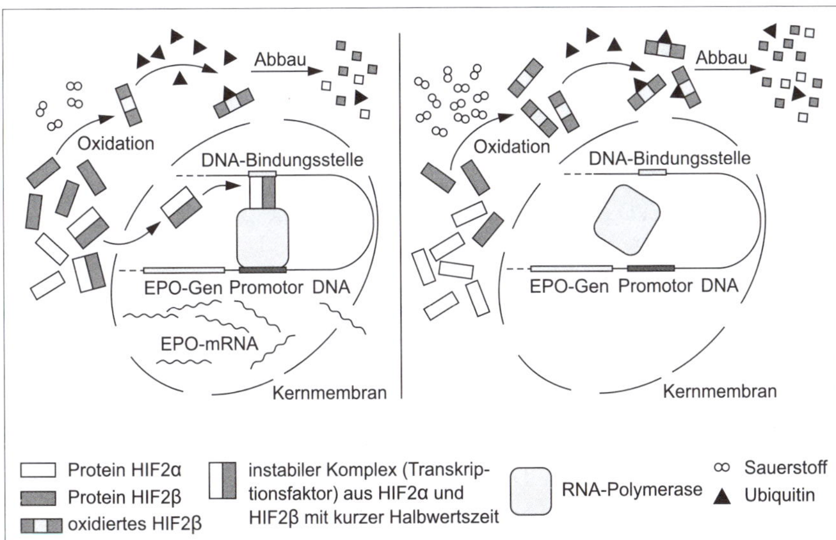

Abb. 1: Regulation der Expression des EPO-Gens in Nierenzellen (vereinfacht)

2 Erklären Sie mithilfe der Abbildung 1 den Regulationsmechanismus der Expression des EPO-Gens in Nierenzellen. 3

Eine leichte Anämie entsteht auch nach einer Blutspende. Innerhalb kurzer Zeit gleicht der Organismus den Verlust der roten Blutzellen wieder aus.

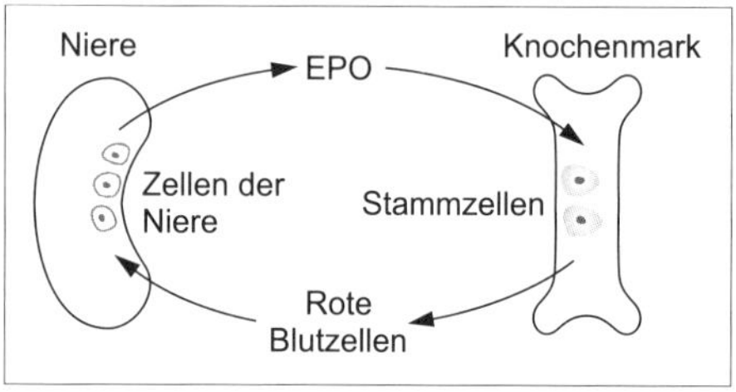

Abb. 2: Regulation der Anzahl der roten Blutzellen im Organismus

3 Erläutern Sie mithilfe der Abbildungen 1 und 2, wie die Anzahl der roten Blutzellen im Organismus nach einer Blutspende wieder auf den Normalwert reguliert wird. 3

Eine erbliche Form der Anämie beruht auf einem defekten EPO-Gen.
Eine Behandlungsmöglichkeit dieser Form der Anämie besteht in der Verabreichung gentechnisch hergestellten EPOs.

4 Nennen Sie die wesentlichen Schritte der gentechnischen Herstellung von EPO.
Erläutern Sie ein mögliches Verfahren für die Selektion erfolgreich transformierter Zellen. 4

Ein anderer Therapieansatz könnte darauf beruhen, intakte EPO-Gene durch Gentherapie mithilfe von modifizierten Viren in Zellen einzuschleusen.

5 Nennen Sie einen Vorteil einer solchen Gentherapie im Vergleich zur Therapie, bei der EPO gespritzt wird. Beschreiben Sie ein Risiko der Gentherapie mithilfe von Viren. 2

„Repoxygen™" war das erste Arzneimittel, mit dem es im Tierversuch gelungen ist, das gentechnisch hergestellte EPO-Gen über Virenvektoren in Zellen einzubringen. Um den erfolgreichen Einbau des EPO-Gens zu überprüfen, entnimmt man diesen Zellen DNA und untersucht diese mithilfe von PCR und Gelelektrophorese. Dieser Nachweis nutzt die Tatsache, dass die genomische DNA zwischen den codierenden Bereichen (Exons) nicht codierende Bereiche (Introns) aufweist, welche nach der Transkription herausgeschnitten werden. Die von den Viren übertragene transgene DNA beinhaltet hingegen nur die Exons (Abbildung 3).

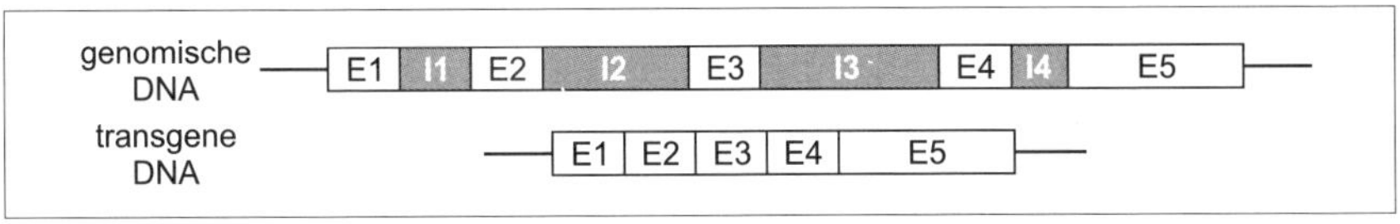

Abb. 3: Aufbau genomischer und transgener EPO-Gene

Die Nukleotidsequenzen beider Gene sind bekannt, sodass verschiedene Primer für diesen Nachweis hergestellt werden können.

6 Erläutern Sie zwei Möglichkeiten, wie mithilfe jeweils geeigneter Primer eindeutig nachgewiesen werden kann, ob das EPO-Gen eingebaut wurde. 3

20

Lösungsvorschlag

1 **Skizze** der DNA:

TIPP Die Symbolik in der Skizze muss nicht an die chemischen Strukturen angelehnt sein.

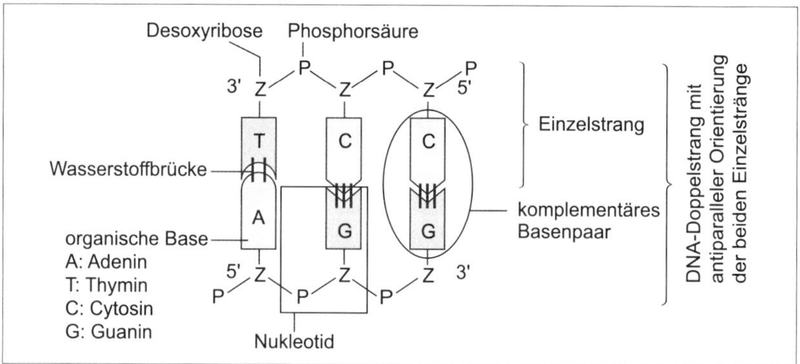

Nennung notwendiger Eigenschaften der Erbsubstanz *(drei sind gefordert)* und **Begründung**:

- Die Erbsubstanz muss die genetische Information speichern können (Informationsträger). Dazu dient die im genetischen Code verschlüsselte DNA-Basenabfolge.
- Die Erbsubstanz muss sich identisch replizieren (reproduzieren) können. Der Doppelstrang der DNA besteht aus komplementären Einzelsträngen und kann sich nach dem semikonservativen Mechanismus replizieren.
- Die Erbsubstanz muss den Zellstoffwechsel steuern können bzw. genetische Information in Merkmale umsetzen können. Dies wird durch die Transkription der DNA und die anschließende Translation der mRNA (Proteinbiosynthese) realisiert.
- Die Erbsubstanz muss die Fähigkeit zur Mutation (Fähigkeit zur Veränderbarkeit) haben. Die Basenabfolge in der DNA kann durch verschiedene Einflüsse verändert werden.
- Die Erbsubstanz muss eine hohe chemische Stabilität besitzen. Die DNA-Doppelhelix ist durch Wasserstoffbrückenbindungen stabilisiert.
- Die Erbsubstanz muss reparierbar sein. Durch die Komplementarität der Basenpaare im DNA-Doppelstrang liegt eine Matrize für Reparaturenzyme vor.

2 **Erklärung** der Regulation des EPO-Gens:

- Sauerstoffmangel (niedrige O_2-Konzentration in der Niere): Im Zellplasma wird das Protein HIF2β nur langsam oxidiert und mithilfe von Ubiquitin abgebaut. Dadurch steigt die Konzentration an HIF2β an. Es kommt vermehrt zur Bildung eines instabilen Komplexes von HIF2β mit dem Protein HIF2α. Dieser als Transkriptionsfaktor wirkende Komplex wandert in den Zellkern und bindet dort an eine bestimmte Stelle auf der DNA. Die RNA-Polymerase kann dann, indem sie an den Transkriptionsfaktor bindet, am Promotor andocken und mit der Transkription des EPO-Gens in EPO-mRNA beginnen. Dies hat die Bildung des Proteins Eythropoetin zur Folge.
- Sauerstoffüberschuss (hohe O_2-Konzentration in der Niere): Im Zellplasma wird das Protein HIF2β schnell oxidiert und mithilfe von Ubiquitin abgebaut, sodass die Konzentration an HIF2β sinkt und damit auch die Konzentration des Transkriptionsfaktors. Aufgrund der kurzen Halbwertszeit des Transkriptionsfaktors und des mangelnden Nachschubs aus dem Zellplasma kann die RNA-Polymerase nicht mehr am Promotor andocken. Die Transkription in EPO-mRNA wird gehemmt und das EPO-Gen „abgeschaltet". Bei guter Sauerstoffversorgung wird daher kein Erythropoetin gebildet.

3 **Erläuterung** der Regulation der Zahl der Blutzellen:
Durch die Blutspende kommt es zu einem Verlust an roten Blutzellen. Dadurch wird der O_2-Transport reduziert und die Versorgung der Körperzellen mit O_2 verringert sich. Dieser Sauerstoffmangel wird in den Zellen der Niere registriert, indem der Komplex aus HIF2β und HIF2α, der als Transkriptionsfaktor wirkt, vermehrt gebildet wird und die Aktivität des EPO-Gens steigert. Das daraufhin gebildete Hormon EPO gelangt mit dem Blutstrom ins Knochenmark, wo es die blutbildenden Stammzellen anregt. Durch die verstärkte Bildung neuer roter Blutzellen verbessert sich die O_2-Versorgung im Körper wieder. In den Nierenzellen wird die Aktivität der EPO-Gene daraufhin wieder gedrosselt, bis sich schließlich die Anzahl an Blutzellen wieder auf den Normalwert einpendelt.

4 **Nennung** der Verfahrensschritte am Beispiel Plasmidtechnik:

> **TIPP** Die Formulierung „wesentliche Schritte" bedeutet, dass es genügt, die wichtigsten Verfahrensschritte stichwortartig und ohne Erläuterung aufzuzählen.

- Gewinnung des EPO-Gens, z. B. durch Isolierung der EPO-mRNA aus Nierenzellen und Synthese von cDNA durch reverse Transkription

> **TIPP** Die Gewinnung und direkte Weiterverwendung von EPO-Genen ist hier nicht möglich, da eukaryotische DNA zunächst gespleißt werden muss. Falls Sie ein Verfahren beschreiben, bei dem Hefezellen verwendet werden, kann jedoch auch mit EPO-Genen gearbeitet werden.

- Isolierung von Plasmid-DNA aus Bakterien und Einfügen der EPO-cDNA durch Restriktionsenzyme und Ligasen
- Einschleusen der rekombinanten Plasmide in die Bakterienzellen (Transformation)
- Aufzucht der Bakterien und Selektion erfolgreich transformierter Bakterienzellen
- Vermehrung der EPO-produzierenden Bakterien in Reinkultur und Isolierung des Proteins Erythropoetin

Erläuterung eines Selektionsverfahrens:

TIPP Hier sind, je nach Besprechung im Unterricht, mehrere Verfahren möglich, z. B. Markergene für Antibiotikumresistenz, Gensonden, Kopplung mit Reportergenen (z. B. Leucht-Gen aus Quallen), Nachweis der EPO-DNA mit PCR oder Nachweis des Genprodukts z. B. mit ELISA-Test.

Nachweis des EPO-Gens mit Gensonde:
Nach Isolierung der Bakterien-DNA wird die DNA durch Restriktionsenzyme in Teilstücke zerlegt. Die Fragmente werden in der Gelelektrophorese aufgetrennt. Nach der Denaturierung der Fragmente in Einzelstränge gibt man die Gensonde hinzu. Eine Gensonde ist eine künstlich hergestellte, einzelsträngige DNA, deren Basensequenz zu einem Abschnitt eines bestimmten Gens komplementär ist. Sie wird mit einem Fluoreszenzfarbstoff gekoppelt. Ist das EPO-Gen im Gel vorhanden, bindet die Gensonde spezifisch an den komplementären DNA-Abschnitt und lässt sich auch durch anschließendes Spülen nicht entfernen. Bei UV-Bestrahlung wird die entsprechende Bande sichtbar.

5 **Nennung** eines Vorteils:
- Da der Körper EPO nach der Gentherapie selbst herstellt, handelt es sich um eine „echte" Heilung, sodass keine Dauertherapie notwendig ist.
- Durch die zellinterne Regulation des EPO-Gens passt sich die Dosierung dem Sauerstoffgehalt an, während die EPO-Dosierung mit der Spritze ungenau ist.

Beschreibung eines Risikos:
- Das Reparatursystem der Zelle könnte die Viren-DNA eliminieren, die Gentherapie wäre damit wirkungslos.
- Es könnte zu gefährlichen Nebenwirkungen (Immunreaktionen) durch die Vireninjektion bzw. Einschleusung viraler Proteine kommen, z. B. zu allergischem Schock.
- Die Vireninfektion könnte typische Krankheitssymptome z. B. durch Rückmutation der viralen DNA auslösen.
- Es könnten gefährliche Mutationen durch falschen Einbau der Viren-DNA entstehen, die z. B. das Krebsrisiko steigern oder wichtige Gene zerstören.
- Die „reparierten" Zellen könnten aufgrund der Präsentation viraler Proteine in einer Autoimmunreaktion durch T-Killerzellen zerstört werden.

6 **Erläuterung** von zwei Nachweisverfahren über geeignete Primerauswahl:

TIPP Eine Darstellung des Ablaufs bzw. der Theorie von PCR-Methode und Gelelektrophorese ist nicht verlangt. Die entsprechenden Fachbegriffe dürfen Sie als bekannt voraussetzen.

- Die Bindungsstellen der begrenzenden Primersequenzen liegen im Übergangsbereich der Exons der transgenen DNA (z. B. zwischen E1/E2 und E4/E5). Wegen der Introns existieren diese Basensequenzen in der genomischen DNA nicht und die PCR liefert nur bei erfolgreich eingebauter transgener EPO-DNA ein PCR-Produkt.
- Die Bindungsstellen der begrenzenden Primersequenzen liegen nur in den Exons (z. B. Anfang in E1 und Ende in E3). Sowohl die Genabschnitte von genomischer als auch transgener EPO-DNA werden kopiert, aber der amplifizierte genomische EPO-Genabschnitt ist länger als das transgene PCR-Produkt, in dem die Introns I1 und I2 fehlen. Mittels Gelelektrophorese können die Produkte unterschieden werden, da der längere genomische EPO-DNA-Abschnitt langsamer durch das Gel wandert.

TIPP Da im Text nichts über den Ort des Einbaus des transgenen EPO-Gens vermerkt ist, müssten hier bei Zellen mit erfolgreichem Einbau zwei PCR-Produkte entstehen („kurz" und „lang"), da das genomische EPO-Gen ebenfalls noch vorhanden ist:

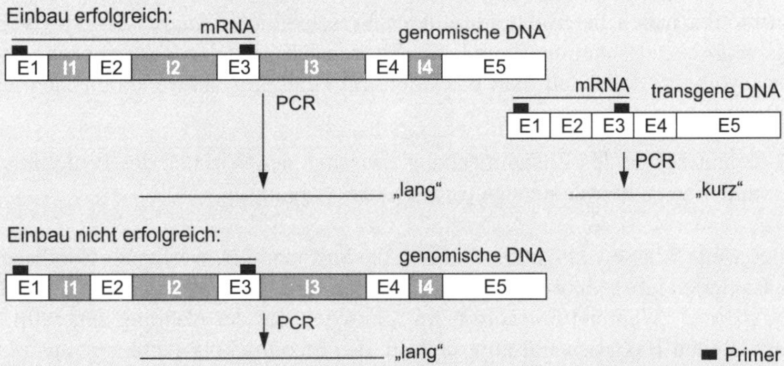

Die folgende Antwort wäre nicht eindeutig, da der alleinige Nachweis genomischer EPO-DNA den Einbau von transgener DNA nicht ausschließt:
Die Bindungsstellen der begrenzenden Primersequenzen liegen im Übergangsbereich von Exons und Introns der genomischen DNA (z. B. von E1/I1 und E3/I3). Da diese Sequenzen in der transgenen DNA nicht existieren, liefert die PCR nur genomische PCR-Produkte.

VP

Antibiotika-Einsatz im Hühnerstall

Zu Beginn des Jahres 2012 geriet die industrielle Massentierhaltung wiederholt in die Schlagzeilen. Stichprobenartige Überprüfungen in verschiedenen Supermärkten ergaben, dass die Hälfte der untersuchten Hühnerfleischproben mit *Escherichia coli*-Bakterien belastet war, die gegenüber bestimmten Antibiotika resistent waren. Wie gefährlich ist das, was da in die Küche kommt? Eines jedenfalls steht fest: Der häufige Einsatz von Antibiotika in der Massentierhaltung fördert die Verbreitung Antibiotika-resistenter Bakterien.

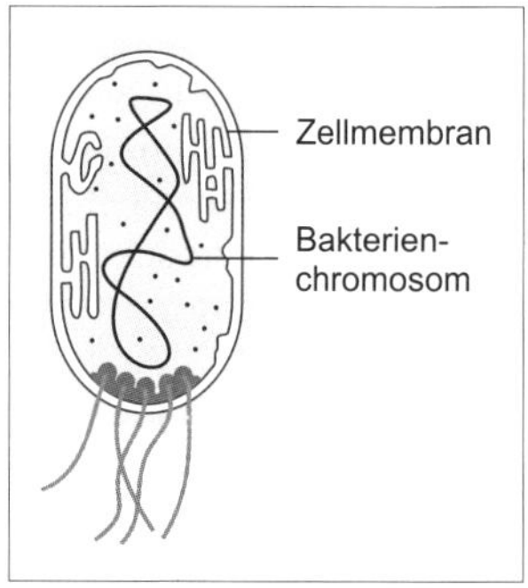

Abb. 1: Bau eines Bakteriums

1.1 Eine Bakterienzelle (Abbildung 1) weist im Vergleich zu einer menschlichen Zelle in ihrem Aufbau sowohl Gemeinsamkeiten als auch Unterschiede auf.
Nennen Sie je zwei Beispiele. 2

Antibiotika haben bei Bakterienzellen unterschiedliche Angriffsorte. So verhindert beispielsweise das Antibiotikum Penicillin bei sich teilenden Bakterienzellen die Zellwandsynthese. Behandelt man Bakterien mit Penicillin, schwellen die sich teilenden Zellen stark an und platzen.

1.2 Erläutern Sie den Zusammenhang zwischen der Wirkung des Penicillins und dem zu beobachtenden osmotischen Vorgang. 3

Eine zweite Klasse von Antibiotika sind die Sulfonamide, welche die Synthese der für die Bakterien lebensnotwendigen Folsäure hemmen. Die Folsäure ist eine Vorstufe der DNA-Basen. Während Folsäure beim Menschen mit der Nahrung zugeführt werden muss, stellen Bakterien Folsäure mithilfe des Enzyms Folatsynthetase aus p-Aminobenzoesäure selbst her. Sulfonamide hemmen dieses Enzym.

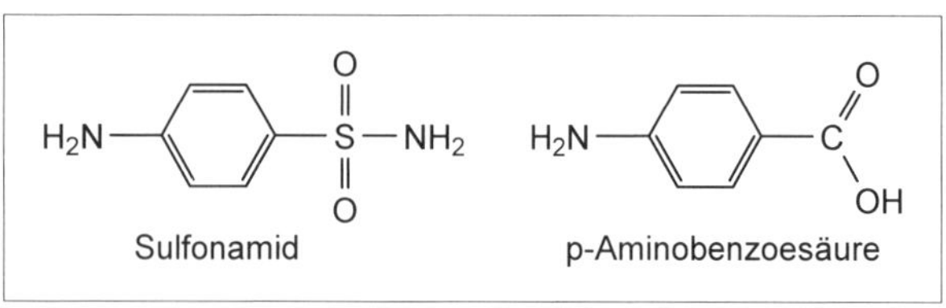

Abb. 2: Strukturformeln (vereinfacht)

2.1 Erläutern Sie die hemmende Wirkung der Sulfonamide unter Berücksichtigung von Abbildung 2.
Erklären Sie, wie man experimentell überprüfen kann, ob die Art der Hemmung reversibel ist. 3

2.2 Erklären Sie, weshalb die bei Bakterien zu beobachtende Wirkung von Penicillin und von Sulfonamiden bei menschlichen Zellen ausbleibt. 2

Ursache für Resistenzen ist das Vorhandensein spezieller Resistenzgene (R-Gene). Auch die Sulfonamid-Resistenz von Bakterien ist auf Resistenzgene und nicht auf eine Mutation im Folatsynthetase-Gen zurückzuführen.

3 Formulieren Sie zwei Hypothesen, wie durch R-Gene eine Resistenz gegen Sulfonamide hervorgerufen werden kann. 2

In Deutschland werden jährlich mehr als 1 700 Tonnen Antibiotika in der Massentierhaltung eingesetzt.

4.1 Erklären Sie, weshalb der häufige Einsatz von Antibiotika die Ausbreitung resistenter Bakterien fördert. 2

4.2 Die Resistenzgene sind häufig auf Plasmiden lokalisiert. Beschreiben Sie den in Abbildung 3 dargestellten Vorgang der Konjugation.
Erläutern Sie unter Berücksichtigung der Abbildung 3A und 3B mögliche Gefahren, die von Hühnerfleisch ausgehen, das mit Antibiotika-resistenten Bakterien belastet ist. 4

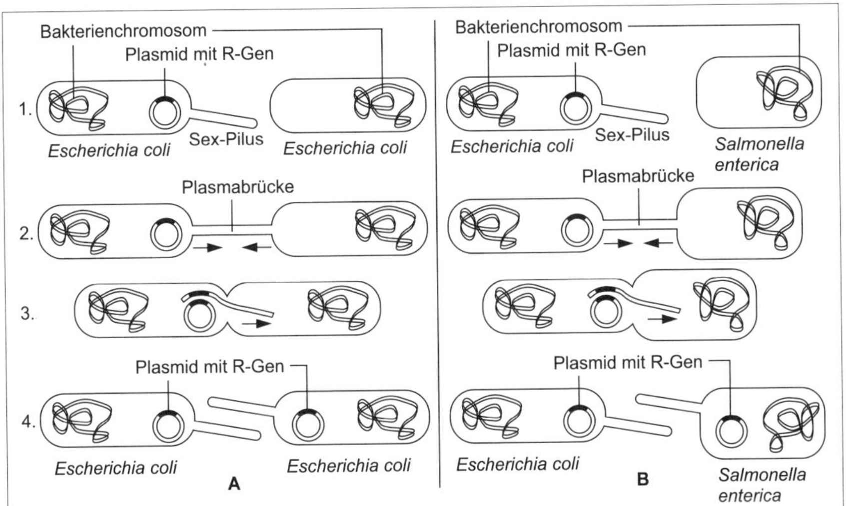

Abb. 3: Konjugation zwischen Bakterien (schematisch)

4.3 Bewerten Sie den Einsatz von Antibiotika in der Massentierhaltung. 2

20

Lösungsvorschlag

1.1 Nennung von je zwei Beispielen *(Auswahl)*:

Merkmal	Bakterienzellen	Menschliche Zellen
Zellmembran	+	+
Zellplasma	+	+
DNA	+	+
Ribosomen	+ (70S-Ribosomen)	+ (80S-Ribosomen)
Zellkern	–	+
membranbegrenzte Organellen (z. B. Mitochondrien, Golgi-Apparat)	–	+
Zellwand	+	–
Ringchromosom	+	–
Plasmid	(+)	–
Schleimkapsel	(+)	–

1.2 Erläuterung der Penicillinwirkung:

> **TIPP** Hier ist nicht eindeutig, wie detailliert die molekularen Vorgänge bei der Osmose erklärt werden sollen. Bei drei zu vergebenden Punkten ist eine etwas ausführlichere Darstellung zu empfehlen.

Durch das Penicillin wird die Zellwandsynthese bei der Teilung der Zellen blockiert. Die Folge ist, dass die Druckstabilität der angehenden Tochterzellen durch die unvollständige Zellwand geschwächt ist. Da die Konzentration gelöster Stoffe im Zellplasma höher ist (hypertonische Lösung) als im Außenmilieu, und da die Zellmembran selektiv durchlässig ist, kommt es zu einem osmotischen H_2O-Einstrom in die Zellen. Die Membran lässt dabei Wassermoleküle aufgrund des Konzentrationsgefälles in die Zelle diffundieren, während gelöste Stoffe im Plasma die Membran nicht passieren können. Durch die Volumenzunahme steigt der Innendruck. Eine intakte Zellwand bewirkt einen gleich großen Gegendruck und sorgt so für die Formstabilität der Zellen. Bei einer unvollständigen Zellwand kommt es jedoch durch den fehlenden Gegendruck zum Anschwellen und schließlich zum Platzen der Bakterienzellen.

2.1 Erläuterung der Sulfonamid-Wirkung:
Die Ähnlichkeit von Sulfonamid und p-Aminobenzoesäure in der Molekülstruktur lässt darauf schließen, dass Sulfonamide kompetitive Hemmstoffe sind, d. h., dass das Enzym Folatsynthetase das Sulfonamid-Molekül als „falsches“ Substrat bin-

det, aber nicht umsetzen kann. Diese Konkurrenz von Sulfonamid und p-Aminobenzoesäure um das aktive Zentrum bewirkt eine geringere Umsatzrate des Enzyms. Es handelt sich also um eine kompetitive Hemmung der Folatsynthetase.

TIPP Bei Mangel an Folsäure kommt es zu einem Mangel an DNA-Basen, sodass die DNA-Replikation und die Bakterienvermehrung gehemmt wird.

Erklärung des Experiments:
Falls die Bildung des Enzym-Substrat-Komplexes, d. h. die Bindung sowohl des Sulfonamids als auch der p-Aminobenzoesäure an das aktive Zentrum der Folatsynthetase, ein reversibler Vorgang ist, müsste mit Erhöhung der Konzentration des „richtigen" Substrats (durch Verdrängung des Sulfonamids) die Wahrscheinlichkeit ansteigen, dass Folsäure gebildet wird.
Experimentell wird die Vermehrungsrate von Bakterien in einer Suspension mit Nährlösung, Substrat und Sulfonamid bestimmt. Anschließend erhöht man bei konstanter Sulfonamid-Dosis den Gehalt an p-Aminobenzoesäure. Ein Anstieg der Vermehrungsrate, im Vergleich zu einem Kontrollansatz, beweist, dass eine reversible Hemmung vorliegt.

2.2 **Erklärung** der Wirkungslosigkeit bei menschlichen Zellen:
- Penicillin: Menschliche Zellen besitzen keine Zellwand, somit ist kein Angriffsziel für Penicillin vorhanden.
- Sulfonamid: Menschlichen Zellen fehlt der Stoffwechselweg zur Herstellung von Folsäure – sie dürften also auch keine Folatsynthetase haben, die gehemmt werden könnte.

3 Mögliche **Hypothesen** *(zwei sind gefordert)*:
R-Gen liefert ein Genprodukt, …
- das als Enzym Sulfonamid abbauen kann.
- das z. B. als Carrier Sulfonamid aus der Bakterienzelle schleust.
- das Sulfonamid am Eindringen in die Bakterienzelle hindern kann.
- das selbst als „Ersatz"-Enzym Folsäure herstellt.
- das so mit Sulfonamid reagiert, dass es nicht mehr hemmend wirken kann.

4.1 **Erklärung** der Resistenzförderung:
Durch häufigen Antibiotika-Einsatz wird die Wahrscheinlichkeit erhöht, dass Bakterien selektiert werden, bei denen zufällig eine Mutation zur Resistenz aufgetreten ist.
Begründung: Der Dauereinsatz der Antibiotika vernichtet nicht resistente Bakterien und verschont die resistenten Mutanten, die sich aufgrund ihres Selektionsvorteils (R-Gen) bevorzugt vermehren. Die resistenten Stämme breiten sich schnell aus.

4.2 Beschreibung der Konjugation:

TIPP Die Konjugation bei Bakterien muss nicht im Unterricht besprochen worden sein. Sie benötigen für die Beschreibung keine weiteren Fachbegriffe als diejenigen, die in Abb. 3 A vorgegeben sind.

1. Ein *E.-coli*-Bakterium, das ein Plasmid mit R-Gen und einen Sex-Pilus besitzt (= Spender) nimmt Zellkontakt mit einer Bakterienzelle ohne Plasmid und Pilus (Empfänger) auf.
2. Es bildet sich durch Membranverschmelzung eine Plasmabrücke, die die beiden Zellen verbindet.
3. Die DNA des Plasmidrings wird repliziert und wandert als DNA-Strang in die Empfängerzelle.
4. Die Zellen trennen sich wieder, aus der Empfängerzelle ist ebenfalls eine Spenderzelle mit R-Plasmid und Sex-Pilus geworden.

Erläuterung möglicher Gefahren:
Aus Abb. 3 B ist zu erkennen, dass Konjugation, d. h. der Genaustausch, auch über Artgrenzen hinweg möglich ist. Deshalb können harmlose Bakterienarten, die z. B. auf der Haut der Hühner angesiedelt sind, ihre Resistenz auf menschliche Darmbakterien und diese wiederum auf krankheitserregende Darmbakterien wie Salmonellen übertragen. Eine notwendige Behandlung dieser Darminfektion mit einem bestimmten Antibiotikum ist dann unmöglich.

4.3 Bewertung des Antibiotikaeinsatzes:
Pro:

- Die Massentierhaltung kann auf engstem Raum erfolgen, da ansteckende Krankheiten unterdrückt werden. So können Fleisch, Eier usw. preisgünstig hergestellt und verkauft werden.
- Dank gesünderer Tiere können bessere Lebensmittel angeboten werden.
- Antibiotika-Forschung wird notwendig, die auch den Menschen zugutekommt.

Contra:

- Durch Antibiotika ermöglichte Massentierhaltung ist ethisch und ökologisch bedenklich.
- Antibiotika-Rückstände in Lebensmitteln führen zu (Multi)-Resistenzen bei Krankheitserregern des Menschen.
- Antibiotika-Rückstände in Lebensmitteln können zu unerforschten Nebenwirkungen beim Menschen führen.

TIPP Nach Abwägung der von Ihnen aufgezählten Pro- und Contra-Argumente sollten Sie eine abschließende Bewertung anführen.

VP

Viele Orchideen zeichnen sich durch außergewöhnliche Fortpflanzungsstrategien aus. Die Orchidee *Epipactis veratrifolia* zum Beispiel produziert den Duftstoff Pinen. Dieser wird üblicherweise von Blattläusen gebildet und als Alarmstoff abgegeben. Zudem hat die Orchidee auf der Blüte dunkle, warzenähnliche Gebilde, die Blattläusen täuschend ähnlich sehen. Schwebfliegenweibchen werden vom Pinenduft angelockt und legen ihre Eier neben den vermeintlichen Blattläusen ab, wobei sie die Orchideen bestäuben.
Üblicherweise dienen Blattläuse den schlüpfenden Schwebfliegenlarven als Nahrung. Ohne Blattlausnahrung können sich die Larven nicht entwickeln.

Abb. 1: *Epipactis veratrifolia* mit angelockter Schwebfliege

1 Erklären Sie das Entstehen der dunklen, warzenähnlichen Gebilde auf der Orchideenblüte nach der Synthetischen Evolutionstheorie.
Nennen Sie die Aspekte Ihrer Antwort, die über DARWINs Evolutionstheorie hinausgehen. 4

Neben der Geruchswahrnehmung ist auch die optische Wahrnehmung von Bedeutung bei der Wahl eines geeigneten Orts für die Eiablage. Schwebfliegen besitzen Komplexaugen. Diese bestehen aus Einzelaugen, an deren Grund Lichtsinneszellen, sogenannte Retinulazellen (Abbildung 2), sitzen. In der Membran der Retinulazellen befindet sich das lichtabsorbierende Rhodopsin. Im Gegensatz zu menschlichen Lichtsinneszellen haben Retinulazellen ein Axon und sind in der Lage bei Belichtung Aktionspotenziale auszubilden.

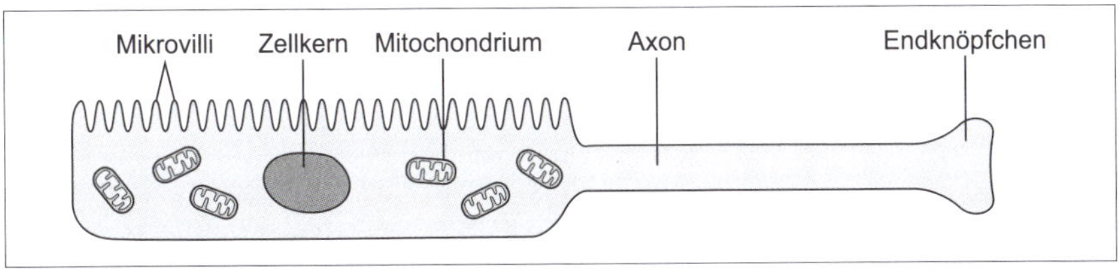

Abb. 2: Retinulazelle (Schema)

2.1 Erläutern Sie die biologische Bedeutung der Mikrovilli und der großen Anzahl von Mitochondrien für die Funktion der Retinulazelle. 2

2.2 Geben Sie eine mögliche Erklärung, wie es, ausgehend von der Belichtung einer Retinulazelle, zur Entstehung von Aktionspotenzialen kommen könnte. 2

Neben Lockstoffen produzieren manche Pflanzen auch Abwehrstoffe, die vor Insektenfraß schützen. So bilden bestimmte Chrysanthemenarten Pyrethrine, die auf Insekten tödlich wirken. Unter Pyrethrin-Einfluss bleiben die spannungsgesteuerten Natriumionenkanäle in Nervenzellen von Insekten nach einer überschwelligen Reizung dauerhaft geöffnet.

3.1 Zeichnen Sie ein Diagramm, das den Verlauf eines Aktionspotenzials zeigt (Größe ca. ½ Seite), und erläutern Sie die auf molekularer Ebene ablaufenden Vorgänge, die zu diesem Spannungsverlauf führen. 4

3.2 Erläutern Sie, wie sich der Spannungsverlauf am Axon nach einer überschwelligen Reizung unter Einfluss von Pyrethrinen verändert. 2

3.3 Erläutern Sie unter Berücksichtigung der Vorgänge an neuromuskulären Synapsen (motorischen Endplatten) die tödliche Wirkung von Pyrethrinen. 3

Duftstoffe spielen nicht nur für die Kommunikation zwischen Pflanzen und Insekten, sondern auch für die Partnerfindung bei Insekten eine große Rolle. So werden sogenannte Pheromone von weiblichen Tieren abgegeben, um Geschlechtspartner anzulocken. Diese Tatsache nutzt man z. B. im Weinbau zur Bekämpfung des Traubenwicklers, dessen Raupen Fraßschäden an Trauben verursachen. Im Frühjahr werden zur Bekämpfung dieses Schmetterlings viele kleine Duftkapseln in Weinbergen aufgehängt, die großflächig weibliche Pheromone des Traubenwicklers verteilen.

4 Erklären Sie, warum durch diese Methode Traubenwickler effektiv bekämpft werden können, und nennen Sie zwei Vorteile gegenüber dem Einsatz von Insektengift. 3

20

Lösungsvorschlag

1 **Erklärung** der Entstehung der dunklen, warzenähnlichen Gebilde nach der Synthetischen Evolutionstheorie:

- Durch Mutation kommt es in einer bestimmten Population zu dunklen Flecken bzw. zu warzenähnlichen Erhebungen auf den Blütenblättern einzelner Pflanzen.
- Durch Rekombination innerhalb der Population entstehen auch Phänotypen mit dunklen, warzenähnlichen Gebilden, die wie Blattläuse aussehen.
- (Natürliche) Selektion: Aufgrund der erhöhten Bestäubungswahrscheinlichkeit ergibt sich ein größerer Fortpflanzungserfolg für die neuen Phänotypen. Durch die bevorzugte Vererbung der entsprechenden Allele setzen sich diese im Genpool der Population zunehmend durch.
- Es entsteht eine (Teil-)Population mit verändertem Genpool bzw. mit neuem Merkmal.

> TIPP Der Begriff „Population" wird nicht zwingend erwartet.

Nennung der Aspekte, die über DARWINS Evolutionstheorie hinausgehen:

- Mutation und Rekombination
- Genpool (und Population)

2.1 **Erläuterung** des Struktur-Funktion-Prinzips:

- Mikrovilli: Die Membranfalten bewirken eine starke Oberflächenvergrößerung, die es ermöglicht, eine viel größere Anzahl an Rhodopsinmolekülen einzulagern als bei ungefalteter Membran. Die Lichtabsorption wird dadurch effektiver bzw. die Sehzellen besitzen eine größere Lichtempfindlichkeit.
- Mitochondrienzahl: Die Erregungsprozesse in den Retinulazellen sind sehr energiebedürftig, z. B. für die Aufrechterhaltung der Ruhespannung (Na^+-K^+-Ionenpumpen), für die Regeneration des Rhodopsins oder für die synaptischen Vorgänge. Diesem erhöhten Energiebedarf wird durch die entsprechend erhöhte Zahl an Mitochondrien, die der ATP-Bildung dienen, Rechnung getragen.

2.2 Mögliche **Erklärung** der Entstehung von Aktionspotenzialen:

> TIPP Im Lehrplan ist es der Fachlehrkraft freigestellt, an welchem Beispiel die Signaltransduktion in Sinneszellen erarbeitet wird. Deshalb muss Ihnen weder das Beispiel der Retinulazellen noch die Anmerkung zur menschlichen Sehsinneszelle bekannt sein. Alle Informationen zur Beantwortung der Aufgabe lassen sich jedoch dem Text und der Abbildung entnehmen. Je nach Ihrem Vorwissen wird jede schlüssige Erklärung für die Entstehung eines Aktionspotenzials akzeptiert (mit oder ohne second-messenger-Konzept).

Mögliche **Erklärung:**

- Lichtenergie wird von den Rhodopsinmolekülen absorbiert.
- Die Konformationsänderung der Rhodopsinmoleküle bewirkt die Öffnung von Na^+-Ionenkanälen in der Membran der Retinulazellen.
- Der resultierende Na^+-Ioneneinstrom führt zu einer Depolarisierung der Membran.
- Ab Erreichen des Schwellenwertes werden am Axon(ursprung) Aktionspotenziale ausgelöst.

Alternativantwort:

- Lichtenergie wird von den Rhodopsinmolekülen absorbiert.
- Konformationsänderung der Rhodopsinmoleküle (Opsin und trans-Retinal)
- Aktivierung einer Signalkaskade mit Verstärkung durch Bildung von second-messenger-Molekülen.
- Öffnung von rezeptorgesteuerten Na^+-Ionenkanälen in der Membran der Retinulazellen.
- Der resultierende Na^+-Ioneneinstrom führt zu einer Depolarisierung der Membran.
- Ab Erreichen des Schwellenwertes werden am Axon(ursprung) Aktionspotenziale ausgelöst.

3.1 Zeichnung eines Diagramms mit dem Verlauf eines Aktionspotenzials (AP):

TIPP Die Skalierung der Zeitachse wird nicht verlangt.

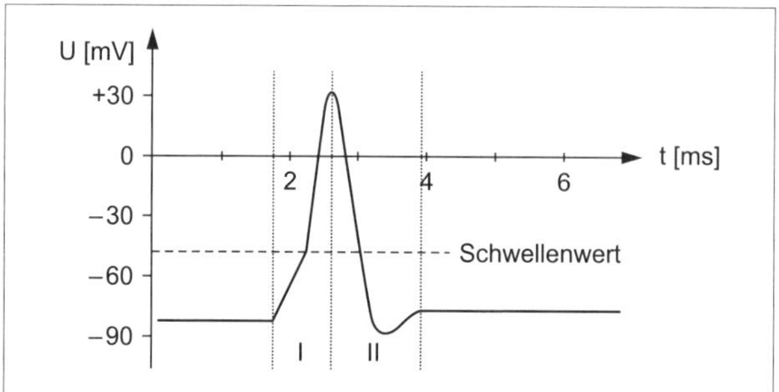

Erläuterung des Spannungsverlaufs:

I **Depolarisierungsphase:** Die Reizung (*z. B. durch ein AP, das am benachbarten Schnürring abläuft*) bewirkt, dass Na^+-Ionenkanäle geöffnet werden. Dadurch kommt es zu einem Na^+-Ioneneinstrom (gemäß Konzentrationsgefälle), der das Ruhepotenzial (RP) verringert (von ca. –80 mV bis ca. –50 mV). Wird die Schwellenspannung (der Schwellenwert) erreicht, läuft nach dem „Alles-oder-nichts-Prinzip" das AP ab: Schnell und selbstverstärkend öffnen sich zusätzliche spannungsgesteuerte Na^+-Ionenkanäle. Der folgende starke Na^+-Ioneneinstrom (*ebenfalls gemäß Konzentrationsgefälle)* führt zu einer kurzen Umpolung der betroffenen Membranstelle (von ca. –60 mV auf +30 mV, innen gegenüber außen). Die Na^+-Ionenkanäle schließen sich sofort wieder.

II **Repolarisierungsphase:** Durch die Umpolung öffnen sich spannungsgesteuerte K^+-Ionenkanäle. Es folgt ein schneller K^+-Ionenausstrom *(gemäß Konzentrationsgefälle)* bis die Ruhespannung wieder erreicht ist.
Kurzfristig kommt es sogar zu einer Hyperpolarisierung bis ca. –90mV durch überschießenden K^+-Ionenausstrom.

TIPP Damit ist zwar der ursprüngliche Ladungsunterschied zwischen innen und außen wieder erreicht, aber durch die Ionenströme wurde der Konzentrationsunterschied zwischen K^+-Ionen (innen/außen) bzw. Na^+-Ionen (außen/innen) verringert, der für die Erhaltung des RPs notwendig ist. Die K^+-Na^+-Pumpen müssen daher im Hintergrund permanent unter Energieaufwand K^+-Ionen zurück in die Zelle bzw. Na^+-Ionen aus der Zelle hinaus pumpen.
Direkt nach Ablauf des APs ist an der gleichen Membranstelle kein erneutes AP auslösbar, da die spannungsgesteuerten Na^+-Ionenkanäle nach ihrer Schließung für kurze Zeit inaktiviert sind (Refraktärzeit).

3.2 Erläuterung der Änderung des Spannungsverlaufs unter Gifteinwirkung:
Pyrethrin bewirkt, dass die spannungsgesteuerten Na^+-Ionenkanäle nach dem Auslösen eines Aktionspotenzials irreversibel geöffnet bleiben. Dadurch kommt es zu anhaltendem Na^+-Ioneneinstrom (gemäß dem Konzentrationsgefälle).

Folgen:
- Dauerdepolarisation (Auslösung neuer APs („AP-Salven“) an benachbarten Axonabschnitten)
- Die Repolarisierung der Membran wird verhindert und letztlich kommt es durch den anhaltenden Na^+-Ioneneinstrom und K^+-Ionenausstrom zum Konzentrationsausgleich (der Na^+- und K^+-Ionen innen und außen), sodass das RP absinkt bzw. zusammenbricht. Weitere APs können nicht mehr ausgelöst werden.

Weitere mögliche Folgen:
- Größere AP-Amplitude durch stärkere Umpolarisierung
- Längere AP-Dauer durch verzögerte Repolarisierung

3.3 Erläuterung der Synapsenvorgänge unter Pyrethrin-Einfluss:

TIPP In dieser Fragestellung verbergen sich zwei mögliche Missverständnisse: Zum einen ist mit der Formulierung „… unter Berücksichtigung der Vorgänge …“ tatsächlich eine vollständige Beschreibung der Synapsenvorgänge gemeint, und zum anderen darf nicht angenommen werden, dass Pyrethrine

Synapsengifte sind, da diese Gifte nur an spannungsgesteuerten Na^+-Ionenkanälen in der Axonmembran und nicht an rezeptorgesteuerten Na^+-Ionenkanälen in der postsynaptischen Membran wirken. Es sollen also nur die indirekten Auswirkungen aus Aufgabe 3.2 auf motorische Synapsen erläutert werden.

- Dauerdepolarisierung der Axonmembran (auch) im Bereich der Endknöpfchen durch Pyrethrin.
- Ca^{2+}-Ionenkanäle werden spannungsgesteuert und anhaltend geöffnet, sodass ein starker Ca^{2+}-Ioneneinstrom erfolgt.
- Verstärkte Ausschüttung von Transmittermolekülen (Acetylcholin) in den synaptischen Spalt.
- Erhöhte Transmitterkonzentration im synaptischen Spalt bewirkt verstärkte Besetzung der Rezeptoren der transmittergesteuerten Na^+-Ionenkanäle in der postsynaptischen Membran.
- Erhöhter Na^+-Ioneneinstrom in die postsynaptische Zelle verursacht starke Depolarisation und damit ein hohes, anhaltendes EPSP (erregendes postsynaptisches Potenzial).
- Anhaltende, starke Muskelkontraktion bewirkt Krämpfe und schließlich den Tod durch Erschöpfungslähmung.
- Als weitere mögliche Folge *(falls in Aufgabe 3.2 der Zusammenbruch des Ruhepotenzials als Hauptwirkung erläutert wurde)* ist auch die Lähmung der Muskulatur durch Transmittermangel denkbar.

4 **Erklärung** der Effektivität der Bekämpfung:
Die flächendeckende Ausbringung des weiblichen Lockduftes verhindert, dass Männchen gezielt den Duft eines Weibchens orten können. Dadurch werden die Partnerfindung und damit eine erfolgreiche Fortpflanzung erschwert.

Nennung der Vorteile *(zwei sind verlangt)*:
- Unschädlichkeit für andere Lebewesen (z. B. Bienen)
- Spezifische Wirkung nur auf eine (Schädlings-)Art
- Keine Resistenzbildung
- Kostenersparnis, da winzige Mengen mit dem Wind verteilt werden und nicht flächendeckend gespritzt werden muss
- Unschädlichkeit für Rebenpflanzen, da keine Chemikalien auf Blätter gespritzt werden
- Keine Veränderung des Weingeschmacks durch Pryethrin

Biologie (Baden-Württemberg) ▪ Abiturprüfung 2015

Aufgabe II: HIV-Vermehrung, Genmutation, Gelelektrophorese

VP

Vor einigen Jahren gelang die spektakuläre Heilung des HIV-Infizierten T. R. Brown, der zusätzlich noch an Leukämie erkrankt war. Mitarbeiter der Berliner Charité und des Robert-Koch-Instituts hatten T. R. Brown aufgrund seiner Leukämieerkrankung fremdes Knochenmark und somit neue Blutstammzellen übertragen. Vor der Knochenmarktransplantation wurde das körpereigene Knochenmark des Patienten durch Chemotherapie komplett zerstört. Das transplantierte Knochenmark stammte von einem Spender, der resistent gegen das HI-Virus war. Diese Resistenz beruht auf einer Veränderung des Membranproteins CCR5, über welches das HI-Virus normalerweise an die Zielzelle andockt.
Die Hoffnungen der Ärzte, bei T. R. Brown mit dieser Transplantation neben der Therapie der Leukämie gleichzeitig auch die HIV-Infektion einzudämmen, wurden sogar noch übertroffen: Nach einiger Zeit ließen sich bei dem Patienten keinerlei HI-Virusspuren mehr nachweisen. T. R. Brown gilt als von beiden Erkrankungen geheilt.

1 Beschreiben Sie beginnend mit der Infektion einer menschlichen Zelle die Vermehrung des HI-Virus. 3

Tabelle 1 zeigt ausgewählte Werte von Blutuntersuchungen eines Patienten vor und nach einer HIV-Infektion.

	Vor der Infektion	Einige Wochen nach der Infektion	1 Jahr nach der Infektion	6 Jahre nach der Infektion	10 Jahre nach der Infektion
Konz. der HI-Viren (Mio. Viren/ml Blut)	0	9,8	3,0	4,8	10,2
Konz. der T-Helferzellen (Mio. Zellen/ml Blut)	1	1,3	0,8	0,4	0,1

Tab. 1: Werte von Blutuntersuchungen eines Patienten

2.1 Erläutern Sie die Konzentrationsänderungen von HI-Viren und T-Helferzellen (Tabelle 1).

2.2 Erklären Sie, weshalb ein AIDS-Kranker an normalerweise harmlosen Infektionen sterben kann. 4

3 Erklären Sie unter Berücksichtigung der beschriebenen Therapie, weshalb sechs Monate nach der Knochenmarktransplantation bei T. R. Brown keine HI-Viren mehr nachweisbar waren. 3

Die Resistenz gegen das HI-Virus liegt ein verändertes CCR5-Membranprotein zugrunde. Das zugehörige Gen besitzt 32 Basenpaare weniger als das Gen für das nicht veränderte CCR5-Membranprotein. Das veränderte CCR5-Membranprotein ist aber um 137 Aminosäuren kürzer als das intakte CCR5-Membranprotein.

4 Geben Sie hierfür eine mögliche Erklärung. 2

Das Gen für das CCR5-Membranprotein liegt auf dem Chromosom 3 und kommt in den beiden oben beschriebenen Ausprägungen (Allelen), d. h. mutiert und nicht mutiert, vor. Um den Genotyp des Patienten T. R. Brown zu ermitteln, wurde DNA aus verschiedenen Körperzellen isoliert, das ccr5-Gen vervielfältigt und anschließend eine Gelelektrophorese durchgeführt.

5.1 Erklären Sie das Funktionsprinzip der Gelelektrophorese. 3

Abbildung 1 zeigt schematisch das Ergebnis einer Gelelektrophorese der Proben des Patienten T. R. Brown vor der beschriebenen Knochenmarktransplantation.

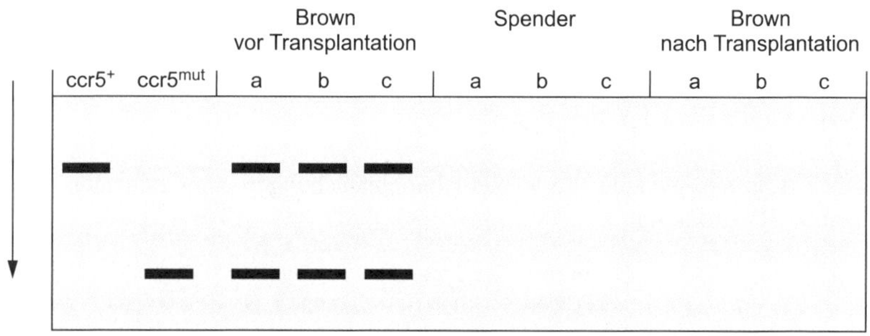

Legende:
$ccr5^+$ Nicht mutiertes ccr5-Gen
$ccr5^{mut}$ Mutiertes ccr5-Gen
a ccr5-Allele aus Hautzellen
b ccr5-Allele aus Muskelzellen
c ccr5-Allele aus weißen Blutzellen

Abb. 1: Ergebnis der Gelelektrophorese

5.2 Übertragen Sie Abbildung 1 ohne Legende in Ihre Reinschrift und ergänzen Sie die zu erwartenden Banden für die Proben des Knochenmarkspenders (a bis c) sowie von T. R. Brown (a bis c) sechs Monate nach der erfolgreichen Knochenmarktransplantation.
Begründen Sie die von Ihnen eingezeichneten Ergebnisse. 3

In der Presse wurde diskutiert, ob diese beschriebene Knochenmarktransplantation zukünftig als HIV-Therapie eingesetzt werden kann.

6 Erläutern Sie, weshalb der Einsatz dieser Therapieform nur in seltenen Fällen möglich ist. 2

20

Lösungsvorschlag

1 **Beschreibung** der Vermehrung des HI-Virus:

> TIPP Da die Beschreibung des HIV-Zyklus zu den häufig gestellten Aufgaben gehört, soll durch Strukturierung in vier Teilschritte (A bis D) die Lernarbeit erleichtert werden. Die Informationen in Kursivschrift werden nicht zwingend erwartet.

A **Andockung und Einschleusung:** Mithilfe von spezifischen Proteinen auf der Virushülle können HI-Viren an passende Rezeptoren in der Membran ihrer Wirtszellen (T-Helferzellen, Makrophagen) andocken. Dadurch kommt es *(durch Membranverschmelzung von Zellmembran und Hüllmembran des Virus)* zur Einschleusung der Viren-RNA und der Virenenzyme in das Zellplasma der Wirtszelle.

B **Reverse Transkription und Einbau** (*als Provirus*): Die (einsträngige) Virus-RNA wird mithilfe des eingebrachten Enzyms Reverse Transkriptase in (doppelsträngige) DNA umgeschrieben. Diese DNA wird *(mithilfe des mitgebrachten Enzyms Integrase)* in das Genom der Wirtszelle *(als Provirus)* integriert und kann dort lange Zeit inaktiv bleiben.

C **Virensynthese durch Transkription und Translation:** Die virale DNA wird in Viren-RNA (das spätere Genom der Viren) und mRNA transkribiert. An den Ribosomen der Wirtszelle erfolgt die Translation der mRNA in Virus-Proteine, virale Hüllproteine und Virus-Enzyme *(nach Prozessierung durch virale Proteasen)*.

D **Zusammenbau und Ausschleusung (Knospung):** Die Virusbausteine setzen sich eigenständig zusammen und werden aus der Wirtszelle ausgeschleust *(unter Mitnahme einer Hüllmembran (siehe A) aus der Lipidmembran der Wirtszelle)*.

2.1 **Erläuterung** (Beschreibung und Begründung) der Tabellenwerte:

- **Vor der Infektion:** Im Blut befinden sich keine HI-Viren und die Konzentration der T-Helferzellen beim Gesunden beträgt 1 Mio. Zellen pro ml Blut.
- **Einige Wochen nach der Infektion:** Die HI-Viren haben sich stark vermehrt, ihre Konzentration beträgt 9,8 Mio. pro ml Blut. Die Menge der T-Zellen ist um 30 % angestiegen.

  Die Viren hatten bis zur vollen Aktivierung des Immunsystems genügend Zeit, sich stark zu vermehren. Die aktive Immunantwort ist angelaufen, d. h., die Klonierung spezifischer T-Helferzellen führte zu einem Anstieg der Konzentration. (Dass der Anstieg so gering ist, könnte an die Rekrutierung vieler neuer T-Zellen als Wirtszellen und ihrer Zerstörung liegen.)

- **1 Jahr nach der Infektion:** Die Virenzahl ist stark gesunken, auf 3 Mio. pro ml Blut. Die Konzentration an T-Zellen hat ebenfalls abgenommen, auf 0,8 Mio. Zellen pro ml Blut.
  Das Immunsystem arbeitet mit Hochdruck gegen die Infektion. Freie Viren werden vom humoralen Immunsystem mit spezifischen Antikörpern bekämpft und das zelluläre Immunsystem zerstört virusinfizierte T-Zellen mithilfe zytotoxischer T-Zellen (Killerzellen). Da jedoch mehr T-Helferzellen von Viren zerstört als neu gebildet werden, sinkt deren Konzentration. Die scheinbar stark gesunkene Viruskonzentration gibt außerdem lediglich Aufschluss über die frei im Blut zirkulierenden Viren und nicht über deren Gesamtzahl. Die Mehrzahl ist als „Proviren" in den Wirtszellen „versteckt".
- **6 bzw. 10 Jahre nach der Infektion:** Die Konzentration der freien Viren steigt kontinuierlich an, die Zahl der T-Helferzellen sinkt stark bis auf 10 % des Normalwerts.
  Die abnehmende Zahl der T-Helferzellen bewirkt eine sich selbst verstärkende Immunschwäche. Je weniger Helferzellen, desto geringer ist die Aktivierung der humoralen und zellulären Immunantwort. Dadurch kommt es zu einer verstärkten Virenvermehrung (verstärkte Aktivierung „schlafender" Proviren) und dadurch zu einer höheren Neuinfektion verbliebener und neu gebildeter T-Zellen.
  (Zusätzlicher Aspekt: Es bilden sich neue Virusvarianten, gegen die das Immunsystem noch keine wirksamen Antikörper besitzt.)

2.2 **Erklärung** der Gefährlichkeit harmloser Infektionen für AIDS-Kranke:
T-Helferzellen spielen sowohl für die humorale als auch für die zelluläre Immunantwort eine zentrale Rolle: Ohne Helferzellen werden in der humoralen Immunantwort spezifische B-Lymphozyten (mit passenden Rezeptoren gegen ein Antigen) nicht aktiviert. Sie differenzieren sich dann nicht zu Plasmazellen, die passende Antikörper produzieren. Auch bei der zellulären Immunantwort können sich spezifische T-Lymphozyten nur nach Aktivierung durch Helferzellen zu zytotoxischen T-Zellen differenzieren. Bei einem Mangel an T-Helferzellen ist das Immunsystem so geschwächt, dass sich selbst harmlose Erreger (z. B. Pilze, Bakterien) so stark vermehren, dass die Infektion lebensgefährlich verläuft.

3 **Erklärung** des Therapie-Erfolgs:
Da das Knochenmark für die Bildung der Immunzellen zuständig ist, mussten bei T. R. Brown zunächst alle eigenen Blutbildungszellen zerstört werden, die das intakte CCR5-Membranprotein produzieren würden. Durch das Knochenmark des resistenten Spenders wurden nur Stammzellen mit dem defekten Rezeptor übertragen. Die neu gebildeten Immunzellen konnten vom HI-Virus nicht infiziert werden, da das Virus nicht in die Wirtszelle eindringen kann. So hatten die freien Viren keine Möglichkeit, sich zu vermehren bzw. zu „verstecken". Sie wurden innerhalb der sechs Monate nach der Transplantation im Zuge der neu ausgelösten aktiven (humoralen) Immunantwort zerstört.

4 Mögliche **Erklärungen** *(eine ist gefordert)*:

- Die 32 Basenpaare fehlen nicht am Ende des Gens, sondern innerhalb des Gens. Dort kann der Basenverlust eine Leserasterverschiebung bewirken, die die Entstehung eines Stopp-Codons zur Folge hat. Bei der Translation führt dieses zum Kettenabbruch und zu einem stark verkürzten Protein.
- Der Basenverlust bewirkt, dass ein codierender Genabschnitt (Exon) in einen nicht codierenden Abschnitt (Intron) verwandelt wird. Als Folge davon wird die mRNA falsch gespleißt und in ein viel zu kurzes Protein translatiert.
- Die Mutation bewirkt, dass das bei der Proteinbiosynthese entstandene Vorläuferprotein nachträglich falsch geschnitten (prozessiert) wird (z. B. durch Abspaltung von Signalsequenzen oder das selektive Herausschneiden von Teilsequenzen).

5.1 **Erklärung** des Funktionsprinzips der Gelelektrophorese am Beispiel DNA:

- Die DNA-Stränge sind (wegen der Phosphatgruppen) negativ geladen und können deshalb in einem Elektrolyt mithilfe eines elektrischen (Gleichspannungs-) Felds bewegt werden.
- Die Wanderung zum Pluspol (Anode) wird durch eine netzartige Matrix aus Kohlenhydratketten (Gel) erschwert. Kurze bzw. kleine DNA-Fragmente durchwandern das Gel schneller als große bzw. lange DNA-Moleküle.
- Von einem Startpunkt aus trennt sich daher das Fragmentgemisch zunehmend entsprechend der Moleküllänge (Anzahl der Basenpaare) auf und bildet ein Bandenmuster, das mit geeigneten Methoden (Färbung, Fluoreszenz u. a.) sichtbar gemacht und analysiert werden kann.

5.2 **Ergänzung** der nach der Gelelektrophorese zu erwartenden Banden:

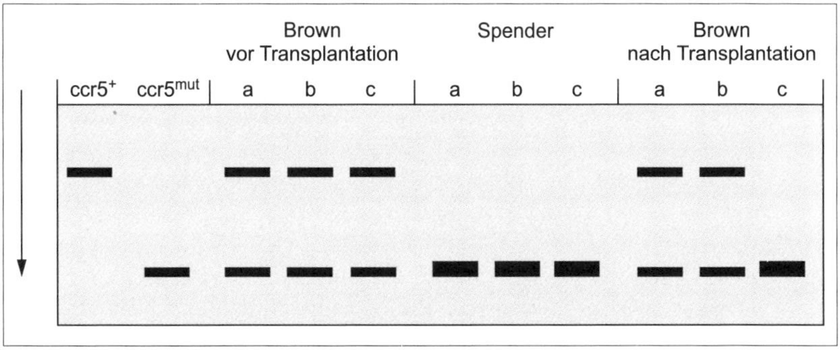

TIPP Da die Bandendicke auch von der DNA-Menge abhängt, kann man bei Homozygotie die doppelte DNA-Menge symbolisch mit einer doppelten Bandendicke darstellen. Einfache Strichsymbole werden jedoch ebenfalls als richtig bewertet.

Begründung der Ergebnisse:
Der Spender muss in allen Körperzellen reinerbig (homozygot) bezüglich des mutierten Rezeptorgens ($ccr5^{mut}$) sein. Wie im Vergleich mit Spalte 1 ersichtlich ist, befindet sich von a bis c jeweils auch nur eine Bande auf der Höhe von $ccr5^{mut}$. Aus dem Bandenmuster in Spalte 2 geht hervor, dass Brown vor der Transplantation in allen Körperzellen heterozygot bezüglich des Rezeptorgens war.
Durch die Transplantation des Knochenmarks wurden nur die (Vorstufen der) weißen Blutzellen (c) ausgetauscht. Sie entsprechen jetzt dem Spendertyp und sind homozygot bezüglich der mutierten ccr5-Allele (eine dicke Bande). Die anderen Zellarten (a, b) sind unverändert heterozygot bezüglich des Rezeptorgens, sodass sich jeweils 2 (dünne) Banden an den Positionen von $ccr5^{+}$ und $ccr5^{mut}$ ergeben.

6 **Erläuterung** des seltenen Einsatzes der Therapieform:
Der gesuchte Spender müsste die seltene erbliche HIV-Resistenz (homozygot $ccr5^{mut}$) aufweisen. Gleichzeitig müssten auch die immunologischen Gewebemerkmale (MHC-Gene) mit denen des Empfängers übereinstimmen. Die Wahrscheinlichkeit, Spender*innen mit der Kombination beider Eigenschaften zu finden, ist sehr gering.

VP

Der Streifenleguan und der Taubleguan kommen in New Mexico jeweils in einer hellen und einer dunklen Farbvariante vor (Abbildung 1). In den Hautzellen der dunklen Farbvarianten wird mehr vom dunklen Farbstoff Melanin gebildet als bei der helleren Farbvariante.

Abb. 1: Farbvarianten von Leguanen

Die Bildung von Melanin wird durch das Melanocyten-stimulierende Hormon (MSH) ausgelöst. MSH setzt an einem Membranprotein, dem Melanocortin-Rezeptor (MCR) an. Dieser verändert daraufhin seine Konformation, wodurch im Zellinneren ATP in cyclisches AMP (cAMP) umgewandelt wird. Die erhöhte cAMP-Konzentration setzt die mehrstufige Melaninsynthese in Gang. Melanin wird letztendlich durch ein Enzym aus einer farblosen Vorstufe gebildet.

1.1 Fertigen Sie unter Berücksichtigung der Informationen des Textes eine beschriftete Skizze (Größe mind. ½ Seite) einer Biomembran auf der Basis des Flüssig-Mosaik-Modells an, in der Melanocortin-Rezeptoren ohne und mit gebundenem MSH dargestellt sind. 3

1.2 Beschreiben Sie zwei prinzipiell unterschiedliche Möglichkeiten, wie eine erhöhte cAMP-Konzentration in einer Zelle die Melaninbildung in Gang bringen kann. 3

Die Melanocortin-Rezeptorproteine (MCR-Proteine) des Streifenleguans und Taubleguans bestehen aus 314 Aminosäuren. Das für die dunkle Färbung verantwortliche MCR ist bei beiden Arten identisch. Die MCR-Proteine der hellen Varianten der Leguane unterscheiden sich in den Positionen 168 bzw. 170 (Tabelle 1). Diese Positionen liegen nicht an der MSH-Bindungsstelle.

Rezeptorvariante	MCR 1	MCR 2	MCR 3
Vorkommen	Streifen- und Taubleguan	Streifen-leguan	Taub-leguan
Aminosäure an Position 168	Val	Val	Ile
Aminosäure an Position 170	Thr	Ile	Thr
Intrazellulär erzeugte cAMP-Konzentration	100 %	36 %	72 %
Färbung	dunkel	hell	hell

Tab. 1: Vergleich der drei MCR-Varianten

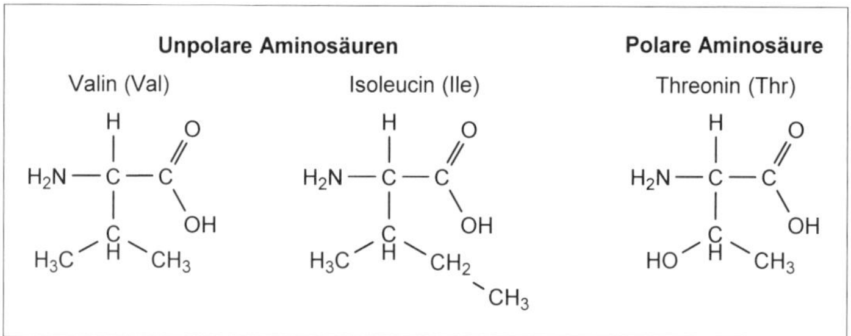

Abb. 2: Aminosäuren

2 Beschreiben und erklären Sie die unterschiedlichen cAMP-Konzentrationen in den Zellen mit den Rezeptorvarianten (MCR 1, 2 und 3) mithilfe der Angaben in Tabelle 1 und Abbildung 2. 3

In einem Nationalpark in New Mexico gibt es eine Wüstenlandschaft aus weißen Gipsdünen, die sogenannten White Sands, sowie Buschlandbereiche mit dunklerem Boden. In diesem Nationalpark wurde die Häufigkeit heller und dunkler Farbvarianten des Streifenleguans untersucht (Tabelle 2).

	White Sands	Buschland
Häufigkeit heller Tiere	89 %	1 %
Häufigkeit dunkler Tiere	11 %	99 %

Tab. 2: Häufigkeit heller und dunkler Streifenleguane an verschiedenen Standorten

3 Erklären Sie, weshalb an beiden Standorten jeweils eine Farbvariante wesentlich häufiger vorkommt.
Geben Sie eine mögliche Erklärung, warum die seltene Variante nicht vollständig verschwindet. 3

Im Nationalpark wurde untersucht, ob ein genetischer Austausch zwischen Taubleguanen unterschiedlicher Standorte stattfindet. Dazu wurden Individuen an fünf Standorten A bis E gefangen. Sieben Individuen stammen von Standorten in den White Sands (Standorte A und B mit den Individuen A_1 bis A_3, B_1 bis B_4) und acht aus dem Buschland (Standorte C, D, E; Individuen C_1, C_2; D_1, D_2; E_1 bis E_4). Mithilfe von DNA-Sequenzen wurde ein Verwandtschaftsdiagramm erstellt (Abbildung 3).

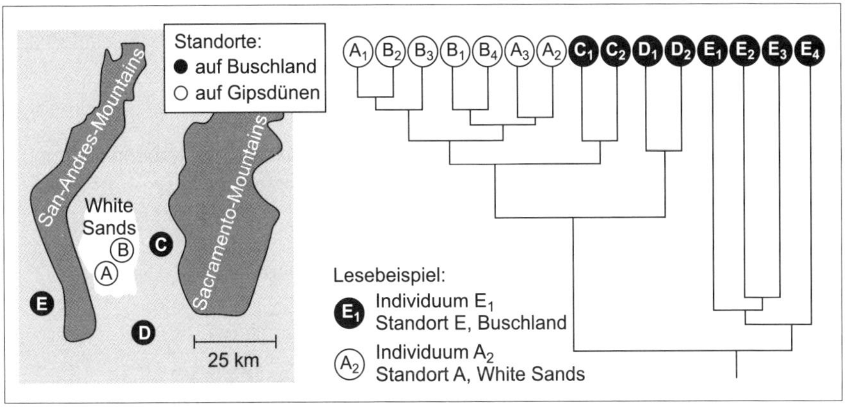

Abb. 3: Karte des Untersuchungsgebiets mit den Standorten A bis E und Ergebnis der Verwandtschaftsanalyse von 15 Individuen dieser Standorte

4.1 Begründen Sie, warum mithilfe von DNA-Sequenzen ein Verwandtschaftsdiagramm erstellt werden kann. 2

Wie das Verwandtschaftsdiagramm zeigt, sind Individuen von Standort A mit Individuen von Standort B näher verwandt als mit solchen des eigenen Standorts. A_1 ist z. B. enger verwandt mit B_2 als mit A_3. Im Gegensatz dazu sind die Individuen der anderen Standorte C, D und E untereinander immer enger verwandt.

4.2 Erläutern Sie mögliche Ursachen für den unterschiedlichen Verwandtschaftsgrad der Individuen an den Standorten A bis E. 3

4.3 Leiten Sie aus dem Ergebnis der Verwandtschaftsanalyse und der Verbreitung der Populationen (Abbildung 3) eine begründete Vorhersage zu möglichen zukünftigen Artbildungsprozessen beim Taubleguan ab. 3

20

Lösungsvorschlag

1.1 **Skizze** der Biomembran mit/ohne gebundenes MSH:

TIPP Die Darstellung der Kohlenhydratketten wird nicht zwingend verlangt, die Anordnung der peripheren Proteine ist nicht festgelegt.

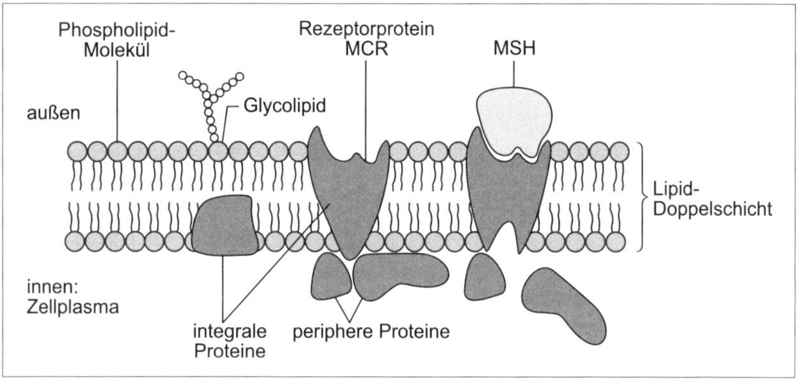

1.2 **Beschreibung** der Regulationsmöglichkeiten:

- cAMP aktiviert (z. B. allosterisch) ein bestimmtes Enzym in der Synthesekette des Melanins. Dadurch kommt die Melaninsynthese in den Hautzellen in Gang.
- cAMP aktiviert bestimmte Gene, die für Enzyme in der Synthesekette des Melanins codieren. Dies könnte dadurch erreicht werden, dass durch (z. B. allosterische) Aktivierung eines Transkriptionsfaktors das Ablesen eines Gens gestartet wird. Es folgt die Enzymsynthese und eine Aktivierung der Melaninsynthese in den Hautzellen.

TIPP Begriffe der Genregulation bei Prokaryoten nach dem Jacob-Monod-Modell sind ebenfalls erlaubt (z. B. Repressor).

2 **Beschreibung** und **Erklärung** unterschiedlicher cAMP-Konzentrationen:

- **MCR 1:** An Position 168 befindet sich Valin, an Position 170 Threonin, die intrazellulär erzeugte cAMP-Konzentration liegt bei 100 %. MRC 1 ist für die dunkle Körperfarbe bei beiden Leguanarten verantwortlich.
  Erklärung: Beide Leguanarten haben identische „Wildtyp"-Rezeptorproteine, die nach Bindung des MSH an den Rezeptor eine hohe cAMP-Bildung (100 %) bewirken. Die resultierende starke Melaninbildung führt zur dunklen Körperfarbe.

- **MCR 2:** An Position 168 befindet sich Valin, an Position 170 Isoleucin, die cAMP-Konzentration liegt bei 36 %. Beim Streifenleguan resultiert daraus die helle Körperfarbe.
  Erklärung: Der Austausch der polaren Aminosäure Threonin durch die unpolare Aminosäure Isoleucin an Position 170 bewirkt eine so starke Veränderung der Tertiärstruktur (Konformation) des MCR-Proteins, dass die Signalweitergabe im Zellplasma stark gestört ist. Nur noch 36 % der „normalen" cAMP-Konzentration bewirken eine stark verringerte Melaninsynthese und damit eine helle Pigmentierung.
- **MCR 3:** An Position 168 befindet sich Isoleucin, an Position 170 Threonin, die cAMP-Konzentration liegt bei 72 %. Beim Taubleguan resultiert daraus die helle Körperfarbe.
  Erklärung: Durch den Austausch der unpolaren Aminosäure Valin durch die ebenfalls unpolare Aminosäure Isoleucin an Position 168 wird die Tertiärstruktur (Konformation) des MCR-Proteins nur wenig verändert, sodass die intrazelluläre cAMP-Synthese mit einer Reduktion auf 72 % der „normalen" cAMP-Konzentration nur in geringem Maße beeinträchtigt ist. Dennoch führt diese Abschwächung der cAMP-Konzentration zu einer verringerten Melaninsynthese und einer ebenfalls hellen Pigmentierung.

3 **Erklärung**, weshalb jeweils eine Farbvariante häufiger vorkommt:

> TIPP Aus der Fragestellung ist nicht zu entnehmen, ob auch erklärt werden soll, weshalb im Vergleich der Standorte die jeweils seltene Farbvariante mit unterschiedlicher Häufigkeit vorkommt. Es genügt zu erklären, weshalb eine Farbvariante wesentlich häufiger vorkommt.

Die Häufigkeit heller Tiere beträgt in den White Sands 89 %, die Häufigkeit dunkler Tiere im Buschland beträgt 99 %. Nur jeweils eine Farbvariante bietet an den beiden Standorten einen Schutz vor Fressfeinden (z. B. Greifvögel). Auf weißen Gipsflächen fallen dunkle Tiere auf und auf dunklem Buschlandboden helle Tiere. Die jeweilige Tarnfarbe ist ein Selektionsvorteil, der zu einem größeren Fortpflanzungserfolg führt. Die Allelhäufigkeit der Pigmentgene in den jeweiligen Populationen verändert sich durch den Selektionsdruck daher in Richtung einer besseren Anpassung. In White Sands nimmt also die Häufigkeit der Melaninmangel-Allele zu, während im Buschland Melaninmangel-Allele stark negativ selektiert werden.

Mögliche **Erklärungen** für den Verbleib seltenerer Varianten *(eine ist verlangt)*:
- Im Genpool der Population kommen die verantwortlichen Allele immer noch in geringer Frequenz vor, z. B. als rezessive Allele. Durch Rekombination entstehen zufallsgemäß weiterhin Nachkommen mit abweichenden Körperfärbungen.
- Je seltener eine Farbvariante wird, desto geringer ist der Selektionsdruck durch Fressfeinde, sodass nicht-angepasste Tiere nicht zwingend aussterben.

- Durch Neumutationen oder Rückmutationen entstehen immer wieder Farbvariationen.
- Durch Zuwanderung aus anderen Populationen mit verschiedenen Standortbedingungen kommen regelmäßig Farbvarianten hinzu.
- Möglicherweise weisen seltener vertretene Varianten einen anderen Selektionsvorteil auf (z. B. bessere Absorption von Strahlung bei dunkleren Tieren).

4.1 **Begründung** der Möglichkeit, ein Verwandtschaftsdiagramm zu erstellen: Verwandtschaft bedeutet genetische Ähnlichkeit, d. h., je ähnlicher die Basensequenzen einander entsprechender (homologer) DNA-Abschnitte sind, desto größer ist die Verwandtschaft. Je größer der genetische Unterschied ist, d. h., je mehr Basenpaare abweichen, desto mehr Mutationen haben sich seit der Aufspaltung der Urpopulation in den verschiedenen genetisch isolierten Teilpopulationen ereignet und desto weiter zurück datiert der letzte gemeinsame Vorfahr.

4.2 TIPP Der Stammbaum ist im ersten Moment verwirrend, da es sich hier nicht um einen üblichen Stammbaum mit Arten oder Unterarten handelt, sondern um einen Familienstammbaum mit Individuen der gleichen Art bzw. Population. Zur Veranschaulichung der Situation kann folgender Vergleich dienen: Es soll der Verwandtschaftsgrad zufällig ausgewählter Einwohner zweier benachbarter Dörfer untereinander bestimmt werden. Beim „Einfangen" von lediglich drei (!) Einwohnern im Dorf A (A1 bis A3) und vier Einwohnern im Dorf B (B1 bis B4) ergäbe sich dann in Analogie zum dargestellten Stammbaum, dass Person A1 näher mit Person B2 aus dem Nachbardorf verwandt ist als mit A2. Daraus schließen wir, dass Blutsverwandte von A1 nicht nur im Dorf A wohnen, da es keine geografischen Barrieren gibt. Es liegt also keine genetisch isolierte Population vor, sondern zwischen den Dörfern A und B ist „Genfluss" möglich.

Erläuterung möglicher Ursachen für unterschiedlichen Verwandtschaftsgrad: Bei Leguanen, die an den Standorten A und B gefangen wurden, fällt auf, dass Tiere vom Standort A teilweise näher mit Individuen von Standort B verwandt sind als mit Tieren der eigenen Population (und umgekehrt). Dies erklärt sich dadurch, dass die Standorte A und B in den White Sands räumlich nahe beieinander liegen, d. h., die dort gefangenen Individuen sind nicht geografisch voneinander isoliert und können sich untereinander fortpflanzen. Es besteht Genfluss und ein gemeinsamer Genpool. Als Beweis dafür kann angeführt werden, dass die Wahrscheinlichkeit, einen nahen Verwandten von A1 am Standort B zu fangen (B2), sehr groß ist.
Die an den Buschland-Standorten C, D und E gefangenen Leguane sind hingegen jeweils mit Tieren des eigenen Standorts am nächsten verwandt. Die Standorte C, D und besonders E werden von geografisch und genetisch voneinander isolierten Populationen bewohnt. Die Wahrscheinlichkeit, dass innerhalb dieser Populationen zwei oder vier zufällig gefangene Tiere enger miteinander verwandt sind als

mit Tieren der übrigen Standorte, ist groß. Es gibt vermutlich keinen Genaustausch mit den Genpools der jeweils anderen Buschland-Standorte, da diese jeweils ca. 25 km voneinander entfernt liegen und die San-Andres-Mountains zwischen C und E bzw. D und E eine geografische Barriere darstellen. Es handelt sich bei den Populationen an diesen Standorten wahrscheinlich um Gründerpopulationen mit hohem Inzuchtanteil.

4.3 **Ableitung** einer möglichen Vorhersage:

- Aus der **Verbreitung der Populationen** (Abb. 3): Die Populationen an den Standorten A und B besitzen einen gemeinsamen Genpool. Durch das Fehlen geografischer Barrieren ist ungehinderter Genfluss möglich. Infolgedessen sind Aufspaltungen in Teilpopulationen mit anschließender Unterart-/Art-Bildung unwahrscheinlich.
  Die Populationen C, D und insbesondere E sind wegen ihrer geografischen Isolation auch genetisch weitgehend isoliert. In den Teilpopulationen unterschiedlich auftretende Mutationen können nicht mehr ausgetauscht werden.
  Durch unterschiedliche Selektionsbedingungen (Klima, Fressfeinde) an den verschiedenen Standorten kann dies über lange Zeiträume die Genpools in unterschiedliche Richtungen verändern und zur Bildung einer neuen Unterart führen. Wenn im Laufe dieser Entwicklung zusätzlich eine reproduktive Isolation (keine gemeinsamen fruchtbaren Nachkommen) entsteht, handelt es sich um die Bildung einer neuen Art.
- Aus der **DNA-Verwandtschaftsanalyse** (Abb. 3): Beim Vergleich zwischen den Populationen A bis E zeigt sich deutlich, dass Population E die größte genetische Distanz zu den anderen Populationen aufweist. Die Wahrscheinlichkeit der Entstehung einer Unterart ist hier am höchsten.

VP

Kaum auf der Welt, wird Neugeborenen bereits Blut abgenommen. Das mag keine schöne Begrüßung sein, ist aber sinnvoll, da das entnommene Blut beim Neugeborenen-Screening dazu verwendet wird, den Säugling auf die häufigsten angeborenen Stoffwechselerkrankungen zu untersuchen, um diese gegebenenfalls sofort behandeln zu können.
Eine dieser Stoffwechselerkrankungen ist das Adrenogenitale Syndrom (AGS). Ursächlich für diese Erkrankung ist ein genetisch bedingter Defekt des Enzyms Hydroxylase I. Das intakte Enzym wandelt Progesteron durch Anfügen einer OH-Gruppe (Hydroxylierung) in Desoxycorticosteron um.

1.1 Beschreiben Sie zwei charakteristische Eigenschaften von Enzymen. 2

1.2 Stellen Sie den Ablauf der durch Hydroxylase I katalysierten enzymatischen Reaktion in einer Abfolge beschrifteter Schemazeichnungen dar. 3

1.3 Das Enzym Hydroxylase I kann neben der Hydroxylierung von Progesteron zu Desoxycorticosteron auch die Hydroxylierung von OH-Progesteron zu Desoxycortisol katalysieren. Geben Sie eine mögliche Erklärung für diese Besonderheit. 2

Von AGS betroffene Mädchen weisen schon bei der Geburt leicht „vermännlichte" äußere Geschlechtsorgane auf. Außerdem kommt es in Stresssituationen zu Störungen des Wasser- und Salzhaushalts, weil Natriumchlorid (NaCl) vermehrt über den Urin ausgeschieden wird. Betroffene haben zudem eine stark herabgesetzte Stressresistenz. Alle Symptome beruhen auf Störungen der Produktion der Nebennierenhormone.
Abbildung 1 zeigt den Syntheseweg für die Nebennierenhormone Aldosteron, Cortisol und Testosteron.

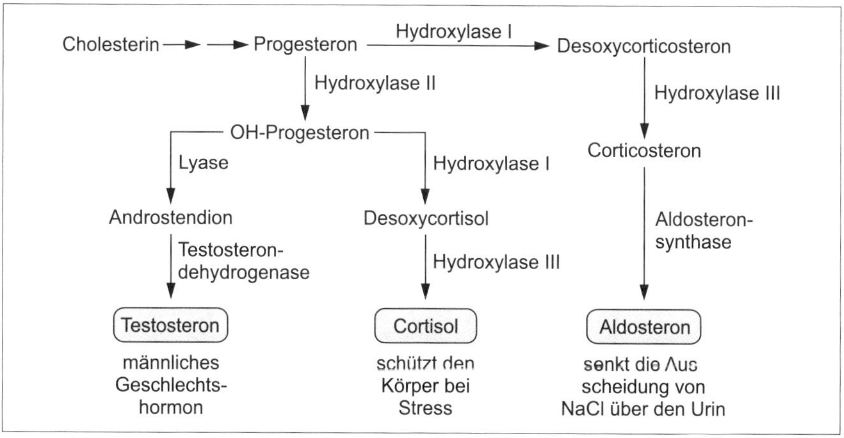

Abb. 1: Synthesewege und Wirkungen (vereinfacht)

2 Erklären Sie anhand der Abbildung 1, wie es zu den drei geschilderten Symptomen bei AGS-Patienten kommt. 3

Für das Hydroxylase-I-Gen sind verschiedene Mutationen bekannt, die zu unterschiedlich schweren Ausprägungen von AGS führen.
Abbildung 2 zeigt einander entsprechende Ausschnitte aus dem Hydroxylase-I-Gen.

nicht mutiert:	3' … GAC GCC GGG CAA CAC … … CCG ATG CTG TAG … 5'
Mutation 1:	3' … GAC ACC GGG CAA CAC … … CCG ATG CTG TAG … 5'
Mutation 2:	3' … GAC GCC GGG CAA CAC … … CCG ATC CTG TAG … 5'

Abb. 2: Ausschnitt aus dem nicht mutierten Hydroxylase-I-Gen eines gesunden Menschen und zwei homologe Ausschnitte mit AGS-auslösenden Mutationen

3 Ermitteln Sie mithilfe der Codesonne (siehe Anlage) die Aminosäuresequenzen zu den in Abbildung 2 dargestellten DNA-Abschnitten.
Begründen Sie, welche der beiden Mutationen vermutlich zu einer schwereren Form von AGS führen wird. 3

Beim Neugeborenen-Screening wird das Blutserum des Säuglings mithilfe eines immunologischen Nachweistests auf einen erhöhten OH-Progesteron-Wert (OHP-Wert) getestet, der ein Indikator für AGS ist. Dabei werden parallel zum Blutserum synthetisch hergestellte OH-Progesteron-Moleküle eingesetzt, an die das Enzym HRP gebunden ist (OHP/HRP). Der Ablauf des Nachweisverfahrens ist in Abbildung 3 schematisch dargestellt.

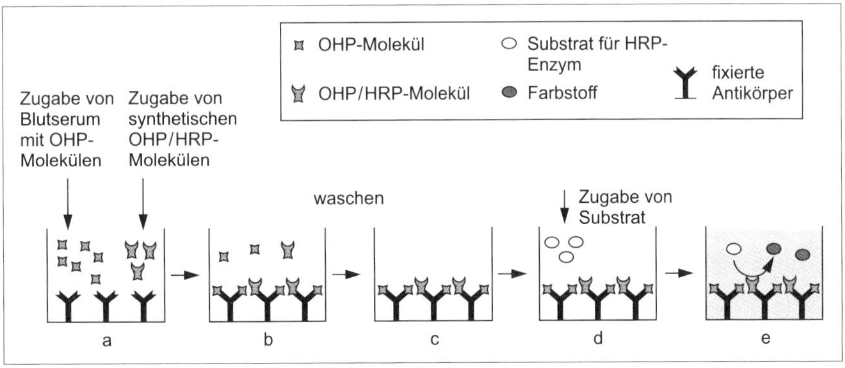

Abb. 3: Schematische Darstellung des Nachweisverfahrens für OHP

4.1 Beschreiben Sie die in Abbildung 3 dargestellten Prozesse.
Begründen Sie, weshalb ein erhöhter OHP-Wert ein Indikator für die Erkrankung AGS ist. 3

4.2 Erläutern Sie, unter welchen Versuchsbedingungen der obige Test Aussagen über die Konzentration von OHP im Blutserum erlaubt.
Erläutern Sie, welches Testergebnis bei einem Säugling mit AGS im Vergleich zu einem gesunden Säugling zu erwarten ist. 4

20

Anlage Codesonne

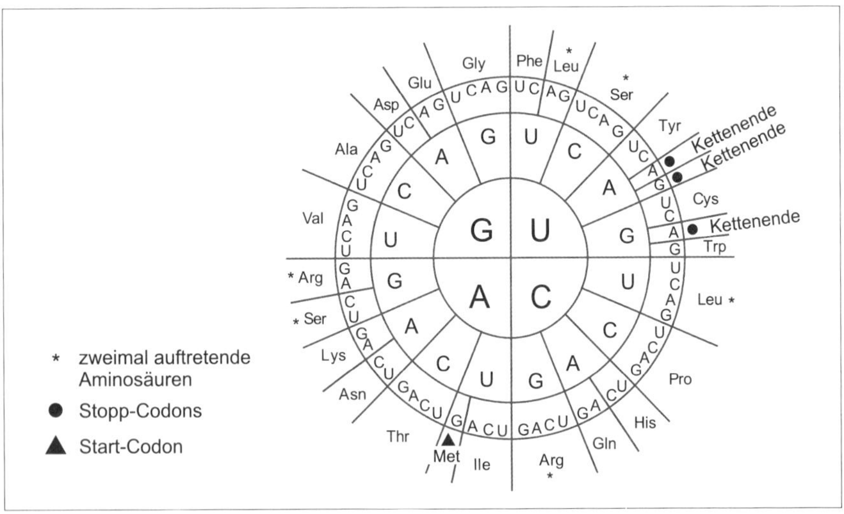

Lösungsvorschlag

1.1 **Beschreibung** von Enzymeigenschaften *(zwei sind gefordert)*:

- **Substratspezifität:** Ein bestimmtes Enzym kann nur ein bestimmtes Substrat umsetzen.
- **Wirkungsspezifität** (Reaktionsspezifität): Ein bestimmtes Enzym kann sein Substrat nur nach einem bestimmten Reaktionstyp umsetzen (z. B. Hydroxylierung, Oxidation).
- Enzyme werden durch die Reaktion nicht verbraucht und wirken deshalb in winzigen Konzentrationen.
- Enzyme wirken **temperaturabhängig**, d. h., sie arbeiten nur bei einer bestimmten Temperatur optimal und werden durch Hitze zerstört.
- Enzyme sind stark **pH-abhängig**, d. h., sie arbeiten nur in einem bestimmten pH-Bereich optimal und werden durch starke Säuren und Laugen in der Regel zerstört.

1.2 Schematische **Darstellung** der Enzymreaktion *(eine ist gefordert)*:

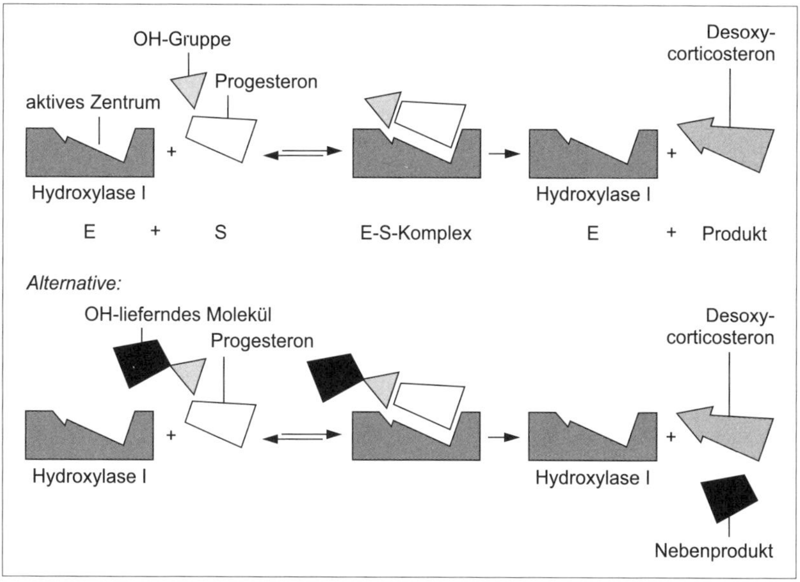

1.3 Mögliche **Erklärungen** für die Besonderheit des Enzyms *(eine ist gefordert)*:

- Progesteron und OH-Progesteron binden mit dem Molekülteil, der bei beiden identisch ist, an das aktive Zentrum.
- Das Enzym besitzt zwei aktive Zentren.

- Progesteron und OH-Progesteron besitzen nahezu die gleiche Raumstruktur (und Ladungsmuster) und das (nicht sehr spezifische) aktive Zentrum kann beide Moleküle binden und umsetzen.

2 **Erklärung** der drei Symptome:
Der Ausfall des Enzyms Hydroxylase I hat folgende Wirkungen:

- Die Umsetzung von Progesteron in Desoxycorticosteron ist blockiert. Infolgedessen kann das Hormon Aldosteron nicht mehr hergestellt werden, da das Substrat für die Hydroxylase III fehlt. Durch den Hormonmangel wird vermehrt Natriumchlorid über den Urin ausgeschieden, sodass der Wasser- und Salzhaushalt gestört wird.
- Die Umsetzung von OH-Progesteron in Desoxycortisol ist ebenfalls blockiert, sodass das Stresshormon Cortisol (über Hydroxylase III) nicht hergestellt werden kann. Der Hormonmangel verursacht eine stark herabgesetzte Stressresistenz.
- Durch die Blockade der zwei genannten Stoffwechselwege kommt es zu einer Anhäufung der Zwischenprodukte Progesteron und OH-Progesteron. Die Erhöhung der Substratkonzentrationen bewirkt, dass die Enzyme Hydroxylase II und Lyase mit erhöhter Umsatzrate arbeiten. Infolgedessen wird (über das Enzym Testosterondehydrogenase aus Androstendion) verstärkt das Geschlechtshormon Testosteron synthetisiert und es kann zu einer „Vermännlichung" der äußeren Geschlechtsorgane bei Mädchen kommen.

3 **Ermittlung** der Aminosäuresequenzen:

DNA-Sequenz (nicht mutiert):	3' ... GAC GCC GGG CAA CAC ... CCG ATG CTG TAG ... 5'
RNA-Sequenz (nicht mutiert):	5' ... CUG CGG CCC GUU GUG ... GGC UAC GAC AUC ... 3'
Aminosäuresequenz (nicht mutiert):	Leu – Arg – Pro – Val – Val ... Gly – Tyr – Asp – Ile
DNA-Sequenz (Mutation 1):	3' ... GAC **A**CC GGG CAA CAC ... CCG ATG CTG TAG ... 5'
RNA-Sequenz (Mutation 1):	5' ... CUG **U**GG CCC GUU GUG ... GGC UAC GAC AUC ... 3'
Aminosäuresequenz (Mutation 1):	Leu – **Trp** – Pro – Val – Val ... Gly – Tyr – Asp – Ile
DNA-Sequenz (Mutation 2):	3' ... GAC GCC GGG CAA CAC ... CCG AT**C** CTG TAG ... 5'
RNA-Sequenz (Mutation 2):	5' ... CUG CGG CCC GUU GUG ... GGC UA**G** GAC AUC ... 3'
Aminosäuresequenz (Mutation 2):	Leu – Arg – Pro – Val – Val ... Gly – **Stopp**

Begründung der Mutationsfolgen:
Bei Mutation 1 wird durch den Basenaustausch nur eine Aminosäure verändert. Bei Mutation 2 bewirkt der Basentausch hingegen die Entstehung eines Stopp-Codons. Die Auswirkung von Mutation 2 auf die Tertiärstruktur und damit auf die Funktion des Hydroxylase-I-Moleküls ist vermutlich schwerwiegender, da ein Kettenabbruch zu einem (je nach Lage im Gen) stark verkürzten Protein führt.

TIPP Falls allerdings der Aminosäureaustausch bei Mutation 1 (unpolares Tryptophan gegen polares, stark positiv geladenes Arginin) im Bereich des aktiven Zentrums erfolgt oder das Stopp-Codon bei Mutation 2 ganz am Ende des Gens liegt, ist auch die gegensätzliche Wirkung möglich.

4.1 **Beschreibung** des Nachweisverfahrens:

- In ein Testgefäß mit fixierten Antikörpern gegen OHP-Moleküle werden gleichzeitig Patientenserum mit natürlichen OHP-Molekülen und synthetische, enzymgekoppelte OHP/HRP-Moleküle gegeben.
- Beide OHP-Varianten binden spezifisch an die Antikörper (gemäß dem Verhältnis ihrer Konzentrationen).
- Alle nicht gebundenen Moleküle werden durch Spülen entfernt.
- Es wird das Substrat (die Farbstoffvorstufe) für das Enzym HRP zugegeben.
- Das Enzym katalysiert die Umsetzung des Substrats in einen Farbstoff.

Begründung der Aussagekraft des OHP-Werts:

TIPP Vorsicht, diese Frage bezieht sich nicht auf den Testablauf, sondern auf Aufgabe 2 bzw. Abb. 1; dort ist die Begründung schon erfolgt.

Ein erhöhter OHP-Wert ist die Folge des Enzymdefekts im Cholesterin-Stoffwechselweg (Abb. 1). Der Ausfall der Hydroxylase I bewirkt, dass Progesteron nur noch zu OHP umgesetzt werden kann. Zusätzlich entsteht ein OHP-„Stau", da – ebenfalls durch den Enzymdefekt verursacht – nur noch ein Reaktionsweg als „Abfluss" zur Verfügung steht. (Das verantwortliche Enzym Lyase ist ausgelastet.) Beide Effekte führen bei AGS-Patienten zu einer signifikant erhöhten OHP-Konzentration im Blutserum.

4.2 **Erläuterung** der Versuchsbedingungen:

- Konzentrationen der zugegebenen Substanzen:
  Um die Farbergebnisse zu vergleichen und zu standardisieren, müssen immer genau definierte Mengen (Volumina/Konzentration) von Patientenserum, synthetischem OHP/HRP und Substratlösung zugegeben werden.

TIPP Das Serumvolumen im Verhältnis zum OHP/HRP-Volumen legt fest, wie viele Enzymmoleküle gebunden werden, d. h., wie schnell die Farbreaktion abläuft. Die Substratkonzentration bestimmt ebenfalls die Reaktionsgeschwindigkeit der Farbentstehung.

- Messdauer: Die Farbintensität muss jeweils nach einer genau definierten, konstanten Zeitspanne gemessen werden.

TIPP Bei zu kurzer Inkubation ergäbe sich immer eine zu schwache Farbreaktion, bei zu langer Messdauer würden auch wenige HRP-Moleküle das Substrat vollständig umsetzen, sodass immer die maximale Farbtiefe erreicht wird.

- Weitere Versuchsbedingungen: Die Messungen müssen jeweils bei konstanter Temperatur und gleichem pH-Wert durchgeführt werden.

TIPP Die Aktivität der HRP-Enzym-Moleküle ist von diesen Parametern abhängig, daher muss die Farbintensität bei gleichen Versuchsbedingungen gemessen werden.

Erläuterung der Testergebnisse:
Bei gesunden Säuglingen mit geringer OHP-Konzentration wird die Farbintensität hoch sein, während bei Säuglingen mit AGS und deshalb hoher OHP-Konzentration nur eine schwache Färbung entstehen wird.
Je höher die Konzentration der OH-Progesteron-Moleküle im Blutserum ist, desto wahrscheinlicher werden sie – in Konkurrenz zu der definierten Menge synthetischer enzymgekoppelter OHP-Moleküle – die begrenzte Zahl von Antikörpermolekülen am Boden des Testgefäßes besetzen. Je weniger Antikörper jedoch mit synthetischen OHP/HRP-Molekülen besetzt sind, desto geringer ist nach dem Waschvorgang die Enzymkonzentration in der anschließenden Farbreaktion und desto langsamer ist die Farbentwicklung. Nach der festgelegten Wartezeit ist also bei Säuglingen mit AGS nur eine geringe Farbtiefe zu erwarten.

VP

Bei einer örtlichen Betäubung werden Lokalanästhetika ins Gewebe gespritzt. Sie blockieren reversibel die Erregungsleitung entlang von Nervenfasern und ermöglichen so eine schmerzfreie Behandlung. Um wirksam zu werden, muss das Lokalanästhetikum Lidocain an die spannungsgesteuerten Natriumionenkanäle der Axonmembran von Nervenzellen gelangen.

1 Erstellen Sie eine beschriftete Skizze eines Zellmembranausschnittes auf der Basis des Fluid-Mosaik-Modells (Größe ca. ½ Seite) und kennzeichnen Sie die Innen- und Außenseite der Membran. 3

Spannungsgesteuerte Natriumionenkanäle nehmen im Verlauf des Aktionspotenzials verschiedene Konformationen an (Abbildung 1).

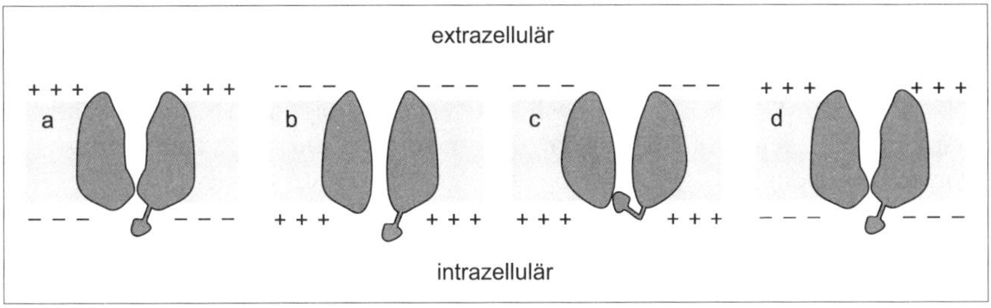

Abb. 1: Veränderung der Ladungsverteilung an der Membran und verschiedene aufeinanderfolgende Konformationen eines spannungsgesteuerten Natriumionenkanals im Verlauf eines Aktionspotenzials (stark vereinfacht)

2.1 Zeichnen Sie ein Diagramm, das den Verlauf eines Aktionspotenzials zeigt (Größe ca. ½ Seite), und erläutern Sie die auf molekularer Ebene ablaufenden Vorgänge, die zu diesem Spannungsverlauf führen. 4

2.2 Ordnen Sie die Teilabbildungen a–d aus Abbildung 1 jeweils einem Punkt im Kurvenverlauf des Aktionspotenzials zu und markieren Sie diese Punkte in Ihrer Skizze aus Teilaufgabe 2.1. Beschriften Sie die Punkte entsprechend mit a, b, c, d.
Begründen Sie Ihre Zuordnung unter Berücksichtigung der jeweiligen Kanalkonformation sowie der Ladungsverteilung an der Membran. 4

Die Wirkung des Lokalanästhetikums Lidocain kann man experimentell überprüfen. In Abbildung 2 ist der Verlauf des Natriumioneneinstroms an einer Axonmembran nach einem künstlichen Reiz bei verschiedenen Lidocainkonzentrationen dargestellt.

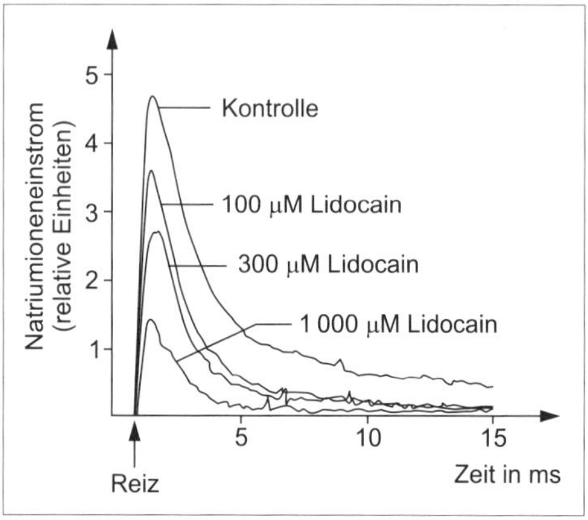

Abb. 2: Natriumioneneinstrom an der Axonmembran bei verschiedenen Konzentrationen von Lidocain und Kontrolle

3 Beschreiben Sie die Lidocainwirkung auf den Natriumioneneinstrom und geben Sie eine mögliche Erklärung für die Befunde. 2

Es gibt vereinzelt Menschen, deren Schmerzempfindlichkeit durch Punktmutationen im „Fakir-Gen" vermindert oder verstärkt ist. Dieses Gen codiert für den Natriumionenkanal in Axonen der Schmerzbahnen. Abbildung 3 zeigt zwei Abschnitte aus der DNA des „Fakir-Gens". Ein Austausch von Guanin (Position I) zu Adenin führt bei Menschen, die homozygot bezüglich des mutierten Gens sind, zum Verlust der Schmerzempfindung.

Eine andere Mutation des „Fakir-Gens", der Austausch von Thymin (Position II) zu Adenin, führt hingegen zu einer verstärkten Schmerzempfindung. Diese verstärkte Schmerzempfindung tritt auch dann auf, wenn Menschen heterozygot für dieses Gen sind, also neben dem mutierten Allel noch ein nicht mutiertes Allel besitzen.

Position I ↓	Position II ↓
3' … GGT GCC GCT GTG … 5'	3' … GAT CCA TTG GTG TGG … 5'

Abb. 3: Zwei unterschiedliche Abschnitte aus der DNA des „Fakir-Gens"

4.1 Ermitteln Sie mithilfe der Codesonne (siehe Anlage) die jeweiligen Aminosäuresequenzen vor und nach der Mutation. Erklären Sie, welche Auswirkungen die Mutationen jeweils auf die Struktur des Kanalproteins und damit auf die Funktionsfähigkeit und die jeweils daraus resultierende Schmerzempfindlichkeit haben könnten. 4

4.2 Erklären Sie, warum die Schmerzunempfindlichkeit nur im homozygoten Fall, die erhöhte Schmerzempfindlichkeit aber bereits bei heterozygotem Auftreten der Mutation zu beobachten ist. 3

20

Anlage Codesonne

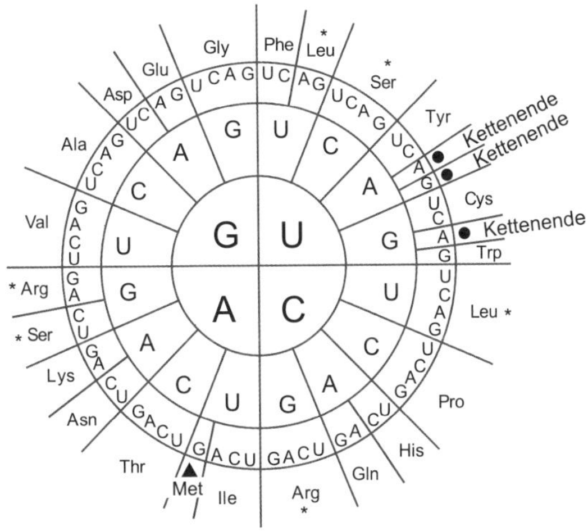

* zweimal auftretende Aminosäuren

● Stopp-Codons

▲ Start-Codon

Lösungsvorschlag

1 **Skizze** der Biomembran nach dem Flüssig-Mosaik-Modell mit **Beschriftung:**

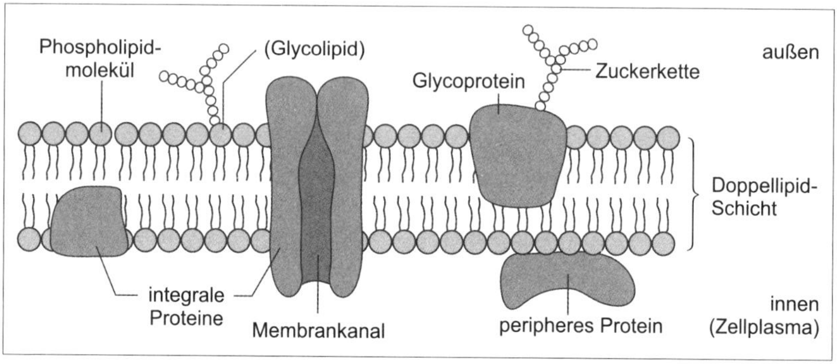

2.1 **Diagramm** eines Aktionspotenzials (APs):

TIPP Beachten Sie, dass sich Abb. 1 nur auf die Beantwortung der Aufgabe 2.2 bezieht. Unerlässlich bei der Anfertigung eines Diagramms des AP-Verlaufs ist die Beschriftung der Achsen mit den Einheiten Spannung (in mV) und Zeit (in ms); ohne sie ist das Diagramm wissenschaftlich aussagelos. Ebenfalls unverzichtbar ist die Unterteilung (Skalierung) der Spannungsachse, während die Skalierung der Zeitachse entfallen kann. Auch die Markierung des Schwellenwerts als gestrichelte Linie ist nicht zwingend verlangt. Nicht geforderte Details sind in der Skizze grau dargestellt. Die Gliederung des Ablaufs in Phasen von I bis V erleichtert die Erläuterung.

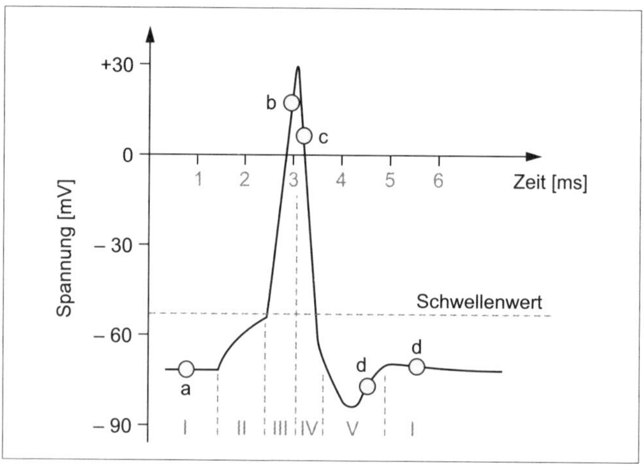

Erläuterung des Ablaufs eines Aktionspotenzials:

- **Phase I** entspricht dem Ruhepotenzial (RP).
- **Phase II:** Die Axonmembran wird bis zum Schwellenwert depolarisiert. (Ursache dafür ist z. B. die Öffnung einer genügend großen Zahl von Na^+-Ionenkanälen durch eine überschwellige Reizung.)
- **Phase III, Depolarisationsphase:** Nach Überschreitung des Schwellenwerts öffnen sich spannungsgesteuerte Na^+-Ionenkanäle (Alles-oder-Nichts-Ereignis). Es kommt zu einem schnellen Na^+-Ioneneinstrom (Diffusion gemäß Konzentrationsgefälle), der zu einer Umpolung der Membranspannung (von ca. –70 mV bis +30 mV) führt. Dann folgen die Schließung der spannungsgesteuerten Na^+-Ionenkanäle und die Öffnung spannungsgesteuerter K^+-Ionenkanäle.
- **Phase IV, Repolarisierungsphase**: Die Öffnung der K^+-Ionenkanäle bewirkt einen schnellen K^+-Ionenausstrom (Diffusion gemäß Konzentrationsgefälle). Die Membran wird repolarisiert. Die spannungsgesteuerten K^+-Ionenkanäle schließen sich wieder.
- **Phase V, Hyperpolarisationsphase** (hyperpolarisierendes Nachpotenzial): Durch kurzzeitig überschießenden K^+-Ionenausstrom kommt es zu einer Hyperpolarisation der Membran.
- Phase I: Das Ruhepotenzial ist wieder erreicht.

TIPP Der ursprüngliche Ladungsunterschied zwischen innen und außen ist damit wieder erreicht, nicht jedoch der ursprüngliche Konzentrationsunterschied, der für K^+- bzw. Na^+-Ionen innen gegenüber außen vorlag und für die Erhaltung des RPs notwendig ist. Die K^+-Na^+-Ionenpumpen müssen daher permanent unter Energieaufwand K^+-Ionen zurück in die Zelle bzw. Na^+-Ionen aus der Zelle hinausbefördern.
Während der Repolarisierungsphase ist an der gleichen Membranstelle kein erneutes AP auslösbar, da die spannungsgesteuerten Na^+-Ionenkanäle für kurze Zeit inaktiviert sind (Refraktärzeit).

2.2 **Begründete Zuordnung** der Teilabbildungen *(siehe Diagramm zu Aufgabe 2.1)*:

TIPP Bei dieser Aufgabe muss in Abb. 1 sehr genau Konformation und Ladungsverteilung beachtet werden. Aus dem Unterricht ist wahrscheinlich nur bekannt, dass die spannungsgesteuerten Na^+-Ionenkanäle entweder „offen" oder „geschlossen" sind. Abb. 1 beschreibt die Na^+-Ionenkanalkonformationen mit einem anspruchsvolleren Modell, demzufolge die spannungsgesteuerten Na^+-Ionenanäle durch zwei „Tore" gesteuert werden („Aktivierungstor = Innentor" und „Inaktivierungstor = Außentor"). Der Na^+-Ionenkanal kann dann in drei Zuständen vorliegen: Kanal geschlossen/aktivierbar (Innentor zu/Außentor offen), Kanal offen (beide Tore offen) und Kanal geschlossen/nicht aktivierbar (Innentor auf/Außentor zu).

Auch ohne dieses Vorwissen ist die Zuordnung zum AP-Verlauf mithilfe der Membranspannung bzw. der Ladungsverteilung und der chronologischen Abfolge der Bilder leicht möglich. Eine Analyse des „Zwei-Tor"-Modells wird nicht erwartet.
Die Formulierung „Zuordnung zu einem Punkt des AP-Verlaufs" könnte insofern irreführend sein, als die dargestellten Öffnungszustände der Na^+-Ionenkanäle jeweils bestimmte Phasen des AP-Verlaufs wiedergeben. Jeder Punkt, der begründet innerhalb der zutreffenden Phase gezeichnet wird, ist daher korrekt.

a Phase I (Ruhepotenzial)
- Kanalkonformation: Der Na^+-Ionenkanal ist von innen geschlossen (Innentor zu, Außentor offen ⇒ aktivierbar).
- Die Ladungsverteilung (innen negativ/außen positiv) entspricht der Ruhespannung.

b Späte Depolarisationsphase III (im Umpolungsbereich zwischen 0 mV und +30 mV)
- Kanalkonformation: Der Na^+-Ionenkanal ist geöffnet (beide Tore geöffnet).
- Die Ladungsverteilung (innen positiv/außen negativ) entspricht der Depolarisationsphase nach der Umpolung der Membran durch den Na^+-Ioneneinstrom.

c Frühe Repolarisationsphase IV (im Umpolungsbereich zwischen +30 mV und 0 mV)
- Kanalkonformation: Der Na^+-Ionenkanal ist von außen geschlossen (Innentor offen/Außentor zu ⇒ nicht aktivierbar = refraktär).
- Die Ladungsverteilung (innen positiv/außen negativ) entspricht der frühen Repolarisationsphase durch den K^+-Ionenausstrom nach der Öffnung der K^+-Ionenkanäle.

d Hyperpolarisationsphase V oder Phase I, d. h. wieder erreichtes Ruhepotenzial
- Kanalkonformation: Der Na^+-Ionenkanal ist von innen geschlossen (Innentor zu/ Außentor offen ⇒ [wieder] aktivierbar).
- Die Ladungsverteilung (innen negativ/außen positiv) entspricht der Hyperpolarisation bzw. dem Ruhepotenzial.

3 **Beschreibung** der Lidocainwirkung:
Gegenüber der Kontrolle ist der Na^+-Ioneneinstrom bei Gabe von 100 µM Lidocain um etwa ein Viertel verringert. Je höher die Lidocainkonzentration gewählt wird, desto geringer fällt der Na^+-Ioneneinstrom aus.

Und/oder: Mit zunehmender Lidocainkonzentration vermindert sich auch die Dauer des Na^+-Ioneneinstroms.

Erklärung der Befunde:
Lidocain blockiert möglicherweise die Na^+-Ionenkanäle, sodass keine Na^+-Ionen mehr einströmen können. Mit steigender Lidocainkonzentration werden immer mehr Na^+-Ionenkanäle blockiert, immer weniger Kanäle bleiben geöffnet. Die Folge ist ein geringerer Na^+-Ioneneinstrom.

Und/oder: Lidocain verringert die Öffnungsdauer der Na^+-Ionenkanäle.

4.1 Ermittlung der Aminosäuresequenzen:

TIPP Obwohl dazu keine Angaben gemacht werden, dürfen Sie davon ausgehen, dass es sich bei dem DNA-Ausschnitt um den codogenen Strang in 3'→5'-Polarität handelt.

DNA-Abschnitt 1 aus dem „Fakir-Gen":

	nicht mutierte DNA (codogener Strang):	mutierte DNA (codogener Strang):
	3' … GGT GCC GCT GTG … 5'	3' … GGT GCC **A**CT GTG … 5'
mRNA:	5' … CCA CGG CGA CAC … 3'	5' … CCA CGG **U**GA CAC … 3'
Aminosäure-sequenz:	… Pro – Arg – Arg – His …	… Pro – Arg – **Stopp**

DNA-Abschnitt 2 aus dem „Fakir-Gen":

	nicht mutierte DNA (codogener Strang):	mutierte DNA (codogener Strang):
	3' … GAT CCA TTG GTG TGG … 5'	3' … GAT CCA TTG G**A**G TGG … 5'
mRNA:	5' … CUA GGU AAC CAC ACC … 3'	5' … CUA GGU AAC C**U**C ACC … 3'
Aminosäure-sequenz:	… Leu – Gly – Asn – His – Thr …	… Leu – Gly – Asn – **Leu** – Thr …

Erklärung der Auswirkungen der Mutationen auf Proteinstruktur und Funktion:

- Die Mutation 1 an Position I bewirkt die Entstehung eines Stopp-Codons. Die Folge ist ein Kettenabbruch im Membranprotein des Na^+-Ionenkanals. Das verkürzte Membranprotein kann seine Funktion als Ionenkanal nicht mehr oder nur noch unzureichend erfüllen.
- Die Mutation 2 an Position II bewirkt den Austausch der Aminosäure Histidin gegen Leucin. Die Folge ist eine veränderte Raumstruktur (Konformation) des Membranproteins.

Erklärung der Auswirkung auf die Schmerzempfindlichkeit:
Da durch Mutation 1 der Na^+-Ioneneinstrom blockiert/erschwert ist, ist das Auslösen eines APs nicht/kaum mehr möglich. Infolgedessen kann das Axon nicht

mehr erregt werden bzw. die Erregung nicht zum Gehirn weitergeleitet werden. Dies bewirkt eine verringerte oder völlig gehemmte Schmerzempfindlichkeit *(Analgesie)*.
Durch Mutation 2 verändert sich die Funktionsweise der Na^+-Ionenkanäle. Das Membranprotein könnte so verändert worden sein, dass der Schwellenwert, der zur Auslösung von APs erreicht werden muss, herabgesetzt wird. Dies bewirkt, dass schon bei geringerem Schmerzreiz eine Erregung ausgelöst wird. Die Folge wäre eine erhöhte Schmerzempfindlichkeit.

4.2 **Erklärung** der Schmerzunempfindlichkeit nur bei Homozygotie:
Personen, die bezüglich des Merkmals heterozygot sind, besitzen (theoretisch 50 %) funktionsfähige Na^+-Ionenkanäle und (theoretisch 50 %) defekte Na^+-Ionenkanäle. Diese funktionsfähigen Kanäle scheinen auszureichen, um eine normale bzw. etwas geringere Schmerzempfindung zu ermöglichen. Nur wenn beide Allele mutiert sind (Homozygotie), werden ausschließlich defekte Na^+-Ionenkanäle gebildet. Die Folge ist eine völlige Schmerzunempfindlichkeit.

TIPP Das mutierte Allel ist rezessiv.

Erklärung der Schmerzüberempfindlichkeit bei Heterozygotie:
Bei Menschen, die bezüglich des Merkmals heterozygot sind, ist ein Teil der Na^+-Ionenkanäle (theoretisch 50 %) „überempfindlich". Dies scheint bereits auszureichen, um insgesamt eine größere Schmerzempfindlichkeit zu bewirken.

TIPP Das mutierte Allel ist dominant.

VP

Auf Flavour-Tripping-Partys wird mit Miraculin-Tabletten die Geschmacksempfindung gezielt verändert. Wird eine solche Tablette gelutscht, so empfindet man für kurze Zeit Saures als süß.
Miraculin ist ein Protein, das aus der Frucht der in Westafrika heimischen Wunderbeere *(Synsepalum dulcificum)* gewonnen wird. Dort wird die Beere schon lange genutzt, um den Geschmack saurer Speisen zu versüßen.

1 Miraculin liegt in einer für Proteine typischen dreidimensionalen Struktur vor. Benennen Sie die verschiedenen Strukturebenen eines Proteins und nennen Sie die Bindungen bzw. Kräfte, die diese jeweils stabilisieren. 3

Im Normalfall entsteht der Sinneseindruck süß im Gehirn als Folge der Bindung eines Geschmacksstoffes an den Rezeptor einer Geschmackssinneszelle für Süß.

2 Beschreiben Sie mithilfe der Abbildung 1, wie in einer Geschmackssinneszelle für Süß die Signaltransduktion von der Bindung eines Geschmacksstoffes an den Rezeptor bis zur Erregung der nachgeschalteten Nervenzelle erfolgt. 4

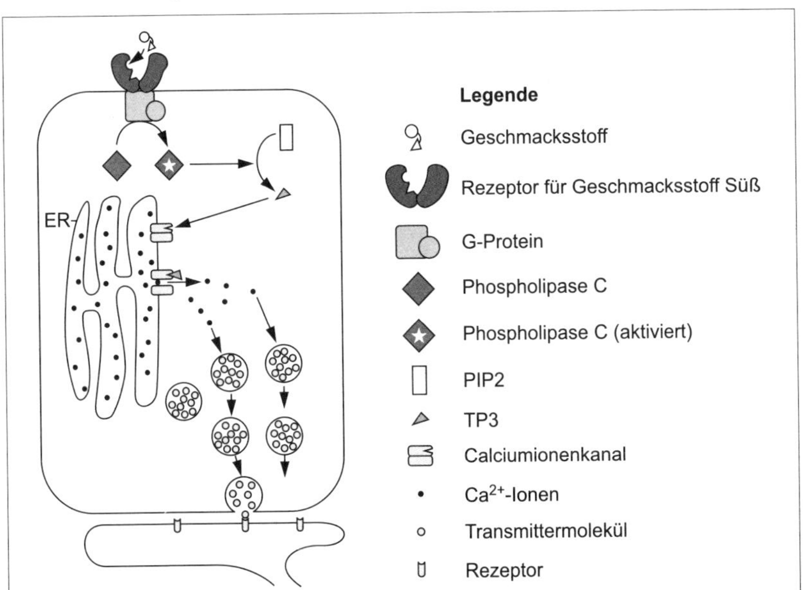

Abb. 1: Signaltransduktion in einer Geschmackssinneszelle für Süß

Der Geschmacksrezeptor für Süß (Abbildung 2) ist ein Membranprotein, das nicht sehr selektiv ist. Daher kann die Geschmacksempfindung süß durch verschiedene Zucker, aber auch durch künstliche Süßstoffe (z. B. Aspartam) und Aminosäuren (z. B. D-Tryptophan) ausgelöst werden.
Bei Zellen, die in einer Zellkultur gezüchtet werden und die den Geschmacksrezeptor für Süß besitzen, kann man die Aktivierung dieser Geschmacksrezeptoren über eine Messung der intrazellulären Calciumionenkonzentration nachweisen und damit Rückschlüsse auf die Süßkraft eines Stoffes ziehen. In Abbildung 3 ist das Ergebnis einer solchen Messung bei Aktivierung der Rezeptoren mit den Geschmacksstoffen Aspartam und D-Tryptophan dargestellt.

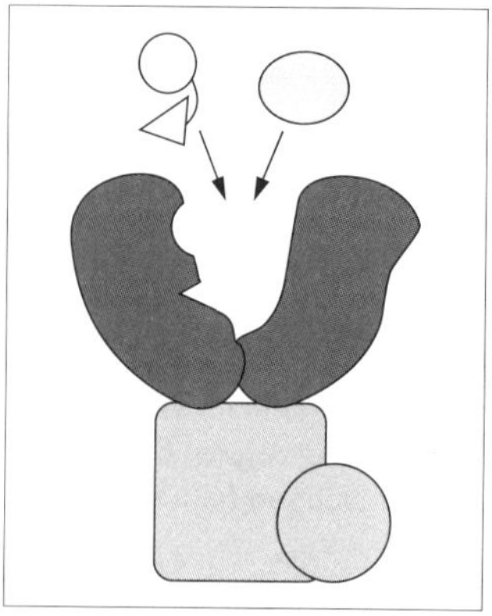

Abb. 2: Rezeptor mit den Geschmacksstoffen Aspartam (links) und D-Tryptophan (rechts) (vereinfacht)

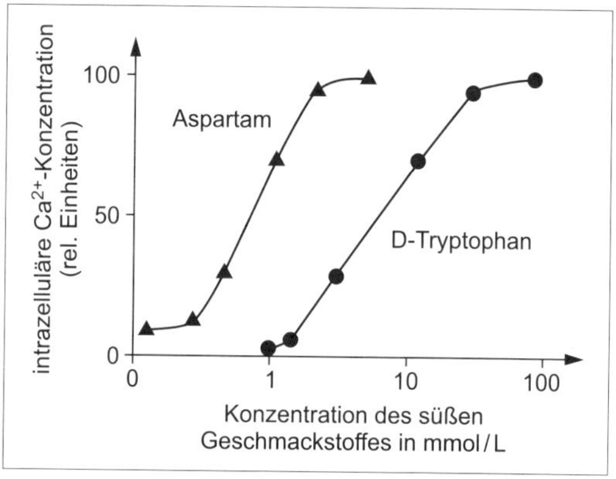

Abb. 3: Intrazelluläre Calciumionenkonzentration in Abhängigkeit von der Aspartam- und D-Tryptophan-Konzentration

3 Interpretieren Sie die Messergebnisse in Abbildung 3 im Hinblick auf die Süßkraft der getesteten Geschmacksstoffe. Geben Sie mithilfe von Abbildung 2 eine mögliche Erklärung für die unterschiedlichen Messergebnisse. 4

Auch Miraculin wirkt auf die intrazelluläre Calciumionenkonzentration von Geschmackssinneszellen für Süß. Abbildung 4 zeigt diese Wirkung von Miraculin bei unterschiedlichen pH-Werten.

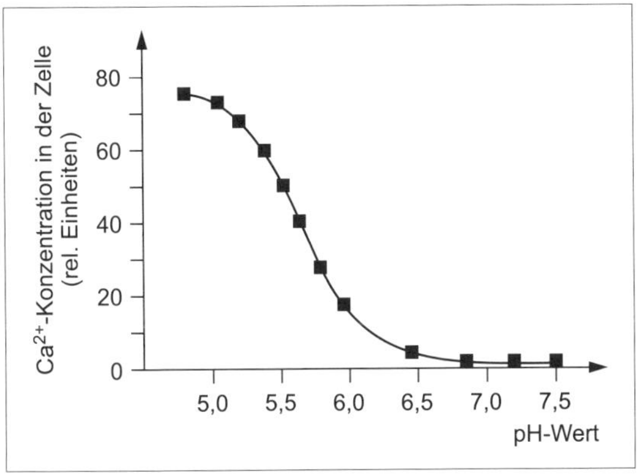

Abb. 4: Intrazelluläre Calciumionenkonzentration bei Miraculingabe in Abhängigkeit vom pH-Wert

4 Beschreiben Sie die Grafik.
Begründen Sie, warum eine saure Zitrone den Geschmackseindruck süß hervorruft, wenn man gleichzeitig eine Miraculin-Tablette lutscht.
Geben Sie eine mögliche Erklärung für die pH-abhängige Wirkung von Miraculin auf molekularer Ebene. 5

Miraculin könnte als kalorienarmer, für Diabetiker geeigneter Süßstoff genutzt werden. Man versucht deshalb Miraculin mithilfe von *E.-coli*-Bakterien genetisch zu erzeugen. Dazu werden rekombinante Plasmide hergestellt, die das Miraculin-Gen enthalten.

5 Beschreiben Sie, wie rekombinante Plasmide hergestellt werden können, wenn Miraculin-Gene und Plasmide bereits vervielfältigt vorliegen.
Beschreiben Sie, wie das rekombinante Plasmid aufgebaut sein muss, um damit eine Selektion der rekombinanten Bakterien zu ermöglichen. Erläutern Sie ein entsprechendes Selektionsverfahren. 4

20

Lösungsvorschlag

1 **Nennung** der Strukturebenen und der jeweiligen Bindungen bzw. stabilisierenden Kräfte:

Strukturebene	Bindungen / stabilisierende Kräfte	Ort
Primärstruktur	Peptidbindungen (Atombindung)	zwischen den Aminosäure-Bausteinen
Sekundärstruktur	Wasserstoffbrückenbindungen	zwischen CO- und NH-Gruppen des Peptidrückgrats
Tertiärstruktur	• Disulfidbrücken (Atombindung) • Ionenbindungen • H-Brücken • Van-der-Waals-Kräfte	Bindungen bzw. stabilisierende Kräfte zwischen den Aminosäureresten der Eiweißkette

2 **Beschreibung** der Signaltransduktion:

TIPP Gefordert ist nur eine stichwortartige Abfolge der Vorgänge in Abb. 2. Die Fachbegriffe, die Sie benötigen, können Sie der Legende entnehmen.

- Der Geschmacksstoff bindet (spezifisch) an den Rezeptor in der Membran der Geschmackssinneszelle (nach dem Schlüssel-Schloss-Prinzip).
- Über ein (aktiviertes) G-Protein wird (das Enzym) Phospholipase C aktiviert.
- PIP2 wird enzymatisch über Phospholipase C zu TP3 abgebaut.
- TP3 (= second messenger / Signalstoff) bindet an (rezeptorgesteuerte) Ca^{2+}-Ionenkanäle in der ER-Membran und bewirkt ihre Öffnung.
- Ca^{2+}-Ionen strömen in das Zellplasma aus (Konzentrationsgefälle erkennbar).
- Vesikel mit Transmittermolekülen wandern zur Zellmembran und entleeren den Transmitter (in den synaptischen Spalt).
- Die Transmittermoleküle binden an (mit Ionenkanälen gekoppelte) Rezeptoren in der Membran der nachgeschalteten Zelle.
- Öffnung der Ionenkanäle und Ioneneinstrom (z. B. Na^{+}-Ionen).
- Änderung des (postsynaptischen) Membranpotenzials (Depolarisierung).
- Erregung der nachgeschalteten Nervenzelle.

TIPP Die Ionen an der Postsynapse sind nicht dargestellt. Die Annahme, dass es sich um eine „normale“ Synapse handelt, ist deshalb erlaubt.

3 **Interpretation** der Messergebnisse:

Der Süßstoff Aspartam hat die stärkere Süßkraft.

Schon bei viel geringerer Konzentration des Geschmacksstoffes wird die maximale intrazelluläre Ca^{2+}-Ionenkonzentration erreicht, d. h. die maximale Aktivierung der Sinneszelle ausgelöst. Um die gleiche Süßempfindung mit D-Tryptophan zu erreichen, benötigt man eine ca. 10-fach höhere Konzentration.

(Die Aspartam-Kurve ist zusätzlich auch steiler, d. h., eine Steigerung der Süßempfindung erfolgt schon bei geringerer Konzentrationserhöhung als bei D-Tryptophan.)

Erklärung der Messergebnisse mithilfe von Abb. 2:

Das Aspartam-Molekül passt aufgrund seiner Struktur besser in das Rezeptormolekül (Schlüssel-Schloss-Prinzip) als das D-Tryptophan-Molekül. Die Folge ist eine stärkere Aktivierung des G-Proteins und damit eine stärkere Ca^{2+}-Ionenausschüttung. (Bei gleichen Konzentrationen werden durch Aspartam mehr Rezeptoren aktiviert als durch D-Tryptophan.)

Oder: Aspartam weist eine längere Bindungsdauer an den Rezeptor auf, z. B. durch stärkere Anziehungskräfte. Die Folge ist eine längere Aktivierung des G-Proteins und damit ebenfalls eine stärkere Ca^{2+}-Ionenausschüttung.

4 **Beschreibung** der Grafik:

Im Neutralbereich ist Miraculin wirkungslos. Mit abnehmendem pH-Wert, d. h. in zunehmend saurem Milieu, steigt die intrazelluläre Ca^{2+}-Ionenkonzentration. Bei pH = 5 erreicht Miraculin seine maximale Wirkung auf die Ca^{2+}-Ionenkonzentration. Der stark saure Zitronensaft erzeugt daher den für Miraculin optimalen pH-Wert im Mundraum, sodass bei gleichzeitigem Lutschen einer Miraculin-Tablette die Süßrezeptoren stark erregt werden. Die Folge ist eine Süßempfindung.

TIPP Es wird vermutet, dass Miraculin gleichzeitig die Empfindung für Saures hemmt.

Mögliche **Erklärung** der pH-abhängigen Wirkung:

Miraculin ist ein Protein mit spezifischer Raumstruktur. Die Bindungskräfte, die diese Tertiärstruktur stabilisieren, sind sehr pH-empfindlich (z. B. H-Brücken und Ionenbindungen). Die Absenkung des pH-Werts bewirkt eine Veränderung der Raumstruktur, sodass Miraculin an den Geschmacksrezeptor (oder an einen anderen Rezeptor) binden kann.

Oder:

- Da auch der Süßrezeptor ein Protein ist, könnte sich auch dessen Raumstruktur ändern, sodass er Miraculin binden kann.
- Miraculin könnte, statt der Aktivierung der Signalkaskade über Rezeptoren, durch die Säurezugabe auch selbst in das Zellinnere gelangen und die Signalkaskade aktivieren.

- Miraculin verändert einen Inhaltsstoff im Zitronensaft so, dass dieser an den Süßrezeptor binden kann.

5 **Beschreibung** der Herstellung rekombinanter Plasmide:
- Die Plasmidringe werden mit einem geeigneten Restriktionsenzym aufgeschnitten. Mit dem gleichen Enzym werden auch die Enden des Miraculin-Gens geschnitten (Entstehung gleicher „sticky ends").
- Plasmide und Miraculin-Gene werden vermischt, sodass sich die Miraculin-Gene mit den überstehenden Enden in die Schnittstellen der Plasmide einfügen.
- Durch das hinzugefügte Enzym Ligase werden die Enden zu einem rekombinanten Plasmid mit Fremdgen verknüpft.

Beschreibung des Plasmidaufbaus in Bezug zum Selektionsverfahren:
Um den erfolgreichen Einbau des Fremdgens in das Plasmid und in das Bakterium zu überprüfen, muss in das Plasmid zusätzlich ein Markergen eingebaut werden, das gleichzeitig mit dem Fremdgen exprimiert wird. Es soll in den Bakterien mit rekombinantem Plasmid leicht nachgewiesen werden können. Beispiele für Markergene sind Resistenzgene, Leuchtgene (z. B. grün fluoreszierendes Protein = GFP) oder das β-Galactosidase-Gen (Blau-Weiß-Selektion).

Erläuterung eines Selektionsverfahrens:
Beispiel Blau-Weiß-Verfahren *(stark vereinfacht)*: Die Plasmide, in die das Fremdgen eingebaut werden soll, enthalten ein Antibiotikum-Resistenzgen und das Gen für β-Galactosidase (lacZ-Gen). Dessen Genprodukt, das Enzym β-Galactosidase, katalysiert die Umsetzung einer farblosen Vorstufe in einen blauen Farbstoff. Das Fremdgen wird so in das Plasmid eingebaut, dass es das lacZ-Gen zerschneidet und so zerstört. Die transformierten Bakterien werden auf Nährböden mit Antibiotikum kultiviert. Hier überleben nur Bakterien mit Resistenzgen, d. h. solche mit Plasmid. Wird anschließend das Substrat des Enzyms β-Galactosidase zugegeben, verfärben sich alle Kolonien, die keine Bakterien mit rekombinantem Plasmid enthalten, blau, da sie ein intaktes lacZ-Gen aufweisen. Bakterien der weißen Kolonien besitzen das Plasmid mit Fremdgen. Da bei ihnen das lacZ-Gen zerschnitten wurde, können sie den Farbstoff nicht bilden.

VP

Polio (Kinderlähmung) ist eine hochansteckende Infektionskrankheit, die bis in die 50er-Jahre des vergangenen Jahrhunderts weltweit gefürchtet war. Der Erreger der Kinderlähmung ist das Polio-Virus. Gelangt dieses ins Rückenmark, befällt und zerstört es dort Nervenzellen, deren Axone zur Skelettmuskulatur ziehen (sogenannte Motoneurone). Dies führt in den betroffenen Bereichen zu Lähmungserscheinungen.

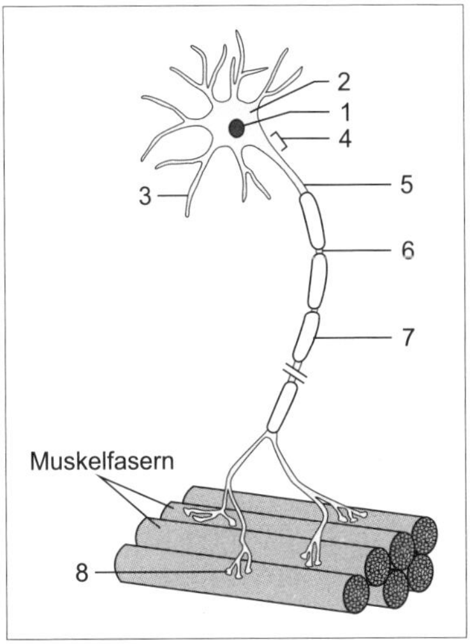

Abb. 1: Schema eines Motoneurons

1 Benennen Sie in Abbildung 1 die mit Ziffern gekennzeichneten Strukturen eines Motoneurons und erläutern Sie an einem Beispiel einen Struktur-Funktions-Zusammenhang beim Motoneuron. 3

Polio-Viren besitzen eine Hülle aus Proteinen, das sogenannte Capsid. Das Erbgut besteht aus einer einsträngigen RNA. Um in eine menschliche Zelle eindringen zu können, benötigt das Polio-Virus an der Zelloberfläche den spezifischen Rezeptor CD155, an den es bindet. Dieser Rezeptor kommt nur bei wenigen menschlichen Zelltypen, zum Beispiel bei Nervenzellen, vor.

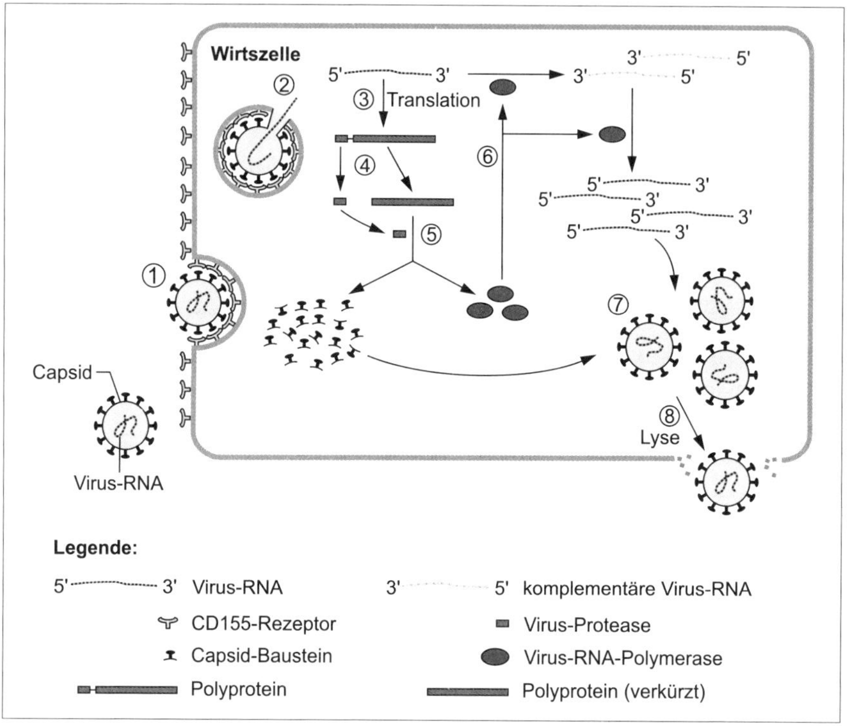

Abb. 2: Schema der Vermehrung der Polio-Viren in einer Wirtzelle (vereinfacht)

2.1 Beschreiben Sie die Vermehrung von Polio-Viren in der Wirtszelle anhand der Schritte 1 bis 8 in Abbildung 2. 4

Nach einer Infektion mit Polio-Viren läuft im Körper die spezifische Immunantwort ab.

2.2 Stellen Sie die humorale Immunantwort nach einer Infektion mit dem Polio-Virus in Form eines Verlaufsschemas dar. 4

Impfungen haben dazu geführt, dass in Deutschland seit 1992 keine weiteren Polioerkrankungen aufgetreten sind. Als Impfstoff wurde lange Zeit „Sabin" verwendet. Hierbei wurden der Person abgeschwächte Viren, d. h. Viren, die eine geringere Vermehrungsrate aufweisen, verabreicht.

3.1 Nennen Sie mithilfe von Abbildung 2 zwei mögliche Veränderungen des Virus im Impfstoff „Sabin" und erläutern Sie, wie diese zu einer verringerten Vermehrungsrate führen können. 3

3.2 Geben Sie eine mögliche Erklärung, weshalb „Sabin“ heute in Europa nicht mehr empfohlen und stattdessen der Impfstoff „Salk“ verwendet wird, der nur aus Virus-Bruchstücken besteht. 2

Polio-Viren haben wie HI-Viren RNA als Erbsubstanz. Im Gegensatz zu Polio-Viren gehören die HI-Viren zur Gruppe der Retroviren, d. h., sie verfügen über das Enzym reverse Transkriptase.

4 Beschreiben Sie die Funktion der reversen Transkriptase und erläutern Sie zwei Vorteile, die Retroviren durch das Vorhandensein dieses Enzyms haben könnten.
Begründen Sie in diesem Zusammenhang, weshalb das Krankheitsbild AIDS im Gegensatz zur Kinderlähmung oft erst nach vielen, fast symptomfreien Jahren auftreten kann. 4

20

Lösungsvorschlag

1 **Benennung** der Strukturen:

1 Zellkern
2 Zellplasma (Zellkörper / Soma)
3 Dendrit
4 Axonhügel
5 Axon (Neurit)
6 (Ranvierscher) Schnürring
7 Schwannsche Zelle (Myelin-/ Markscheide)
8 Endknöpfchen (Synapse, motorische Endplatte)

Erläuterung eines Struktur-Funktions-Zusammenhangs *(ein Beispiel ist gefordert)*:

- Dendritenverzweigung: Die Oberflächenvergrößerung durch zahlreiche Zellausläufer erlaubt der Nervenzelle die Verknüpfung mit anderen Nervenzellen über viele Synapsen, um möglichst viele Informationen aufnehmen und verrechnen zu können.
- Umhüllung des Axons durch Schwannsche Zellen: Bildung einer elektrisch isolierenden Myelinscheide zur Beschleunigung der Erregungsleitung, Ausbildung von Aktionspotenzialen nur an Ranvierschen Schnürringen (Energie-/ Materialersparnis durch geringere Axonquerschnitte).
- Endverzweigungen des Axons: Verknüpfung der Nervenzelle über Vielzahl von synaptischen Endknöpfchen mit mehreren Muskelfasern (zu einer motorischen Einheit).
- Axonlänge: Lang ausgezogene Neuriten zur schnellen und materialsparenden Übertragung elektrischer Signale über längere Distanzen.

2.1 **Beschreibung** der Virusvermehrung:

1 Das Polio-Virus bindet an den Membranrezeptor CD155 und löst eine Endocytose aus: Das Virus wird durch Membraneinstülpung als „Nahrungsvesikel" in das Zellplasma der Wirtszelle aufgenommen.
2 Die Virus-RNA wird durch Vesikelöffnung in das Zellplasma entlassen.
3 Die einzelsträngige Virus-RNA wird (an den Ribosomen der Wirtszelle) in ein Polyprotein translatiert.
4 Das Polyprotein wird in eine Virus-Protease und ein verkürztes Polyprotein gespalten.
5 Das Polyprotein wird enzymatisch durch die Virus-Protease in Capsid-Bausteine und die Virus-RNA-Polymerasen gespalten.
6 Das Enzym Virus-RNA-Polymerase transkribiert die Virus-RNA vielfach in komplementäre RNA-Stränge. Aus diesen wird mithilfe des gleichen Enzyms die (wiederum komplementäre) originale Polio-Viren-RNA in vielen Kopien hergestellt.

7 Neue Polio-Viren setzen sich aus Virus-RNA und Capsid-Bausteinen selbst zusammen.
8 Polio-Viren werden durch Lyse der Wirtszelle freigesetzt.

2.2 Darstellung der humoralen Immunantwort als **Verlaufsschema:**

TIPP Ein Verlaufsschema ist ein einfaches Pfeilschema, das die wichtigsten Teilschritte (hier: der Immunreaktion) ohne Erläuterung wiedergibt.

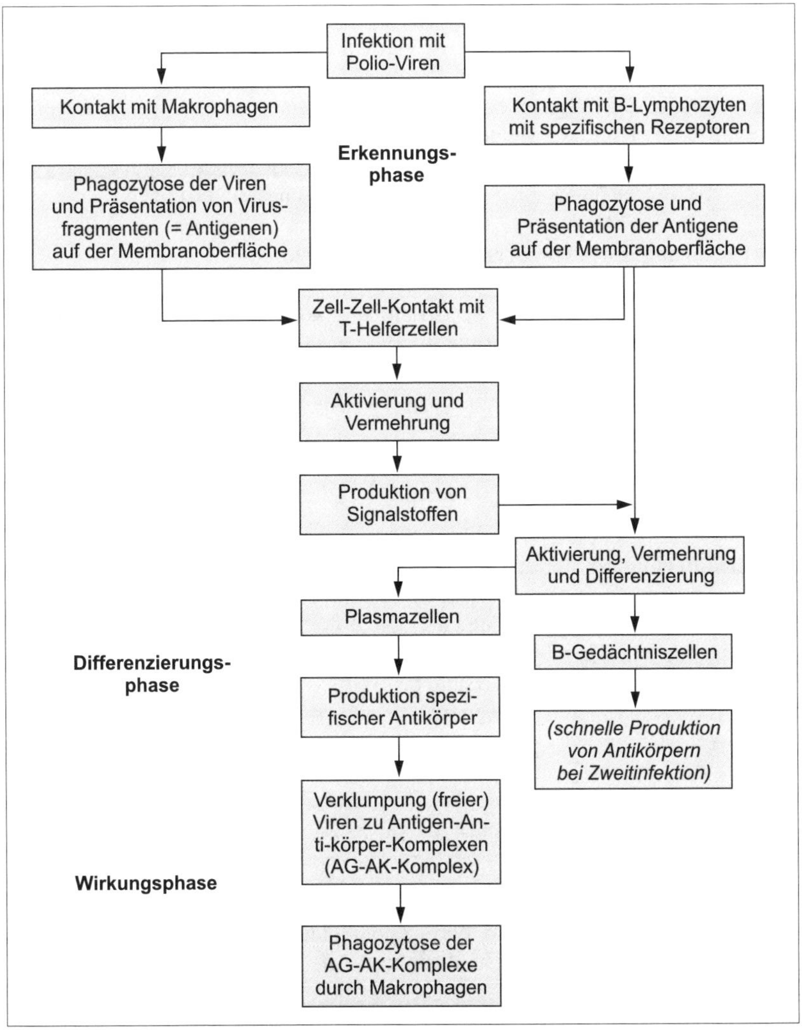

3.1 Nennung von Veränderungen und **Erläuterung** der Folgen *(zwei sind gefordert)*:

> **TIPP** Die Veränderungen der Virusbausteine beruhen auf Mutationen in der Virus-RNA.

- Eine Veränderung der Capsid-Proteine an der Virusoberfläche kann zu schlechterer Erkennung durch die CD155-Rezeptoren und damit zu einer erschwerten Virusaufnahme führen; daraus resultiert eine geringere Vermehrungsrate.
- Eine Veränderung der Virus-RNA-Polymerase kann zu geringerer Transkriptionsrate und damit geringerer Vermehrungsrate führen.
- Eine Veränderung der Virus-Protease kann eine geringere Enzymaktivität bewirken. Die Folge ist eine geringere Konzentration an Capsid-Bausteinen und RNA-Polymerase-Molekülen; die Vermehrungsrate wird verringert.
- Eine Veränderung der Hüllbausteine kann den Selbstzusammenbau der Viren erschweren und so eine geringere Vermehrungsrate bedingen.

3.2 Erklärung der Bevorzugung des neuen Impfstoffs:
Auch bei abgeschwächten Polio-Erregern (Lebendimpfstoff) kann es in seltenen Fällen zum Ausbruch von Kinderlähmung kommen, wenn der Geimpfte an Immunschwäche leidet oder wenn der Erreger durch Rückmutationen wieder pathogen wird. Beim Impfstoff „Salk" besteht dieses Risiko nicht, da Virusbruchstücke (Totimpfstoff) keine Infektion auslösen können.

4 Beschreibung der Funktion der reversen Transkriptase:
Das Enzym reverse Transkriptase dient dazu, (Viren-)RNA in DNA umzuschreiben.

Erläuterung der Vorteile von Retroviren *(zwei sind gefordert)*:
Die reverse Transkriptase ermöglicht es den HI-Viren, sich als Proviren in die Wirts-DNA zu integrieren und dort lange Zeit inaktiv zu bleiben.
Folgende Vorteile bestehen dadurch für das Virus:

- Schutz vor dem Immunsystem des Wirts.
- Zusätzliche Virusvermehrung, da die Proviren bei Zellteilungen mitkopiert werden.
- Da die reverse Transkriptase sehr ungenau arbeitet, zeigen HI-Viren eine große Variabilität in der Virushülle. Dies ermöglicht es den Viren, sich ständig der Immunabwehr zu entziehen, da die spezifischen Antikörper gegen neue Varianten wirkungslos sind.

Begründung der oft langen symptomfreien Zeit bei einer HIV-Infektion:
Solange das Virusgenom im Wirtsgenom integriert und inaktiviert ist, schädigt es die Wirtszellen und die Gesundheit des Wirts nicht.

TIPP Befallene T-Helferzellen können sich z. B. normal vermehren und erfüllen ihre Funktion als Immunzellen.

Deshalb treten oft jahrelang keine AIDS-Symptome auf. Erst wenn das Provirus aktiv wird und sich aus der Wirts-DNA ausgliedert, kommt es zum Funktionsverlust und Tod der Wirtszellen. Bei Polio-Viren treten die Krankheitssymptome sehr früh auf, da die Wirtszellen (z. B. Nervenzellen) sehr schnell durch Lyse sterben.

VP

Die Honigbiene *(Apis mellifera)* gehört zu den wichtigsten Blütenbestäubern. Honigbienen und andere Bestäuberinsekten sind jedoch weltweit gefährdet. Als Ursachen für den Rückgang der Bienenpopulationen werden Insektizideinsatz und Parasitenbefall diskutiert. Ein in der Landwirtschaft häufig verwendetes Insektizid ist das Imidacloprid, das spezifisch Insekten, aber keine Säugetiere schädigt.

1 Nennen Sie vier grundsätzliche Unterschiede zwischen Insekten und Säugetieren. 2

Im Dezember 2013 hat die EU-Kommission die Anwendung für Imidacloprid für mindestens zwei Jahre weitgehend untersagt. Die Wirkung dieses Insektizids wird in mehreren Studien neu untersucht. Imidacloprid wird gut über die Wurzeln aufgenommen und verteilt sich in der gesamten Pflanze. Es schützt somit z. B. Raps vor Fraßschäden durch Insekten. Durch diese werden jährlich beträchtliche Ernteeinbußen verursacht. Das Insektizid schädigt aber auch nektarsuchende Bestäuberinsekten wie die Honigbienen. Imidacloprid wirkt auf Acetylcholinrezeptoren in den Synapsen des zentralen Nervensystems von Insekten (Abbildung 1).

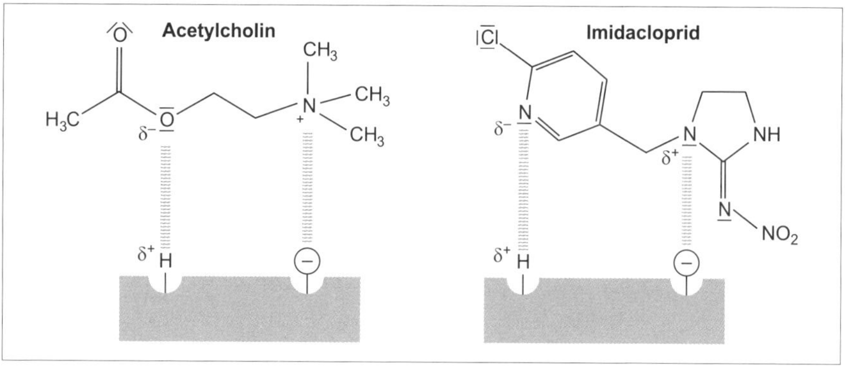

Abb. 1: Interaktion des Acetylcholinrezeptors mit Acetylcholin und Imidacloprid

2.1 Beschreiben Sie die Prozesse, die bei der Erregungsübertragung an einer Synapse ablaufen vom Eintreffen eines Aktionspotenzials bis zur Erregung der nachgeschalteten Zelle. 4

2.2 Erläutern Sie mithilfe von Abbildung 1 eine mögliche insektizide Wirkung von Imidacloprid. 2

In einer der Studien wurde die Auswirkung von subletalen (also nicht tödlich wirkenden) Dosen von Imidacloprid auf das Nektarsammelverhalten von Honigbienen untersucht. Abbildung 2 stellt die Versuchsergebnisse dar. Abbildung 3 gibt den Zuckergehalt im Nektar verschiedener Pflanzenarten an.

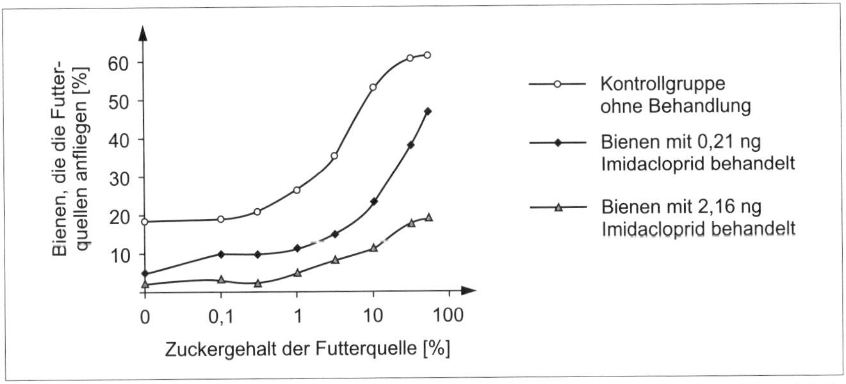

Abb. 2: Nektarsammelverhalten bei drei unterschiedlich behandelten Bienengruppen in Abhängigkeit vom Zuckergehalt der Futterquelle

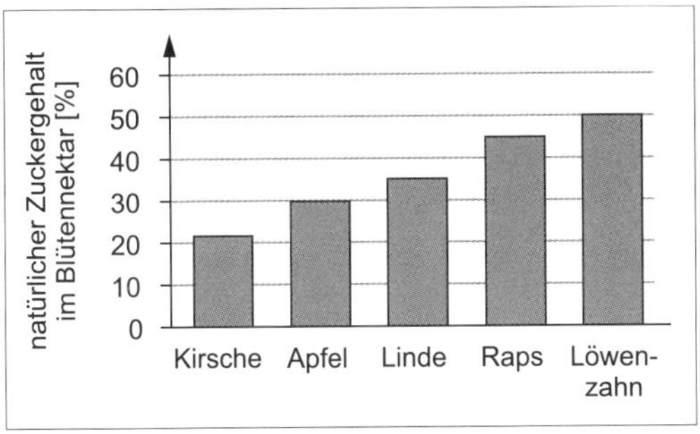

Abb. 3: Zuckergehalt im Nektar bei fünf Pflanzenarten

3 Formulieren Sie zwei Kernaussagen der in Abbildung 2 dargestellten Versuchsergebnisse. Diskutieren Sie mögliche wirtschaftliche Folgen des Einsatzes des Insektizids Imidacloprid für die Landwirtschaft und für die Imkerei sowie mögliche ökologische Folgen. Berücksichtigen Sie dabei die Versuchsergebnisse aus Abbildung 2 und die Daten aus Abbildung 3. 5

Neben den Insektiziden stellt die parasitische Varroamilbe eine Bedrohung für die Bienenvölker dar. Die Varroamilbe vermehrt sich in den Brutzellen und schwächt die schlüpfenden Bienen durch Aussaugen der Körperflüssigkeit. Die Milbe stellt für die bei uns vorkommende Westliche Honigbiene eine tödliche Bedrohung dar. Die in Asien verbreitete Östliche Honigbiene hingegen schützt sich, indem sie mit Varroa befallene Brut durch gezieltes Putzverhalten aus dem Stock entfernt. Ziel von Imkern ist es, das spezifische Putzverhalten der Östlichen Honigbiene mit der höheren Honigproduktion der Westlichen Honigbiene zu vereinigen. Tabelle 1 zeigt die Ergebnisse von Kreuzungsversuchen.

	Kreuzung 1: Westliche Honigbiene × Westliche Honigbiene	**Kreuzung 2:** Westliche Honigbiene × Östliche Honigbiene	**Kreuzung 3:** Östliche Honigbiene × Östliche Honigbiene
Begattung	+	+	+
Befruchtung	+	+	+
Larvalentwicklung	+	–	+
Metamorphose zum adulten Tier	+	–	+

Tab. 1: Kreuzungsversuche mit Honigbienen
Legende: + Prozess ist erfolgt – Prozess ist nicht erfolgt

4.1 Bewerten Sie die Erfolgschancen des oben genannten Vorhabens. Erläutern Sie in diesem Zusammenhang auch den biologischen Artbegriff. 2

Die Westliche und Östliche Honigbiene gehen vermutlich auf eine gemeinsame Stammart zurück, die in mehreren Populationen in Europa, Afrika und Asien weit verbreitet war. Aus dieser Stammart soll nach Vordringen von Eismassen während der Eiszeiten des Pleistozäns (vor 1 Million bis 25 000 Jahren) die Westliche und Östliche Honigbiene entstanden sein.

4.2 Erläutern Sie den Artbildungsprozess, der dieser Entwicklung zugrunde liegen könnte. 3

Von Milben befallene Bienenstöcke wurden unter anderem mit chemischen Anti-Milbenmitteln behandelt. Diese Pestizide haben kurzfristig Abhilfe geschaffen, nach wiederholter Anwendung jedoch vielerorts zu resistenten Varroamilben geführt.

4.3 Erläutern Sie an diesem Beispiel die Entstehung von Pestizidresistenz. 2

20

Lösungsvorschlag

1 **Nennung** von Unterschieden *(vier Unterschiede sind gefordert)*:

	Insekten	**Säugetiere**
Skelett	Außenskelett (Chitin)	Innenskelett (Knochen)
Blutkreislauf	offener Blutkreislauf	geschlossener Blutkreislauf
Zentralnervensystem	Bauchmark	Rückenmark
Körpertemperatur	wechselwarm	gleichwarm
Sehsinnesorgan / Auge	Facettenaugen	Linsenaugen
Atmung	Tracheenatmung	Lungenatmung
Extremitäten	i. d. R. sechs Beine	i. d. R. vier Extremitäten

2.1 **Beschreibung** der Synapsenvorgänge:

- Eintreffen eines Aktionspotenzials am Endknöpfchen.
- (Durch die Depolarisation) Öffnung spannungsabhängiger Ca^{2+}-Ionenkanäle, Ca^{2+}-Ioneneinstrom.
- (Durch Ca^{2+}-Ioneneinstrom) Wanderung der synaptischen Bläschen zur präsynaptischen Membran.
- Entleerung der Vesikel (Exocytose) und Freisetzung des Transmitters (z. B. Acetylcholin) in den synaptischen Spalt.
- Diffusion der Transmittermoleküle zur postsynaptischen Membran.
- Andocken des Transmitters an Rezeptoren, die mit Na^{+}-Ionenkanälen gekoppelt sind (ligandenabhängige/rezeptorgesteuerte Ionenkanäle).
- Öffnung der Na^{+}-Ionenkanäle und Na^{+}-Ioneneinstrom in die postsynaptische Zelle (z. B. Muskelzelle).
- Depolarisation der postsynaptischen Membran = EPSP (exzitatorisches postsynaptisches Potenzial).
- Erregung der postsynaptischen Zelle (AP oder Muskel-AP).

TIPP Bei dieser speziellen Aufgabenformulierung ist nicht gefordert, den enzymatischen Abbau des Transmitters bzw. dessen Rückführung und Resynthese im Endknöpfchen zu beschreiben. Da im Text auch nur allgemein von „Erregungsübertragung an einer Synapse“ gesprochen wird, ist kein Bezug zu den „zentralen“ Synapsen im Vortext verlangt. Es sind daher auch Beschreibungen anderer Synapsentypen, z. B. motorischer Synapsen oder hemmender Synapsen möglich.

2.2 Erläuterung einer möglichen Imidacloprid-Wirkung:
Acetylcholin (ACh) und Imidacloprid weisen ein ähnliches Ladungsmuster auf ihrer Moleküloberfläche auf. Es bewirkt, dass auch Imidacloprid an die ACh-Rezeptoren binden kann. Dadurch werden ebenfalls Na^+-Ionenkanäle geöffnet und es kommt zu einer schädlichen Erregung des Nervensystems (Verhaltens-, Wahrnehmungs-, Orientierungsstörungen) bzw. des Muskelsystems (Muskelkrämpfe). Eine insektizide, also tödliche Wirkung kann entweder durch eine entsprechend hohe Dosis (**Über**erregung) erklärt werden oder/und durch Dauererregung, da Imidacloprid nicht abgebaut werden kann und so eine tödliche Dauerdepolarisation verursacht.

Oder: Imidacloprid bindet zwar an die Rezeptoren, aber öffnet die Na^+-Ionenkanäle nicht. Die Folge davon ist eine Hemmung der Synapsen, die zu tödlichen Lähmungserscheinungen führt.

3 Formulierung von Kernaussagen *(zwei sind gefordert)*:

- Je höher der Zuckergehalt der Futterquelle ist, desto größer ist der Anteil an Bienen, der sie anfliegt (unabhängig von der Giftdosis).
- Je höher die Giftdosis ist, desto geringer ist der Anteil an Bienen, die zuckerhaltige Futterquellen anfliegen.
- Unbehandelte Bienen fliegen auch zu zuckerfreien Objekten (20 %). Imidacloprid hemmt grundsätzlich die Bereitschaft, überhaupt Futterquellen – und speziell zuckerfreie – aufzusuchen.

Diskussion der Folgen des Insektizideinsatzes:
Wirtschaftliche Folgen für die …

- **Landwirtschaft:** Eine positive Folge ist hier der höhere Ernteertrag durch geringeren Schädlingsfraß. Eine negative Folge ist der geringere Ernteertrag speziell bei bestimmten Samen und Früchten (z. B. Kirschen), deren zuckerarme Blüten wegen der vergifteten Bienen kaum mehr bestäubt werden.
- **Imkerei:** Hier ergeben sich nur negative Folgen, z. B.:
  - Weniger Honigertrag durch vergiftete Bienen (s. Abb. 2)
  - Sinkende Honigqualität durch Giftrückstände
  - Mögliches Absterben von Bienenvölkern, wenn die Königin vergiftet wird
  - Veränderte Honigzusammensetzung, z. B. mehr Löwenzahn (s. Abb. 3)

Ökologische Folgen: Die Vermehrung von Pflanzenarten mit zuckerarmen Blüten ist gefährdet, da nach den Daten aus Abb. 2 bevorzugt zuckerreiche Futterquellen angeflogen werden. Als Folge könnte sich die Zusammensetzung der Pflanzenarten im Ökosystem verändern, mit unvorhersehbaren Konsequenzen für z. B. tierische Nahrungsketten.

4.1 Bewertung der Kreuzungsergebnisse:

Tab. 1 zeigt, dass die Versuche, die Westliche mit der Östlichen Honigbiene zu kreuzen, gescheitert sind. Trotz erfolgreicher Begattung und Befruchtung (Verschmelzung der Keimzellen zur Zygote) kommt es zu keiner Larvenentwicklung und damit auch nicht zur Entwicklung erwachsener, geschlechtsreifer Bienen.

Erläuterung des biologischen Artbegriffs:

Definition: Zu einer Art gehören alle Individuen, die sich untereinander und unter ihren Nachkommen fruchtbar fortpflanzen können.

Da es zwischen den Östlichen und Westlichen Honigbienen keine gemeinsamen Nachkommen gibt, handelt es sich gemäß der Definition um zwei getrennte Arten.

4.2 Erläuterung der Artbildung gemäß der synthetischen Evolutionstheorie:

- Ursprünglich gab es **Teilpopulationen** einer Stammart, die einen gemeinsamen **Genpool** besaßen, d. h., Genaustausch zwischen den Teilpopulationen war möglich.
- Durch die Eisbarriere wurde die Urpopulation in die Teilpopulation „Ost" und „West" getrennt, es kam zur geografischen **Isolation** (Separation). Es entstanden zwei getrennte Genpools, da zwischen den Ost- und West-Individuen kein Genaustausch mehr möglich war.
- Während der langen Trennungszeit traten in den Teilpopulationen unterschiedliche **Mutationen** auf.
  Durch **Rekombination** der neuen Allele (durch sexuelle Fortpflanzung) entstanden in den Teilpopulationen jeweils unterschiedliche neue Merkmalskombinationen.
- Da in den Teilpopulationen unterschiedliche **Selektionsbedingungen** herrschten (z. B. durch unterschiedliches Klima), führte dies je nach Anpassungswert zu unterschiedlichem Fortpflanzungserfolg der Individuen bei verschiedenen Merkmalskombinationen. Die Genpools veränderten sich so in unterschiedliche Richtungen. (Dabei könnten außerdem Zufallsereignisse in kleinen isolierten Populationen die Veränderung der Genpools [Gendrift] und damit die Artaufspaltung beschleunigt haben.)
- Nach der Wiedervereinigung der Teilpopulationen durch Verschwinden der Eisbarriere waren die genetischen Unterschiede so groß, dass eine fruchtbare Fortpflanzung unmöglich war (genetische Isolation, reproduktive Isolation). Es waren zwei getrennte Arten entstanden.

4.3 Erläuterung der Resistenzentstehung:

Spontane Resistenzmutationen, die z. B. den Abbau des Giftes ermöglichen, verhelfen den Genträgern und ihren Nachkommen zu einem viel größeren Fortpflanzungserfolg. Dieser Selektionsvorteil bewirkt, dass sich das Resistenzgen schnell in der Milbenpopulation durchsetzt (gerichtete/dynamische Selektion). Bei anhaltendem Insektizideinsatz werden daher bald nur noch resistente Varroamilben auftreten.

Biologie (Baden-Württemberg) ▪ Abiturprüfung 2017

Aufgabe I: Zytologie, Translation, Neurophysiologie

VP

Am 7. September 1978 stand der bulgarische Schriftsteller Georgi Markow auf der Waterloo-Bridge in London und wartete auf den Bus, als er einen Stich im Oberschenkel verspürte. Ein Fremder habe ihn mit einem Regenschirm gestochen, erzählte er einem Freund. Wenige Tage später starb Markow. Bei der Obduktion fanden die Ärzte in seinem Oberschenkel ein Platinkügelchen von 1,7 Millimeter Durchmesser mit zwei winzigen Öffnungen, welches das pflanzliche Gift Rizin enthielt.
(Quelle: Der Spiegel 7/1992)

Rizin ist in den Samen der Rizinusstaude *(Ricinus communis)* enthalten und gehört zur Gruppe der A/B-Toxine, das heißt, dass das Toxin aus einer A- und einer B-Polypeptidkette aufgebaut ist. Über das Blut wird Rizin im Körper verteilt und von Körperzellen durch Endocytose aufgenommen. Dieser Vorgang wird durch die passgenaue Bindung der B-Kette des Rizins an den Kohlenhydratanteil von Glykoproteinen der Zellmembranen ermöglicht. Als Giftstoff aktiv ist nur die A-Kette.

1 Fertigen Sie eine beschriftete Skizze eines Ausschnitts der Zellmembran nach dem Flüssig-Mosaik-Modell an, welche die Bindung des Rizins und die beginnende Endocytose zeigt (Größe ca. ½ Seite). 4

Nach Attentaten mit Rizin können heute bereits geringe Mengen des Toxins mit einem Schnelltest nachgewiesen werden. Abbildung 1 zeigt das Nachweisverfahren.

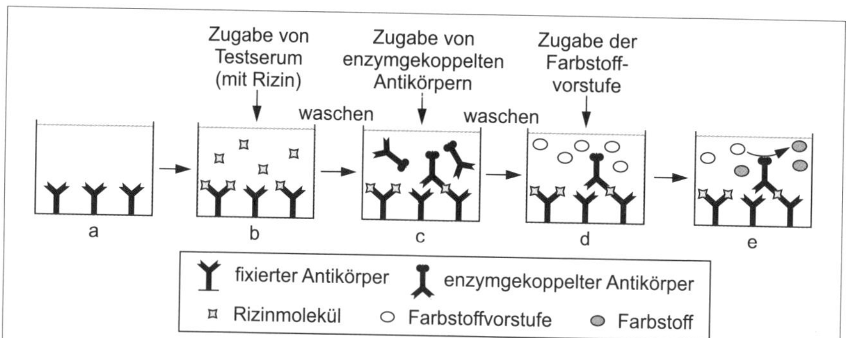

Abb. 1: Schnelltest für Rizin (vereinfacht)

2 Beschreiben Sie anhand der Abbildung 1, wie Rizin durch den Schnelltest nachgewiesen wird. Erklären Sie auch die hohe Empfindlichkeit und Spezifität des Tests. 4

Nach der Endocytose werden A- und B-Kette des Rizins getrennt. Die A-Kette gelangt in das Zellplasma und verhindert die Translation.

3 Erläutern Sie drei Möglichkeiten, wie die A-Kette die Translation verhindern könnte. 3

Rizin zählt zu den giftigsten Proteinen, die die Natur hervorgebracht hat. Bereits eine geringe Menge von 22 µg/kg Körpergewicht kann einen Erwachsenen töten. Die ersten Symptome treten oft erst nach Stunden auf. Nach wenigen Tagen tritt der Tod ein.

4 Erklären Sie, warum Rizin tödlich wirkt und warum die ersten Symptome einer Rizinvergiftung erst nach Stunden auftreten. 2

Im Gegensatz zu Rizin wirken viele Gifte im Nervensystem auf die Erregungsübertragung an Synapsen. Um deren Giftwirkung aufzuklären, untersuchte man verschiedene Vorgänge an funktionsfähigen Nervenzellen. In Abbildung 2 sind Ergebnisse der Messungen mit und ohne Zugabe des jeweiligen Gifts nach Reizung von Nervenzellen dargestellt.

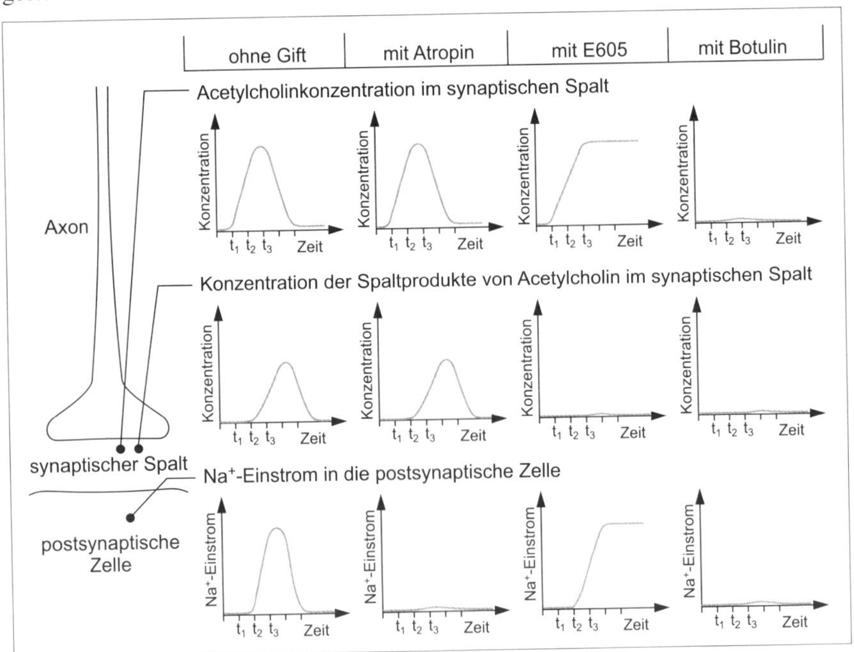

Abb. 2: Ergebnisse der Messungen mit und ohne Zugabe des jeweiligen Gifts nach Reizung von Nervenzellen

5.1 Erläutern Sie unter Berücksichtigung der Kurvenverläufe die jeweilige Wirkung der verschiedenen Giftstoffe auf molekularer Ebene. 5

5.2 Begründen Sie, weshalb man Atropin als Gegenmittel bei einer E605-Vergiftung geben kann. 2

20

Lösungsvorschlag

1 **Skizze** der Zellmembran mit Rizin-Kontakt:

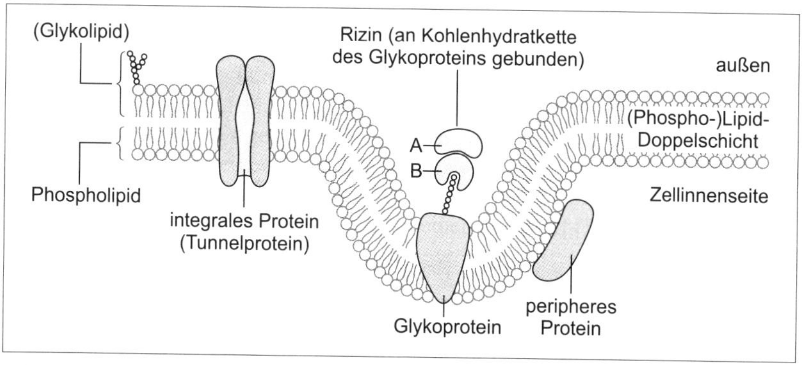

TIPP Die Darstellungsform der Proteine A und B ist nicht vorgegeben. Deshalb sind sowohl symbolisch skizzierte Proteinketten als auch Tertiärstrukturen (geometrische Figuren wie oben) möglich. Für die ebenfalls rein symbolische Darstellung der (verzweigten) Kohlenhydratketten sind Ketten aus Kreisen oder Sechsecken gängig. Die Einstülpung der Lipiddoppelschicht sowie die Spezifität der Rizin-Bindungsstelle sollten erkennbar sein.

2 **Beschreibung** des Rizin-Schnelltests:

a Am Boden eines Testgefäßes oder auf einem Teststreifen sind Antikörper fixiert, die spezifisch Rizin binden können.

b In das Testgefäß wird Testserum mit Rizin zugegeben. Durch anschließende Spülung wird freies Rizin (neben anderen störenden Inhaltsstoffen) ausgewaschen. Nur an die Antikörper gebundenes Rizin bleibt zurück.

c In das Testgefäß werden Antikörper hinzugefügt, die ebenfalls an Rizin binden können und zusätzlich an ein Enzym gekoppelt sind. Eine erneuter Waschvorgang entfernt alle nicht gebundenen enzymgekoppelten Antikörper.

d/e Nach Zugabe einer Farbstoffvorstufe katalysiert das Enzym die Umwandlung der Vorstufe (= Substrat) in einen Farbstoff. Die Farbreaktion ist der Nachweis, dass Rizin im Testserum enthalten war.

TIPP Generelle Anmerkung zur Fachsprache: Es ist empfehlenswert, innerhalb einer Aufgabe einheitlich entweder auf der Teilchen- oder der Stoffebene zu argumentieren. Im ersten Fall werden alle Teilchen exakt benannt (z. B. Rizin-Molekül, Enzym-Molekül, Schwefel-Atom, Natrium-Ion). Auf der Stoffebene verwenden Sie vereinfacht nur die jeweiligen Stoffnamen (z. B. Rizin, Wasser, Enzym).

Erklärung der hohen Empfindlichkeit:
Da Enzyme durch die von ihnen katalysierte Reaktion nicht verbraucht werden, können bereits wenige im Testgefäß gebundene (an Antikörper gekoppelte) Enzymmoleküle sehr schnell viele Vorstufenmoleküle (katalytisch) in Farbstoffmoleküle umsetzen (bei optimaler Temperatur und entsprechender Reaktionsdauer).

Erklärung der Spezifität: Die Antikörper zeichnen sich durch hohe Spezifität für ein bestimmtes Antigen (hier: Rizin) aus, das nach dem Schlüssel-Schloss-Prinzip gebunden wird.

3 **Erläuterung** möglicher Ursachen der Translationshemmung *(drei sind gefordert)*:

- Die A-Kette verhindert die Verbindung der beiden Ribosomen-Untereinheiten, indem sie sich an eine Untereinheit anlagert. Da das Ribosom dadurch funktionsunfähig wird, wird die Translation unterbunden.
- Die A-Kette wirkt als Abbauenzym (Nuklease) und zerstört einen Teil des Ribosoms oder der mRNA, sodass keine Translation möglich ist.
- Die A-Kette bindet an die mRNA und blockiert das Weiterrücken des Ribosoms, sodass die Translation gestoppt wird.
- Die A-Kette blockiert das Enzym, das die Beladung der tRNA mit spezifischen Aminosäuren bewirkt (Synthetase), sodass keine Translation erfolgen kann.
- Die A-Kette lagert sich so an das Ribosom an, dass der Zutritt der beladenen tRNA behindert wird oder dass entladene tRNA-Moleküle das Ribosom nicht verlassen können. Es findet keine Translation statt oder sie wird unterbrochen.

4 **Erklärung** der tödlichen Wirkung:
Aufgenommenes Rizin bewirkt, dass die gesamte Proteinbiosynthese in den Zellen zum Stillstand kommt. Die Folge des Proteinmangels ist eine schwere Stoffwechselstörung. Der Mangel an lebenswichtigen Enzymen, Baustoffen und Regulationsproteinen führt zum Zelltod.

Erklärung der verzögerten Wirkung:
Zunächst reichen die Proteinvorräte der Zellen noch aus, um alle Funktionen zu erfüllen. Erst wenn die Proteinreserven aufgebraucht sind, treten die Symptome auf.

TIPP Der biologische Abbau erfolgt je nach Proteinfunktion und Zelltyp unterschiedlich schnell.

5.1 Erläuterung der Wirkung der jeweiligen Giftstoffe:

> **TIPP** Bei keinem der Gifte muss die genaue molekulare Wirkung aus dem Unterricht bekannt sein. Deshalb dürfen die Kurvenverläufe bei Atropin und Botulin auch auf alle prinzipiell denkbaren Ursachen zurückgeführt werden. Ebenfalls wird nicht erwartet, die körperlichen Symptome bei einer Vergiftung anzugeben.

Atropin-Wirkung:
Kurvenverläufe:

- Nach Reizung der Nervenzellen steigt und sinkt die Acetylcholinkonzentration im synaptischen Spalt (wie unter Normalbedingungen ohne Gifteinwirkung).
- Mit Verzögerung kommt es zum Anstieg und zur Abnahme der Spaltprodukte-konzentration im synaptischen Spalt (wie unter Normalbedingungen).
- Es erfolgt fast kein Na^+-Ioneneinstrom in die postsynaptische Zelle.

Folgerung: Atropin blockiert (kompetitiv, reversibel) die Acetylcholinrezeptoren an den ligandengesteuerten Na^+-Ionenkanälen. Die Na^+-Ionenkanäle bleiben geschlossen, sodass keine Na^+-Ionen einströmen.

Oder: Atropin blockiert direkt die Na^+-Ionenkanäle und verhindert dadurch den Na^+-Ioneneinstrom.

E605-Wirkung:
Kurvenverläufe:

- Nach Reizung der Nervenzellen steigt die Acetylcholinkonzentration auf denselben Wert wie unter Normalbedingungen, dann nimmt die Konzentration jedoch nicht ab.
- Es sind fast keine Spaltprodukte im synaptischen Spalt.
- Die Folge ist ein anhaltender Na^+-Ioneneinstrom in die postsynaptische Zelle.

Folgerung: Der enzymatische Abbau von Acetylcholin ist blockiert, da E605 das Enzym Acetylcholinesterase hemmt. Die anhaltend hohe Acetylcholinkonzentration im synaptischen Spalt bewirkt eine dauerhafte Öffnung der Na^+-Ionenkanäle und damit einen anhaltenden Na^+-Ioneneinstrom.

Botulin-Wirkung:
Kurvenverläufe:

- Nach Reizung der Nervenzellen ist (fast) kein Anstieg der Acetylcholinkonzentration im synaptischen Spalt festzustellen.
- Es sind fast keine Spaltprodukte im synaptischen Spalt.
- Es erfolgt fast kein Na^+-Ioneneinstrom in die postsynaptische Zelle.

Folgerung: Botulin verhindert die Ausschüttung von Acetylcholin aus den synaptischen Bläschen in den synaptischen Spalt. Das kann z. B. durch Hemmung der Vesikelentleerung (Exocytose) geschehen *oder* durch Hemmung des Ca^{2+}-Ioneneinstroms in die Endknöpfchen, sodass keine Vesikelwanderung zur präsynaptischen Membran erfolgen kann.

Oder: Botulin könnte die Befüllung der Vesikel mit Acetylcholin verhindern.

5.2 Begründung der Wirkung als Gegenmittel:

Acetylcholin öffnet die postsynaptischen Na^+-Ionenkanäle, sodass der Na^+-Ioneneinstrom in die postsynaptische Zelle steigt. Atropin verschließt hingegen die postsynaptischen Na^+-Ionenkanäle, sodass der Na^+-Ioneneinstrom in die postsynaptische Zelle unterbleibt bzw. abnimmt. Bei anhaltend hoher Acetylcholinkonzentration infolge einer E605-Vergiftung kann man also mit einer geeigneten Atropindosis eine bestimmte Anzahl geöffneter Na^+-Ionenkanäle gezielt verschließen, sodass sich der Na^+-Ioneneinstrom auf einen Normalwert reduziert.

Alternative Begründung: Atropin konkurriert kompetitiv mit Acetylcholin um die Bindung an die transmittergesteuerten Na^+-Ionenkanäle und reduziert bei entsprechend hoher Konzentration die Anzahl der geöffneten Ionenkanäle und damit den Na^+-Ioneneinstrom.

VP

„Die Asiatische Tigermücke wird in Süddeutschland heimisch!“
Dies ist eine Schlagzeile wert, da die Tigermücke (Abbildung 1) verschiedene tropische Krankheiten, unter anderem das Dengue-Fieber, übertragen kann. Die auffällig schwarz-weiß gemusterte Tigermücke ist ursprünglich in den Tropen und Subtropen Südostasiens beheimatet. Durch Warentransporte und Tourismus ist sie weltweit verschleppt worden und breitet sich auch in Südeuropa aus.

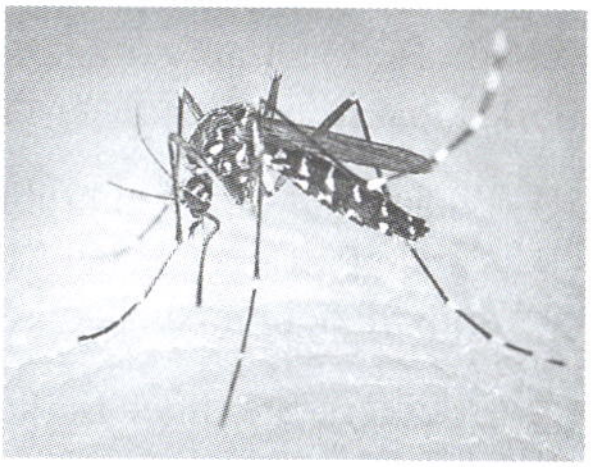
Abb. 1: Tigermücke

Tigermückenweibchen benötigen für die Fortpflanzung das Blut eines Tiers bzw. Menschen. Den Wirt finden sie mithilfe ihres empfindlichen Geruchssinns, mit dem sie Duftstoffe der Haut, z. B. Milchsäureausscheidungen, wahrnehmen. Die Fühler sind hierfür mit Riechhaaren besetzt, in die Dendriten von Sinneszellen hineinragen. Abbildung 2 zeigt den Bau eines solchen Riechhaars und die Signaltransduktion.

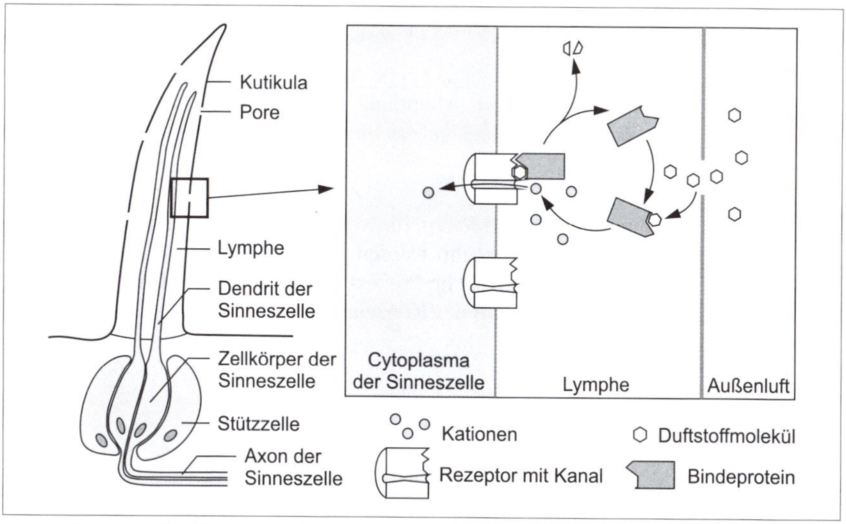

Abb. 2: Bau eines Riechhaars und Signaltransduktion (schematisch)

1 Erläutern Sie mithilfe von Abbildung 2 die Vorgänge, die ausgehend vom Kontakt eines Sinneshaars mit Duftstoffmolekülen zur Auslösung von Aktionspotenzialen am Axon der Sinneszelle führen. 3

Um sich effektiv vor Mückenstichen und damit vor tropischen Krankheiten wie z. B. dem Dengue-Fieber zu schützen, kommen verschiedene Mückensprays zum Einsatz, die auf die Haut aufgetragen werden. Es wurden Versuchsreihen entwickelt, um die Wirksamkeit verschiedener Inhaltsstoffe der Mückensprays zu untersuchen.

2.1 Planen Sie die Durchführung einer Versuchsreihe, mit der Sie die Wirksamkeit zweier solcher Mückensprays, die jeweils einen anderen Wirkstoff enthalten, untersuchen können. 3

2.2 Erläutern Sie unter Berücksichtigung von Abbildung 2 zwei Möglichkeiten, wie der Inhaltsstoff eines Mückensprays die Geruchswahrnehmung der Tigermücke behindern könnte. 2

Um die Eignung weiterer Substanzen als Wirkstoff für Mückensprays zu testen, wurde die Aminosäuresequenz des Bindeproteins ermittelt. Abbildung 3 zeigt einen Ausschnitt aus der Aminosäuresequenz des Bindeproteins.

… – Ala – Gly – Ile – Cys – Leu – Glu – …

Abb. 3: Ausschnitt aus der Aminosäuresequenz des Bindeproteins

2.3 Ermitteln Sie mithilfe der Codesonne (siehe Anlage) eine mögliche DNA-Nukleotidsequenz, die für die in Abbildung 3 angegebene Aminosäuresequenz codiert. Erklären Sie, weshalb es hierfür mehrere Möglichkeiten gibt. 3

Ursache für das Dengue-Fieber sind Viren, die vor allem Immunzellen, z. B. Makrophagen, befallen, in welchen sie vermehrt werden. Im Körper einer mit Dengue-Viren infizierten Person laufen immunologische Prozesse zur Abwehr des Erregers ab. Abbildung 4 zeigt den zeitlichen Verlauf der Konzentrationen der Dengue-Viren und der spezifischen Antikörper im Blut.

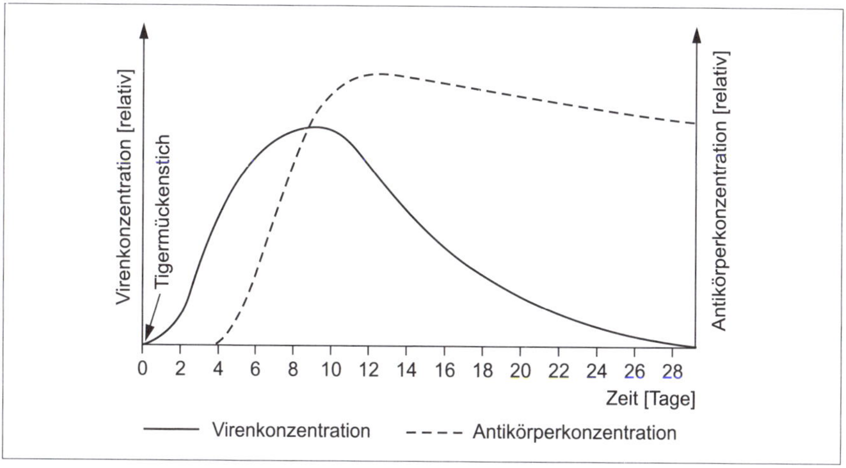

Abb. 4: Konzentrationen der Dengue-Viren und der spezifischen Antikörper im Blut

3 Beschreiben Sie die immunologischen Prozesse, die ausgehend von der Infektion mit Dengue-Viren zur Bildung von spezifischen Antikörpern führen und erklären Sie die in Abbildung 4 dargestellten Kurvenverläufe. 5

Um die Ausbreitung des Dengue-Fiebers einzudämmen, werden in den Brutgewässern der Tigermücken großflächig Insektizide ausgebracht. Dadurch sollen die Larven der Tigermücken abgetötet werden. Bei langfristigem Einsatz dieser Insektizide können sich allerdings resistente Mücken ausbreiten.

4 Erläutern Sie die Entstehung und Ausbreitung resistenter Mücken im Sinne der Synthetischen Evolutionstheorie.
Nennen Sie eine Möglichkeit, wie man bei Insektizideinsatz der Ausbreitung resistenter Mücken entgegenwirken kann. 4

20

Anlage Codesonne

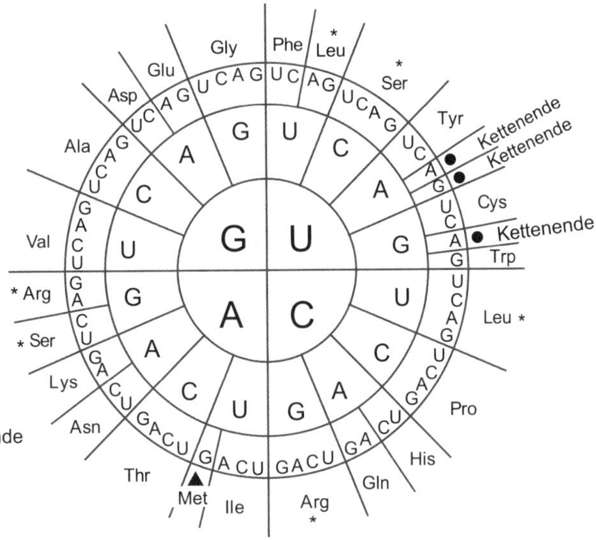

* zweimal auftretende Aminosäuren

● Stopp-Codons

▲ Start-Codon

Lösungsvorschlag

1 **Erläuterung** der Signaltransduktion:
Die Duftstoffmoleküle gelangen durch Poren in der Kutikula in die Lymphe im Inneren des Riechhaars. Dort binden die Duftstoffmoleküle an spezifische Bindeproteine. Diese Komplexe aus Duftstoffmolekül und Bindeprotein diffundieren durch die Lymphe zur Dendritenmembran der Sinneszelle. Dort binden die Komplexe an spezifische (Duft-)Rezeptoren, die mit Kationenkanälen gekoppelt sind. Durch diese Bindung öffnen sich die Kationenkanäle und lassen Kationen (z. B. K^+-, Na^+-Ionen) in das Zellplasma der Sinneszelle strömen (Diffusion entlang Konzentrationsgefälle, Anzahl der Ionensymbole ist außen größer als im Cytoplasma). Die Folge ist eine Depolarisation der Sinneszellmembran (Rezeptorpotenzial). Diese Depolarisation breitet sich (unter Abschwächung) in Richtung Zellkörper und Axonhügel (Axonursprung) der Sinneszelle aus. Wird am Axonhügel ein bestimmter Schwellenwert erreicht, führt dies zur Auslösung eines Aktionspotenzials.

2.1 **Planung** der Durchführung einer Versuchsreihe:

TIPP Hier wird erwartet, dass Sie die Grundprinzipien bei der Durchführung von Messreihen, die Sie z. B. aus der Enzymatik (z. B. Auswirkungen von Temperaturveränderungen) oder aus der Immunbiologie (z. B. Impfstofftests) kennen, auf diesen Fall anwenden können. Die wichtigsten sind dabei: konstante Versuchsbedingungen für alle Faktoren außer dem untersuchten, Versuchsreihen statt Einzelversuchen und Negativkontrollen (Kontrollversuche). Geben Sie mindestens vier konstant zu haltende Versuchsbedingungen an.

Unterschiede in der Wirksamkeit zweier Mückensprays lassen sich beispielsweise durch den Vergleich der Zahl von Mückenstichen auf der Haut erfassen. Dazu wird je eine mit Spray behandelte Hautstelle für eine bestimmte Zeitspanne einer bestimmten Anzahl von Mücken ausgesetzt. Eine Dokumentation des Versuchsablaufs bzw. der Ergebnisse, z. B. durch Fotos, bietet sich an.
Bei der Durchführung müssen bis auf den zu testenden Wirkstoff für alle Tests die gleichen Versuchsbedingungen gelten. Dazu zählen u. a. die folgenden Faktoren:

- die Anzahl (weiblicher) „hungriger" Mücken
- die Größe der gewählten Hautflächen und der Körperteil, idealerweise auch die Testperson aufgrund der Duftqualität/-quantität
- Temperatur, Feuchtigkeit, Helligkeit, Tageszeit, Jahreszeit *(diese Angaben werden auch einzeln gewertet)*
- die Dauer der Expositionszeit
- die Lösungsmittel für die Wirkstoffe

Die mehrfache Wiederholung der Tests und die Bildung von Durchschnittswerten (statistische Auswertung) sind notwendig, da Einzelergebnisse z. B. aufgrund möglicher Fehler in der Durchführung wenig aussagekräftig sind.
Zusätzlich ist auch eine Negativkontrolle durchzuführen, wobei das Spray ohne Wirkstoff aufgetragen wird, um die alleinige Wirkung des Lösungsmittels zu testen.

Alternative Durchführung: Ausgehend von Abb. 2 lässt die allgemeine Fragestellung prinzipiell auch die Planung neurophysiologischer Tests direkt an der Mücke bzw. am Riechhaar zu. Ableitungen von Aktionspotenzialen am Riechnerv oder die Messung der Rezeptorpotenziale der Sinneszelle nach gleichzeitiger Zugabe von Duftstoff und Wirkstoff geben Aufschluss über die Wirksamkeit der Sprays.

TIPP Die mögliche Veränderung der Wirksamkeit der Wirkstoffe durch Hautkontakt kann hier vernachlässigt werden.

2.2 Erläuterung möglicher Wirkungen *(zwei sind gefordert)*:
Der Inhaltsstoff des Mückensprays …

- verändert die Bindeproteine so, dass sie Duftstoffmoleküle nicht mehr binden können. Die Komplexbildung bleibt aus, die Bindung an den Rezeptor und die Signaltransduktion unterbleiben.
- bindet anstelle des Duftstoffmoleküls an das Bindeprotein, aber der Komplex erlaubt keine Bindung an den Rezeptor, sodass die Signaltransduktion unterbleibt.
- oder ein Wirkstoff-Duftstoff-Komplex verschließt die Poren der Kutikula, sodass keine Duftstoffmoleküle in die Riechhaare gelangen können.
- bindet an Duftstoffmoleküle, sodass diese nicht mehr in die Riechhaare gelangen oder keine Komplexe mehr bilden können. Die Signaltransduktion kommt nicht zustande.
- verändert/blockiert direkt den Rezeptor der Kationenkanäle, sodass keine Bindung an den Rezeptor mehr möglich ist und keine Signaltransduktion erfolgen kann.

2.3 Ermittlung einer möglichen DNA-Sequenz:

Aminosäuresequenz:	… – Ala – Gly – Ile – Cys – Leu – Glu – …
mögliche mRNA-Sequenz:	5' … GCC GGG AUU UGU CUU GAA … 3'
DNA-Sequenz:	3' … CGG CCC TAA ACA GAA CTT … 5'

TIPP Die Angabe der Gegenläufigkeit der beiden Nukleotidstränge durch 3'…5' wird erwartet.

Erklärung der unterschiedlichen Sequenzmöglichkeiten:
Der genetische Code ist degeneriert/redundant, d. h., es gibt für die Codierung der 20 (21) Aminosäuren mehr Codons als nötig ($4^3 = 64$). Die meisten Aminosäuren können deshalb durch mehrere Tripletts codiert werden.

3 **Beschreibung** der (humoralen) Immunantwort gegen Dengue-Viren:

- **Erkennungsphase:** Die Dengue-Viren werden von Makrophagen phagozytiert und in Bruchstücke zerlegt. Charakteristische Fragmente der Virushülle (= Antigene) werden (mithilfe spezieller Membranproteine, MHC II) auf der Membranoberfläche der Makrophagen präsentiert. Diese Makrophagen nehmen (über spezifische Rezeptoren) Kontakt mit T-Helferzellen auf, und es folgt die Aktivierung der T-Helferzellen durch einen Signalstoff der Makrophagen. Gleichzeitig phagozytieren auch B-Lymphozyten mit passenden Rezeptoren die Dengue-Viren und präsentieren ebenfalls Fragmente der Virushülle auf ihrer Membranoberfläche. Sie nehmen Zellkontakt mit bereits aktivierten T-Helferzellen auf. Die T-Helferzellen schütten aufgrund des doppelten Antigenkontaktes Signalstoffe aus.
- **Differenzierungsphase:** Die ausgeschütteten Signalstoffe regen die B-Lymphozyten zur Vermehrung und Differenzierung in Plasmazellen und B-Gedächtniszellen an.
- **Wirkungsphase:** Die Plasmazellen produzieren spezifische Antikörper gegen (freie) Dengue-Viren.

TIPP Die weiteren immunbiologischen Abläufe sind bei dieser Fragestellung nicht gefordert:
Die gebildeten Antikörper binden spezifisch an Epitope auf Antigenen der Erreger und bewirken durch Verklumpung (Antigen-Antikörper-Reaktion), dass die Viren keine Wirtszellen mehr infizieren können bzw. von Makrophagen phagozytiert werden können.
In der Abschaltphase wird durch Drosselung der Aktivität der Plasmazellen die Antikörperproduktion reduziert.

Erklärung der Kurvenverläufe:

- 0–4. Tag: Nach dem Tigermückenstich steigt die Virenkonzentration stark an. Im Rahmen der spezifischen Immunabwehr läuft zunächst die Erkennungs- und Differenzierungsphase ab, sodass noch keine kompetenten Plasmazellen vorliegen, die spezifische „Anti-Dengue"-Antikörper produzieren können. Die Viren können sich ungehindert (in Wirtszellen) vermehren.
- Ab dem 4. Tag: Die Wirkungsphase beginnt mit der schnellen Zunahme der Antikörperkonzentration bis zum 12. Tag.
- Ab dem 8. Tag: Durch zunehmende Agglutination der Viren durch die Antikörper und/oder Phagozytose durch Makrophagen steigt die Virenkonzentration nur noch langsam und sinkt ab dem 10. Tag rasch.

- Ab dem 12. Tag: Die Antikörperkonzentration nimmt durch Drosselung der Aktivität der Plasmazellen langsam ab (Abschaltphase).
- Ab dem 28. Tag: Die Konzentration (freier) Dengue-Viren liegt bei null.

TIPP Das Fehlen von Viren im Blut muss nicht unbedingt deren vollständige Beseitigung bedeuten, da Viren auch in Wirtszellen verbleiben können.

4 **Erläuterung** der Resistenzentstehung:
Spontane, erbliche Mutationen, die bei einzelnen Individuen auftreten, verleihen diesen Resistenz gegen das Insektizid und durch Rekombination tritt das Resistenzgen in der Mückenpopulation in immer neuen Merkmalskombinationen auf. Träger dieses Gens und ihre Nachkommen erreichen damit einen viel größeren Fortpflanzungserfolg. Dieser Selektionsvorteil bewirkt, dass sich das Resistenzgen schnell im Genpool der Mückenpopulation „durchsetzt" (transformierende/dynamische Selektion). Bei anhaltendem Insektizideinsatz werden daher bald nur noch resistente Tigermücken auftreten.

Nennung einer Möglichkeit zur Resistenzvermeidung bei Insektizideinsatz, z. B.:
- Einsatz hoher letaler Giftdosen (gegen teiladaptierte Tiere)
- Wechsel der Wirkstoffarten, kein Dauereinsatz
- Kombination verschiedener Wirkstoffarten

Biologie (Baden-Württemberg) ▪ Abiturprüfung 2017
Aufgabe III: Proteinstruktur, Enzymatik, Gentransfer

VP

Für alle Organismen ist das Element Stickstoff lebensnotwendig. Obwohl die Luft aus etwa 78 % Stickstoff besteht, ist diese Stickstoffquelle für die meisten Pflanzen nicht nutzbar. Stickstoff wird von Pflanzen unter anderem in Form von Ammonium-Ionen NH_4^+) und Nitrat-Ionen (NO_3^-) über die Wurzeln aufgenommen.

1 Nennen Sie zwei stickstoffhaltige Biomoleküle und deren Funktion im pflanzlichen Organismus. 2

Säugetiere scheiden Stickstoff in Form von Harnstoff ($H_2N-CO-NH_2$) aus, der als Bestandteil von Gülle als Dünger auf Felder ausgebracht wird. Bodenbakterien enthalten das Enzym Urease, das die Spaltung von Harnstoff in Ammoniak (NH_3) und Kohlenstoffdioxid (CO_2) katalysiert. Diese Produkte reagieren in wässriger Lösung zu verschiedenen Ionen weiter (Abbildung 1) und machen so den Stickstoff für Pflanzen verfügbar.

$$H_2N-CO-NH_2 + H_2O \xrightarrow{\text{Urease}} 2\,NH_3 + CO_2$$

$$2\,NH_3 + CO_2 + 2\,H_2O \longrightarrow 2\,NH_4^+ + OH^- + HCO_3^-$$

Abb. 1: Durch Urease katalysierte Umsetzung von Harnstoff und Reaktion der Produkte mit Wasser

2.1 Ordnen Sie das Enzym Urease einer Stoffklasse zu. Benennen Sie die drei verschiedenen Strukturebenen des Ureasemoleküls und nennen Sie die Bindungen bzw. Kräfte, durch welche diese Strukturen jeweils stabilisiert werden. 3

2.2 Stellen Sie den Ablauf der durch Urease katalysierten Reaktion in einer Abfolge beschrifteter Schemazeichnungen dar. 3

In einem Schülerpraktikum wird die Enzymaktivität der Urease bei verschiedenen Bedingungen untersucht. Dazu wird in drei Harnstofflösungen die elektrische Leitfähigkeit gemessen. Zum Zeitpunkt Null wird Ureaselösung zugesetzt. Tabelle 1 zeigt die drei Versuchsansätze. Kurve 1 in Abbildung 2 zeigt die Ergebnisse der Leitfähigkeitsmessung bei Versuchsansatz A.

Versuchsansatz	Harnstofflösung (50 mL)	Ureaselösung (2 mL)
A	0,1 %	0,1 %
B	0,1 %	0,2 %
C	0,2 %	0,1 %

Tab. 1: Versuchsansätze

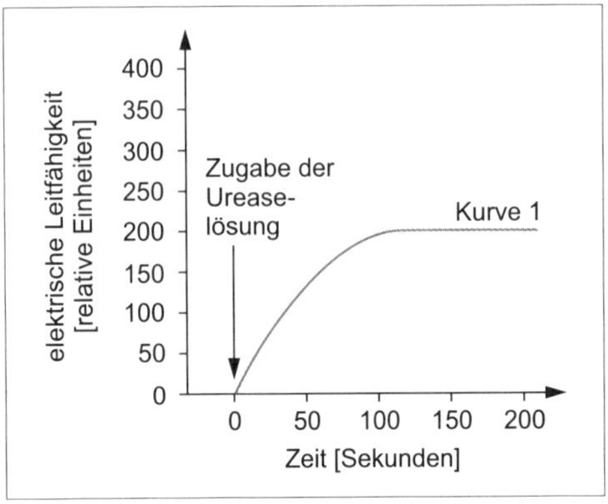

Abb. 2: Verlauf der elektrischen Leitfähigkeit in Versuchsansatz A (Kurve 1)

3.1 Erklären Sie, weshalb man durch Messung der elektrischen Leitfähigkeit der Lösungen der Versuchsansätze die Enzymaktivität der Urease untersuchen kann.
Beschreiben Sie den Verlauf der Kurve 1 in Abbildung 2.
Erklären Sie die unterschiedliche Steigung der Kurve 1 in den drei Abschnitten 0 bis 30 Sekunden, 30 bis 100 Sekunden und ab 100 Sekunden. 4

3.2 Übertragen Sie das Diagramm mit Kurve 1 aus Abbildung 2 in Ihre Reinschrift und zeichnen Sie in dieses Diagramm die zu erwartenden Leitfähigkeitskurven für die beiden Versuchsansätze B und C ein. Begründen Sie den jeweiligen Kurvenverlauf. 3

In einem weiteren Experiment wird Versuchsansatz A dahingehend modifiziert, dass nach 25 Sekunden Kupfersulfatlösung zugesetzt wird. Kurve 2 in Abbildung 3 zeigt den Verlauf der gemessenen Leitfähigkeit im Vergleich zu Kurve 1.

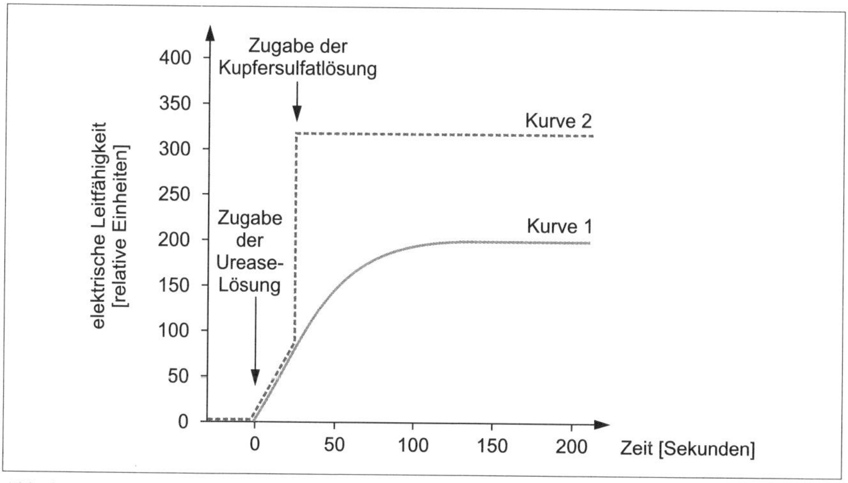

Abb. 3: Verlauf der elektrischen Leitfähigkeit in Versuchsansatz A ohne und mit Zugabe von Kupfersulfatlösung

3.3 Beschreiben und erklären Sie den Verlauf der Kurve 2 in Abbildung 3. 3

Knöllchenbakterien können mithilfe des Enzyms Nitrogenase Luftstickstoff in für Pflanzen nutzbare Stickstoffverbindungen umwandeln. Ein Ziel der Pflanzenforschung ist es, das Nitrogenase-Gen der Knöllchenbakterien und damit die Fähigkeit zur Nutzung des Luftstickstoffs auf Pflanzen zu übertragen.

4 Begründen Sie, weshalb es schwieriger ist, transgene Pflanzen zu erzeugen, die dieses Nitrogenase-Gen enthalten, als transgene Bakterien (zwei Angaben). 2

20

Lösungsvorschlag

1 **Nennung** von Biomolekülen und ihrer Funktion *(zwei sind gefordert)*:
- DNA: Speicherung (Codierung) der genetischen Information
- mRNA: „Bauanleitung" für Aminosäuresequenz
- tRNA: Transport von Aminosäuren
- Protein: z. B. Katalyse als Enzym
- ATP: Energieübertragung, (kurzzeitige) Energiespeicherung
- Chlorophyll: Lichtabsorption
- Vitamin B: Funktion als Coenzym

2.1 **Zuordnung** zur Stoffklasse:
Urease gehört chemisch zur Stoffklasse der Proteine.

Nennung der Strukturebenen und **Nennung** der jeweiligen Bindungen:

Strukturebene	Bindungen/stabilisierende Kräfte	Ort
Primärstruktur	Peptidbindungen (Atombindung)	zwischen den Aminosäurebausteinen
Sekundärstruktur	Wasserstoffbrückenbindungen (H-Brücken)	zwischen CO- und NH-Gruppen des Peptidrückgrats
Tertiärstruktur	• Disulfidbrücken (Atombindung) • Ionenbindungen • H-Brücken • Van-der-Waals-Kräfte	Bindungen bzw. stabilisierende Kräfte zwischen den Aminosäureresten der Eiweißkette

2.2 **Schematische Darstellung** der Enzymreaktion:

TIPP Diese chemische Reaktion enthält zwei Edukte, also zwei Substrate, die im aktiven Zentrum berücksichtigt werden müssen. Geübt wird im Unterricht meist nur an Beispielen mit einem Substrat (z. B. Katalase, Laktase). Die Symbole für Enzym und Substrate sind beliebig wählbar. Meist werden sie den chemischen Formeln nachempfunden oder es werden rein geometrische Figuren gewählt. Hier sind zwei Vorschläge angegeben.

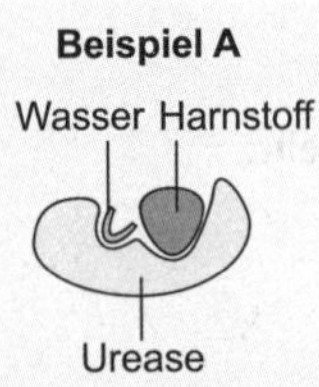

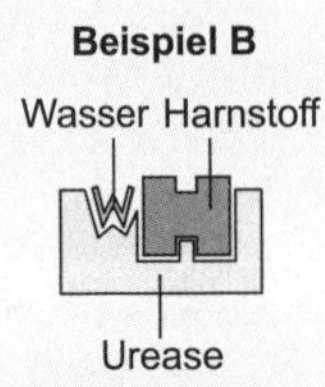

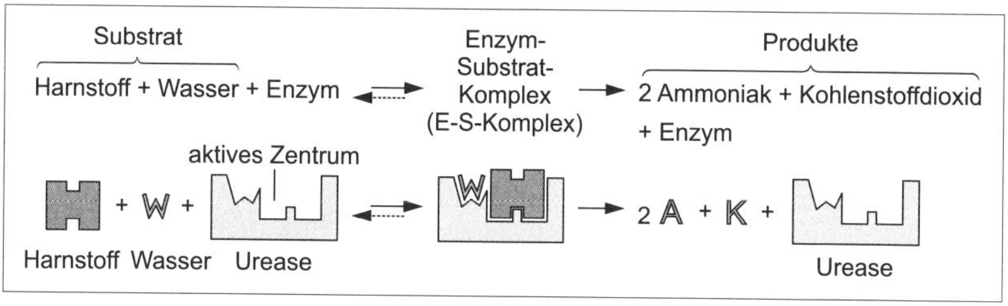

TIPP Obwohl das Enzym Urease Wasser und Harnstoff tatsächlich gleichzeitig im aktiven Zentrum bindet, wäre bei korrekter Begründung auch ein Schema mit Harnstoff als einzigem Substrat akzeptabel. Reaktionsgleichungen sind in der Regel Gesamtgleichungen. Meist laufen vor oder nach der „eigentlichen" Enzymwirkung Nebenreaktionen mit instabilen Zwischenprodukten ab. Wird Wasser als Edukt aufgeführt, ist oft nicht ersichtlich, ob es überhaupt im aktiven Zentrum gebunden wird oder erst anschließend „ins Spiel" kommt (wie z. B. bei der vom Enzym Laktase katalysierten Reaktion).

3.1 **Erklärung** der Leitfähigkeit als Messmethode:
Erst durch die Harnstoffspaltung bzw. die Folgereaktion entstehen Ionen, die für die Leitfähigkeit verantwortlich sind. Die Harnstofflösung und das Wasser leiten den Strom nicht. Die Veränderung der Leitfähigkeit pro Zeiteinheit ist daher ein Maß für die Enzymaktivität (Zahl der Harnstoffmoleküle, die pro Zeiteinheit umgesetzt werden).

TIPP Die sehr geringe Leitfähigkeit von Wasser durch Autoprotolyse kann hier vernachlässigt werden.

Beschreibung des Kurvenverlaufs 1:
- 0–30 s: Nach Zugabe der Ureaselösung kommt es zu einer starken (linearen) Zunahme der Leitfähigkeit auf ca. 100 relative Einheiten.
- 30–100 s: Die Leitfähigkeit steigt weiter, allerdings langsamer, bis auf ca. 200 relative Einheiten an.
- 100–200 s: Die Leitfähigkeit nimmt nicht mehr zu, sondern bleibt bei ca. 200 relativen Einheiten konstant.

Erklärung der Kurvenabschnitte:
- 0–30 s: Die hohe Harnstoffkonzentration zu Beginn des Experiments bewirkt, dass alle Ureasemoleküle in E-S-Komplexen gebunden sind und mit maximaler Spaltungsrate aktiv sind. Die Ionenkonzentration, d. h. die Leitfähigkeit, nimmt schnell zu.
- 30–100 s: Die Harnstoffkonzentration (Substratkonzentration) nimmt aufgrund der Substratumsetzung ab, sodass nicht mehr alle Ureasemoleküle in E-S-Komplexen gebunden sind (d. h., nicht mehr alle Enzymmoleküle „finden"

Harnstoffmoleküle). Die Zunahme der Ionenkonzentration pro Zeit wird geringer, die Leitfähigkeit steigt daher immer langsamer.

- 100–200 s: Alle Harnstoffmoleküle sind gespalten, sodass keine weiteren Ionen mehr gebildet werden. Der Maximalwert der Leitfähigkeit ist erreicht und bleibt konstant.

3.2 Diagramm:

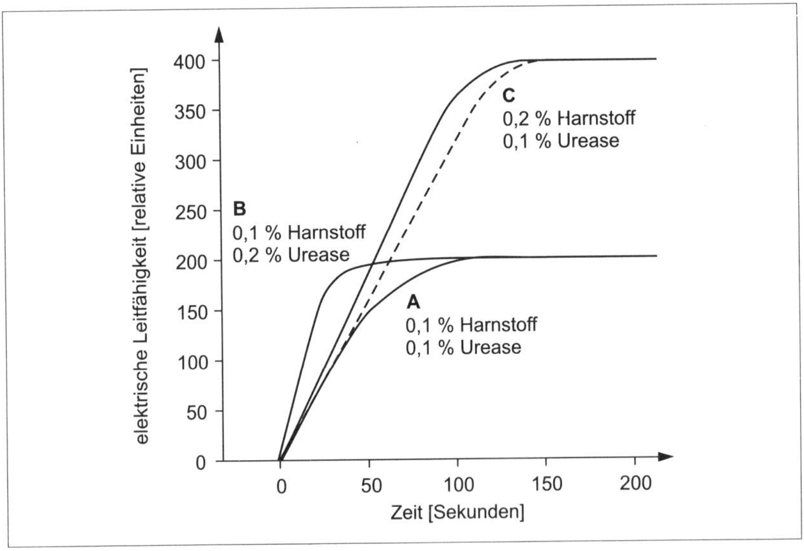

Begründung der Kurvenverläufe:

- Versuchsansatz B: Der deutlich steilere Kurvenverlauf gegenüber Versuchsansatz A beruht auf der Verdopplung der Ureasekonzentration. Die Spaltungsrate ist viel höher, da pro Zeiteinheit viel mehr Ureasemoleküle aktiv sind, d. h. in E-S-Komplexen gebunden sind. Pro Zeiteinheit werden mehr Harnstoffmoleküle gespalten und es entstehen mehr Ionen, sodass die Leitfähigkeit schneller zunimmt. Da die Harnstoffkonzentration gleich groß ist wie im Ansatz A, entstehen am Ende auch nicht mehr Ionen als im Ansatz A. Der Maximalwert der Leitfähigkeit ist wie bei Ansatz A.
- Versuchsansatz C: Die Steigung ist etwas größer als bei Ansatz A, da durch die Verdopplung der Substratkonzentration bei gleicher Ureasekonzentration die E-S-Komplexe etwas schneller gebildet werden. Da Enzym- und Substratmoleküle nur zufällig zueinander finden, bewirkt eine Erhöhung der Substratkonzentration, dass Enzym- und Substratmoleküle häufiger aufeinandertreffen.

  Oder: Die Steigung ist identisch zu Ansatz A, weil schon bei einer Harnstoffkonzentration von 0,1 % die aktiven Zentren aller verfügbarer Ureasemoleküle besetzt waren und deshalb mit noch mehr Harnstoff die Spaltungsrate nicht mehr erhöht werden kann.

Die maximale Leitfähigkeit ist etwa doppelt so groß wie bei den Ansätzen A und B, da bei vollständiger Umsetzung der doppelten Harnstoffkonzentration auch die doppelte Menge an Ionen entstehen muss.

3.3 **Beschreibung** der Kurve 2:
- 0–25 s: Nach Zugabe der Ureaselösung verläuft der Kurvenanstieg zunächst wie bei Versuchsansatz A.
- 25–200 s: Nach Zugabe der Kupfersulfatlösung steigt die Leitfähigkeit sprunghaft unmittelbar auf ca. 320 relative Einheiten an und bleibt dann konstant.

Erklärung der Kurve 2: Die zugegebene Kupfersulfatlösung enthält Cu^{2+}-Ionen (und Sulfationen). Durch die Kupferionen wird der sofortige starke Anstieg der Leitfähigkeit bewirkt. Da die Kupferionen die katalytische Aktivität der Ureasemoleküle durch Änderung der Tertiärstruktur hemmen („Vergiftung" durch Schwermetallionen), wird die Harnstoffspaltung sofort gestoppt. Es entstehen daher keine zusätzlichen Ionen durch Harnstoffspaltung mehr und die Leitfähigkeit bleibt auf einem konstanten Wert.

TIPP Diese Hemmung wird als nicht kompetitive Hemmung bezeichnet. Irreversibel ist sie nicht, da starke Komplexbildner die Schwermetallionen binden und die Enzymaktivität wiederherstellen können.

4 **Begründung** der Schwierigkeiten *(zwei Angaben sind gefordert)*:
- Die Zellwand der Pflanzen wirkt als Barriere beim Einschleusen eines Fremdgens.
- Eukaryotische Pflanzenzellen haben ein viel komplexeres Genom mit vielen Chromosomen. Der Ort des Geneinbaus ist schwerer bestimmbar und es existieren eventuell bessere (Reparatur-)Systeme für die Inaktivierung eingeschleuster Fremd-DNA.
- Pflanzenzellen besitzen keine Plasmide, daher ist kein Gentransfer wie zwischen Bakterienzellen möglich.
- Erfolgreich transformierte Pflanzenzellen müssen erst zeitaufwendig zu einer vielzelligen Pflanze regeneriert werden.

VP

Nitella gracilis (Abbildung 1) gehört zu den Armleuchteralgen, die am Grund von sauberen, mineralstoffarmen und kalkreichen Süßgewässern wachsen.

1 Erstellen Sie eine beschriftete Schemazeichnung des lichtmikroskopischen Bilds einer typischen Pflanzenzelle und nennen Sie Gemeinsamkeiten zum lichtmikroskopischen Bild einer Tierzelle. 3

Abb. 1: *Nitella gracilis*

In Untersuchungen an *Nitella*-Zellen wurden die in Tabelle 1 dargestellten Ionenkonzentrationen im Vergleich zum umgebenden Süßwasser ermittelt. Außerdem wurde festgestellt, dass sie wie andere lebende Zellen ein Membranpotenzial aufweisen und dass durch mechanische Reizung Aktionspotenziale ausgelöst werden können (Abbildung 2). Forscher vermuten, dass durch diese Aktionspotenziale Stoffwechselvorgänge in der Alge gesteuert werden.

Ion	Zellinneres	Süßwasser
Cl^-	90,7	0,9
Mg^{2+}	17,7	1,7
Ca^{2+}	10,2	0,8
Na^+	10,0	0,2
K^+	54,3	0,04

Tab. 1: Ionenkonzentrationen im Zellinneren von *Nitella*-Zellen und im Süßwasser in mmol/L

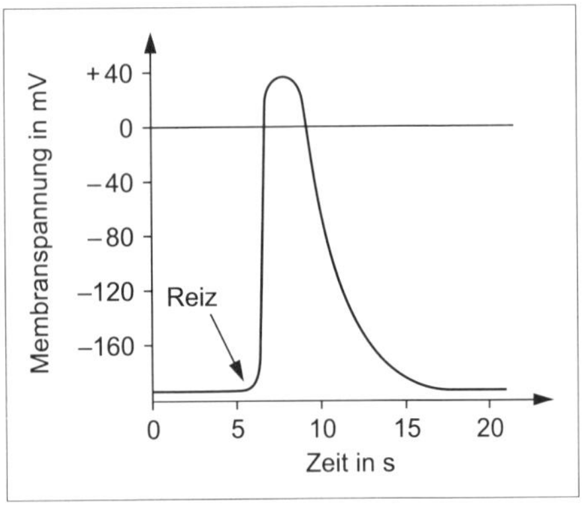

Abb. 2: Aktionspotenzial bei *Nitella*-Zellen (vereinfacht)

2.1 Zeichnen Sie ein Diagramm, das den Verlauf eines Aktionspotenzials an einer Nervenzelle zeigt (Größe ca. ½ Seite), und erläutern Sie die auf molekularer Ebene ablaufenden Vorgänge, die zu diesem Spannungsverlauf führen. 4

2.2 Nennen Sie zwei Gemeinsamkeiten und zwei Unterschiede zwischen dem Aktionspotenzial einer Nervenzelle und dem Aktionspotenzial bei *Nitella*-Zellen (Abbildung 2). 2

2.3 Geben Sie unter Zuhilfenahme von Tabelle 1 eine mögliche Erklärung, wie der Spannungsverlauf des Aktionspotenzials bei *Nitella*-Zellen (Abbildung 2) zustande kommen könnte.
Erklären Sie, wie die in Tabelle 1 dargestellten Ionenkonzentrationen auch nach vielen Aktionspotenzialen aufrechterhalten werden könnten. 4

Unterschiede in der Ionenkonzentration zwischen Zellinnerem und umgebendem Süßwasser führen bei Pflanzenzellen zu osmotischen Vorgängen.
Die Konzentration osmotisch wirksamer Stoffe in Pflanzenzellen lässt sich experimentell ermitteln. In einem Praktikum wurde folgender Versuch mit Kartoffeln durchgeführt:
Ein aus einer großen Kartoffelknolle herausgestanztes zylinderförmiges Stück von 4,0 cm Länge wurde in ein Reagenzglas mit 25 %iger Zuckerlösung gestellt. Nach 48 Stunden entnahm man den Kartoffelzylinder und maß eine Länge von 3,4 cm.

3.1 Erläutern Sie unter Verwendung entsprechender Fachbegriffe die Vorgänge, die zur Längenveränderung des Kartoffelzylinders geführt haben. 3

3.2 Beschreiben Sie eine Erweiterung des oben beschriebenen Versuchs zu einer Versuchsreihe, mit deren Hilfe man die Konzentration der osmotisch wirksamen Stoffe in Kartoffelzellen näherungsweise bestimmen kann. Erläutern Sie Ihr Vorgehen und erklären Sie, weshalb es sinnvoll ist, die Versuchsreihe mehrfach zu wiederholen. 4

20

Lösungsvorschlag

1 **Skizze** einer Pflanzenzelle im Lichtmikroskop:

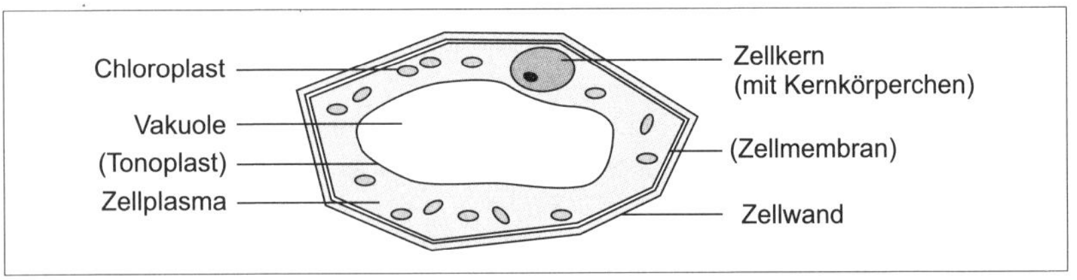

TIPP Die Darstellung von Zellwandansätzen zu Nachbarzellen, Kernkörperchen, Mitochondrien und Plasmodesmen wird nicht verlangt. Auch das Fehlen von Zellmembran und Tonoplast wird akzeptiert, da sie nur interpretierte Strukturen sind, die im Lichtmikroskop nicht aufgelöst werden.

Nennung von Gemeinsamkeiten mit Tierzellen:
Zellkern, Zellplasma (Zellmembran, Mitochondrien)

2.1 **Zeichnung** eines Diagramms mit Aktionspotenzialverlauf:

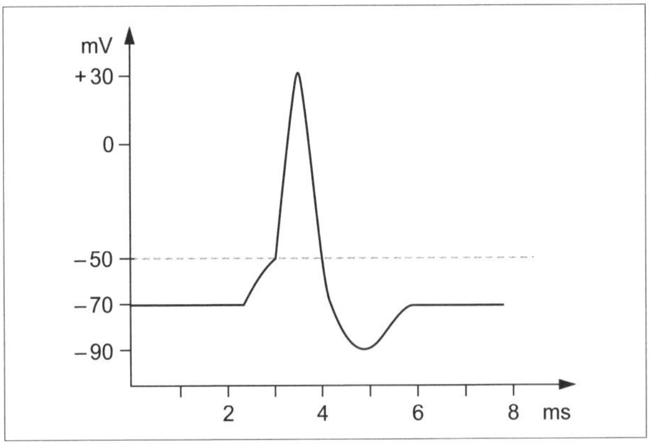

Erläuterung der molekularen Vorgänge:

- **Depolarisationsphase:** Die Membran wird durch eine Reizung bis zum Schwellenwert depolarisiert. Wird der Schwellenwert überschritten, öffnen sich spannungsgesteuerte Na^+-Ionenkanäle. Es kommt durch positive Rückkopplung zu einem schnellen und starken Na^+-Ioneneinstrom (Diffusion gemäß Konzentrationsgefälle), der zu einer Umpolung der Membran(spannung) führt (von ca. –70 mV auf bis +30 mV). Die spannungsgesteuerten Na^+-Ionenkanäle schließen sich rasch wieder und es öffnen sich (verzögert) spannungsgesteuerte K^+-Ionenkanäle.

- **Repolarisationsphase:** Die Öffnung der K^+-Ionenkanäle bewirkt einen schnellen K^+-Ionenausstrom (Diffusion gemäß Konzentrationsgefälle). Die Membran wird repolarisiert, dabei kann es kurzzeitig zur Hyperpolarisation kommen. Die spannungsgesteuerten K^+-Ionenkanäle schließen sich wieder und das Ruhepotenzial ist wieder erreicht.

> TIPP Die Erläuterung der Funktion der Kalium-Natrium-Pumpe und der Refraktärzeit wird bei dieser Fragestellung nicht erwartet.

2.2 **Nennung** von Gemeinsamkeiten:
- Ruhepotenzial mit negativer Membranspannung
- prinzipiell ähnliche Kurvenform des Aktionspotenzials mit Depolarisation, Ladungsumkehr und Repolarisation

Nennung von Unterschieden zur Nervenzelle:
- größere Amplitude (ca. 230 mV)
- keine Hyperpolarisation
- wesentlich längere Dauer des Aktionspotenzials (ca. 10 s)
- deutlich niedrigere Ruhemembranspannung (ca. –190 mV)
- keine Schwellenspannung erkennbar

2.3 Mögliche **Erklärung** des Spannungsverlaufs bei *Nitella*:

> TIPP Alle Ionensorten in Tab. 1 sind im Zellinneren konzentrierter als im Außenmilieu. Da die Ionenströme bei einem Aktionspotenzial nur auf passivem Transport (Diffusion entlang eines Konzentrationsgradienten) beruhen, müssen hier sowohl Depolarisation als auch Repolarisation auf Ionen**aus**strom beruhen.

- Depolarisationsphase: Durch den Reiz werden Cl^--Ionenkanäle geöffnet. Da der negative Ladungsüberschuss innen geringer werden muss, kann es sich nur um Chloridionen handeln. Es kommt zu einem starken Cl^--Ionenausstrom entlang des Konzentrations- und Ladungsgefälles bis zur Umpolung der Membran (und Schließung der Cl^--Ionenkanäle).
- Repolarisationsphase: Es öffnen sich (zeitverzögert) spannungsgesteuerte Kationenkanäle. Dadurch kommt es zum Kationenausstrom (z. B. von K^+-Ionen) entlang ihres Konzentrationsgefälles, bis die Ausgangsspannung wieder erreicht ist.

Mögliche **Erklärung** der Aufrechterhaltung der Ionenkonzentrationen:
Zur Aufrechterhaltung der Konzentrationsunterschiede zwischen innen und außen müssen die Ionen unter Energieaufwand (ATP) gegen das Konzentrationsgefälle wieder nach innen transportiert werden, also durch aktiven Transport.

3.1 Erläuterung der Längenveränderungen:

TIPP Zur Erklärung genügt es, die Kartoffelzellen vereinfacht wie Tierzellen mit „Zellinnerem" und selektiv permeabler Zellmembran zu behandeln. Eine genaue zytologische Analyse der stattfindenden Plasmolyse mit Unterscheidung von Vakuole, Tonoplast, Plasmaschlauch, Zellmembran und Zellwand wird für die Erklärung der Längenveränderung nicht verlangt. Die erwarteten Fachbegriffe beziehen sich auf die physikalisch-chemischen Vorgänge der Osmose.

Die Konzentration der (hypertonischen) 25 %igen Zuckerlösung ist höher als die Konzentration der gelösten (osmotisch aktiven) Stoffe im Zellinneren (hypotonische Lösung). Die Zellmembran der Kartoffelzellen ist selektiv permeabel (semipermeabel), d. h., sie ist durchlässig für Wassermoleküle, aber nicht für Zuckermoleküle und andere osmotisch aktive Stoffe in der Zelle. Für Wasser besteht ein Konzentrationsgefälle von innen nach außen, da die Wasserkonzentration im Zellinneren größer ist als in der Zuckerlösung. Es kommt zur Osmose, der Diffusion durch eine selektiv permeable Membran. Dabei diffundiert Wasser entlang des Konzentrationsgefälles durch die Zellmembran in die Zuckerlösung, sodass ein (Netto-)Wasserausstrom erfolgt *(„Netto" bedeutet, dass pro Zeiteinheit mehr Wassermoleküle aus der Zelle diffundieren als in die umgekehrte Richtung)*. Dadurch schrumpfen die Zellen und der Kartoffelzylinder verkürzt sich.

3.2 Beschreibung der Versuchsreihe und **Erläuterung** des Vorgehens:
Man setzt ausgehend von der 25 %igen Zuckerlösung eine Reihe von Zuckerlösungen mit absteigenden Konzentrationen in Reagenzgläsern an und legt unter ansonsten gleichen Versuchsbedingungen jeweils einen 4,0 cm langen Kartoffelzylinder in die Gläser. Nach 48 Stunden werden die Kartoffelzylinder entnommen und vermessen. Die Zuckerlösung, bei der sich keine (die geringste) Längenveränderung des Zylinders zeigt, ist (nahezu) isotonisch, d. h., dass hier die Zuckerkonzentration (etwa) der Konzentration der osmotisch wirksamen Stoffe im Zellinneren entspricht. In dieser Lösung gleichen sich Wassereinstrom und Wasserausstrom aus, es findet kein Nettowasserstrom statt.

Erklärung der mehrfachen Wiederholungen:
Bei Einzelexperimenten und -messungen sind Zufallseffekte (z. B. Kartoffelzylinder vom Rand oder Zentrum der Kartoffel), Experimentierfehler (z. B. verschiedene Kartoffelsorten, unterschiedlich alte Kartoffeln) sowie Mess- oder Ablesefehler nicht zu vermeiden. Bei mehrfacher Wiederholung der Versuchsreihe können aus den Messwerten statistisch Durchschnittswerte berechnet werden (arithmetische Mittelung). Dadurch werden die Ergebnisse belastbarer und aussagekräftiger.

VP

Ende des Jahres 2013 brach in Westafrika das Ebolafieber aus. Fast 24 000 Menschen erkrankten, die Überlebensrate lag bei etwa 50 Prozent. Vermutlich infizieren sich Menschen durch den Verzehr von infiziertem Säugetierfleisch oder den Kontakt mit Erkrankten. Das Virus gelangt über Schleimhäute oder winzige Wunden in den Körper. Abbildung 1 zeigt die Struktur des Ebola-Virus. Das Virus-Genom enthält die Information für sieben virale Proteine, darunter das Glykoprotein (GP) in der Außenhülle des Virus, mit welchem das Virus an ein Membranprotein der Wirtszelle bindet. Über den Vorgang der rezeptorvermittelten Endocytose infiziert das Virus zunächst Makrophagen, in welchen es vermehrt und durch welche es im Körper verbreitet wird. In der Folge infizieren die Viren u. a. Zellen der Blutgefäße, der Leber und des Nervensystems. Der Tod tritt durch multiples Organversagen ein.

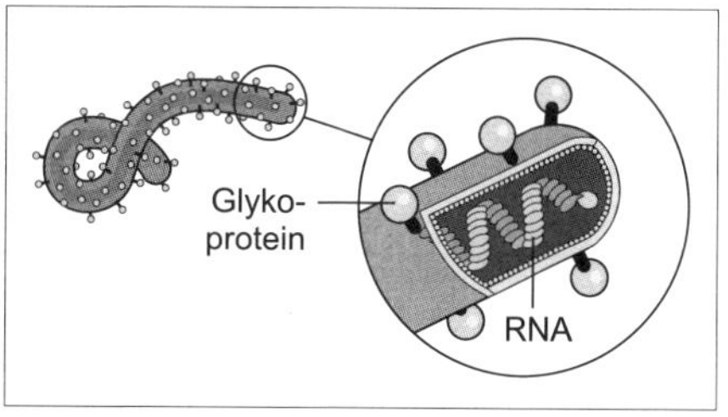

Abb. 1: Ebola-Virus (schematisch)

1 Stellen Sie den Vorgang der rezeptorvermittelten Endocytose auf der Grundlage des Flüssig-Mosaik-Modells in zwei beschrifteten Zeichnungen dar. Dabei sollen das Andocken des Virus sowie das Ergebnis der Endocytose erkennbar werden. 3

Das Ebola-Virus ist deshalb so gefährlich, weil es in der Lage ist, die Immunantwort des Patienten in ihrer Effektivität zu beeinträchtigen. Abbildung 2 zeigt die Freisetzung von Ebola-Viren aus einem Makrophagen.

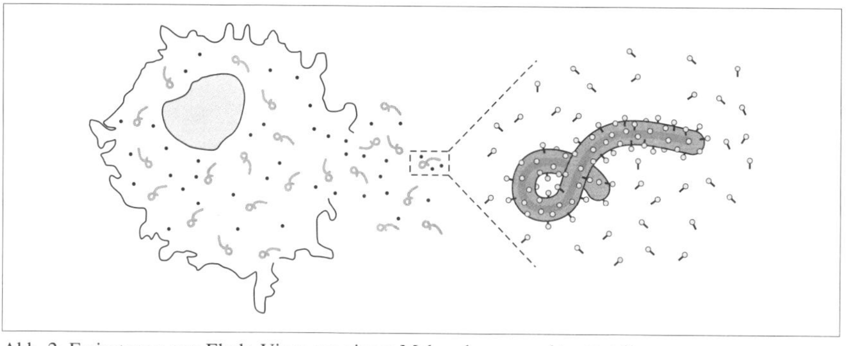
Abb. 2: Freisetzung von Ebola-Viren aus einem Makrophagen; rechts: Detail

2 Erläutern Sie mithilfe von Abbildung 2 zwei Mechanismen, wie der Befall mit Ebola-Viren die Wirksamkeit der Immunantwort beeinträchtigt. 3

Am weitesten fortgeschritten ist die Prüfung eines Impfstoffs gegen Ebola mit dem Namen rVSV-ZEBOV. Dieser Impfstoff besteht aus einem abgeschwächten, für Menschen unbedenklichen Virus, das Wissenschaftler mit dem Gen für das Glykoprotein aus der Virushülle des Zaire-Ebola-Virus (aus dem Jahr 1976) ausgestattet haben. Bei der Vermehrung des abgeschwächten Virus werden im Körper geimpfter Personen auch Glykoproteine des Zaire-Ebola-Virus (1976) produziert. Gegen diese erfolgt eine Immunantwort.

3.1 Stellen Sie die immunologischen Abläufe nach erstmaliger Verabreichung des Impfstoffes bis zur Bildung von Antikörpern gegen das Glykoprotein in Form eines Verlaufsschemas dar. 4

3.2 Geben Sie eine mögliche Erklärung, warum durch die einmalige Impfung mit rVSV-ZEBOV ein lang anhaltender Impfschutz erreichbar ist, während bei einer Impfung mit Glykoproteinen hierfür mehrmals geimpft werden muss. 2

Das Zaire-Ebola-Virus, aus dem das Glykoproteingen für den Impfstoff stammte, hatte 1976 die erste Ebola-Epidemie ausgelöst. Forscher konnten nachweisen, dass die Virus-RNA, die für dieses Glykoprotein codiert, seither mutiert ist. Abbildung 3 zeigt Ausschnitte aus der Virus-RNA des Zaire-Ebola-Virus von 1976 sowie einer 2014 entdeckten Variante. Die Virus-RNA wird bei der Expression in einem ersten Schritt durch das Enzym L-Polymerase in komplementäre mRNA umgeschrieben, die dann translatiert wird.

Zaire-Ebola-Virus (1976)	3'	CGU	UCU	CGU	GAC	UGA	AGG	5'
Zaire-Ebola-Virus (2014)	3'	CAU	UCU	CGC	GAC	UGA	GGG	5'

Abb. 3: Ausschnitte aus der Virus-RNA verschiedener Ebola-Viren

4.1 Ermitteln Sie mithilfe der Codesonne (siehe Anlage) die durch die dargestellten Ausschnitte der Virus-RNA codierten Aminosäuresequenzen. Erklären Sie, weshalb der Impfstoff rVSV-ZEBOV gegen das Zaire-Ebola-Virus (2014) keine Wirksamkeit zeigt. 4

4.2 Erstellen Sie ein Diagramm, das den zeitlichen Verlauf der Antikörperkonzentration im Blut einer mit rVSV-ZEBOV geimpften Person zeigt, die sich mit dem Zaire-Ebola-Virus (1976) infiziert hat. Begründen Sie den Kurvenverlauf.
Erläutern Sie die zu erwartenden Unterschiede im Verlauf der Antikörperkonzentration im Blut einer mit rVSV-ZEBOV geimpften Person, die sich mit dem Zaire-Ebola-Virus (2014) infiziert hat. 4

20

Anlage Codesonne

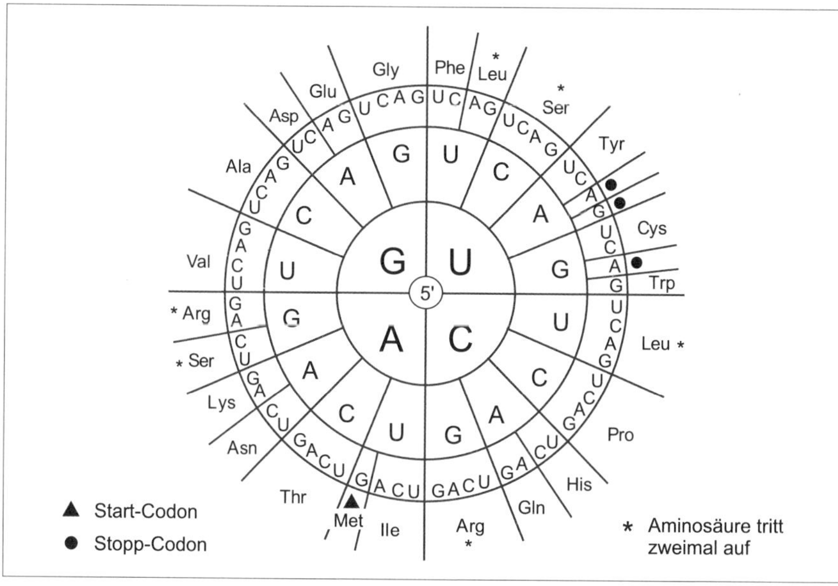

Lösungsvorschlag

1 **Darstellung** der Endocytose:

TIPP In der Fragestellung wird sowohl der Ablauf der Endocytose als auch das Flüssig-Mosaik-Modell der Biomembran ausdrücklich verlangt. Die übliche Darstellung der Membran als (Doppel-)Linie reicht daher nicht aus. Beide Skizzen sollen beschriftete Details des molekularen Membranaufbaus enthalten. Nur Membranbestandteile, die für die Funktion der Endocytose nicht relevant sind, können weggelassen werden, z. B. Kanalproteine.

Zeichnung 1: Andocken des Virus

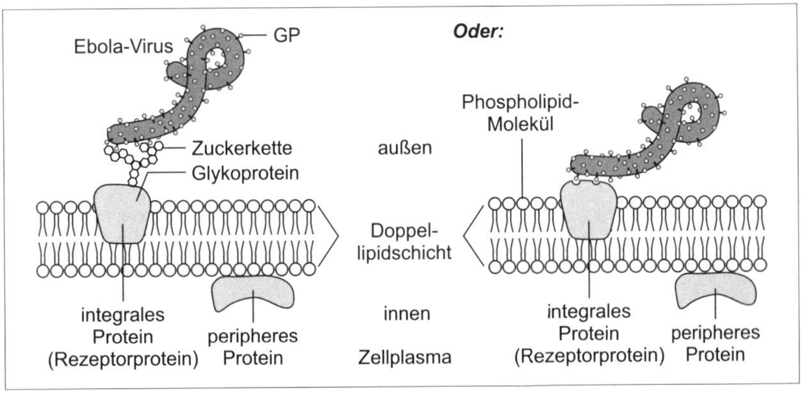

TIPP Auch eine Darstellung des Rezeptorproteins als Transmembranprotein, das die gesamte Doppelschicht durchzieht, ist möglich und plausibel.

Zeichnung 2: Ergebnis der Endocytose

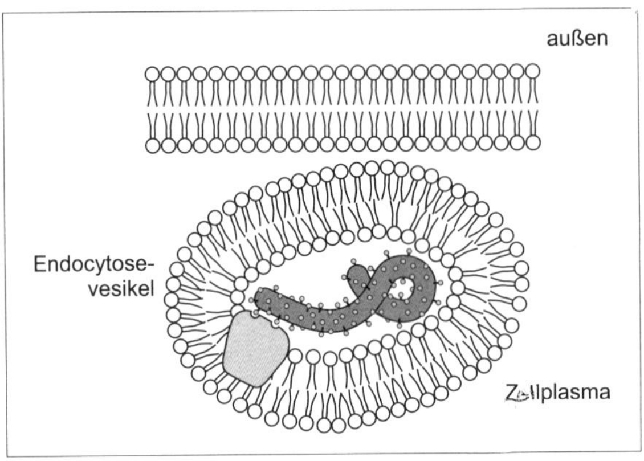

2 **Erläuterung** zweier Mechanismen, wie die Immunantwort beeinträchtigt wird:

- Die (teilweise) Zerstörung der Makrophagen durch die Ebola-Viren führt zu einem Mangel dieses Zelltyps, der für den ersten Schritt der Immunantwort (Erkennungsphase durch Antigenpräsentation) verantwortlich ist. Die spezifische Immunantwort wird daher nur unzureichend aktiviert.
- Zusätzlich zu den Viren werden auch Glykoproteine aus Makrophagen freigesetzt. Diese binden (einen Teil der) Antikörper, die dadurch für die Bekämpfung der Viren fehlen. Die Folge ist eine Schwächung der Immunantwort.

3.1 **Darstellung** der (humoralen) Immunantwort in Form eines Verlaufsschemas:

TIPP Da die Immunantwort laut Text nur gegen freie Glykoproteine erfolgt, ist nur die Darstellung der humoralen Immunantwort bis zur Antikörperbildung verlangt (ohne Antikörper-Antigen-Komplexe und Abschaltphase).

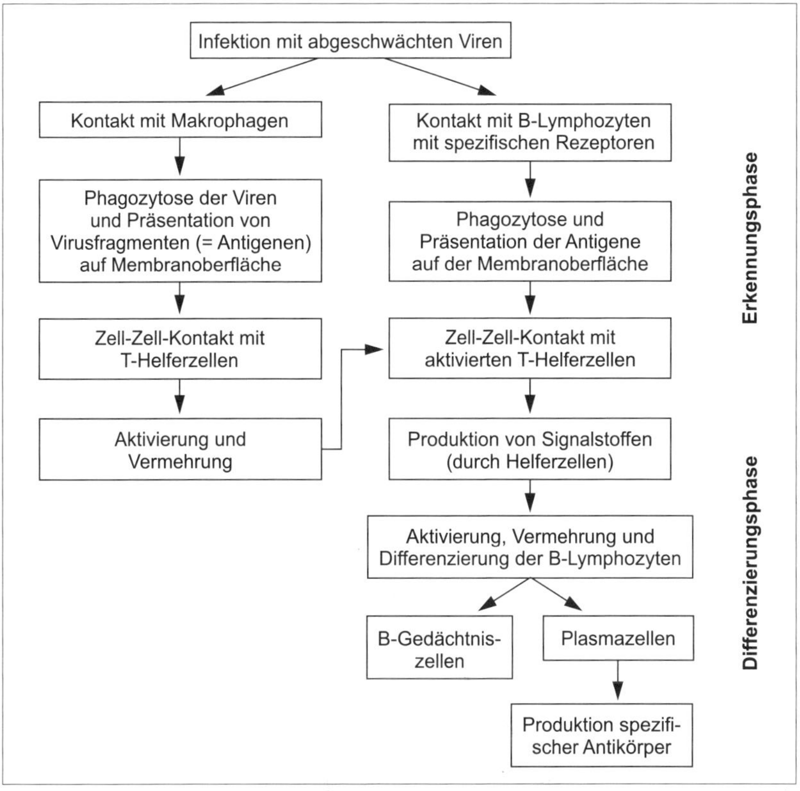

3.2 Erklärung der unterschiedlichen Impfwirkung:

- Impfung mit abgeschwächten Viren: Die mit rVSV-ZEBOV injizierten Viren vermehren sich und produzieren dadurch sehr viele und lange anhaltend freie Glykoproteine. Durch die dauerhaft hohe Antigenkonzentration wird das Immunsystem relativ stark aktiviert. Als Folge werden viele Gedächtniszellen gebildet, die Basis für einen lange anhaltenden Impfschutz.
- Impfung mit Glykoproteinen: Eine einmalige Impfdosis von Glykoproteinen wird relativ schnell und vollständig von den gebildeten Antikörpern eliminiert. Durch die geringe und nur kurzzeitige Antigenpräsenz erfolgt nur eine relativ geringfügige Aktivierung des Immunsystems. Es entstehen nur wenige Gedächtniszellen, d. h., es besteht kein anhaltender Impfschutz ohne weitere Nachimpfungen.

  Oder: Freie Glykoproteine könnten immunologisch weniger wirksame Antigene sein als die in die Virushülle (auch der Impfviren) integrierten Glykoproteine, da eventuell die Raumstruktur verändert ist.

4.1 Ermittlung der Aminosäuresequenzen:

Zaire-Ebola-Virus (1976):	Virus-RNA	3'	CGU	UCU	CGU	GAC	UGA	AGG	5'
	mRNA	5'	GCA	AGA	GCA	CUG	ACU	UCC	3'
	AS-Sequenz		Ala	Arg	Ala	Leu	Thr	Ser	
Zaire-Ebola-Virus (2014):	Virus-RNA	3'	CAU	UCU	CGU	GAC	UGA	GGG	5'
	mRNA	5'	GUA	AGA	GCA	CUG	ACU	CCC	3'
	AS-Sequenz		**Val**	Arg	Ala	Leu	Thr	**Pro**	

Erklärung des Verlusts der Impfwirkung:
Durch Mutation der RNA des Virus von 2014 ist die Aminosäuresequenz an zwei Stellen verändert. Dies könnte zu einer räumlichen Veränderung der Molekülform der Glykoproteine führen. Die Folge wäre, dass die Antikörper nicht mehr binden können, da sie nach der rVSV-ZEBOV-Impfung spezifisch gegen die Molekülform des Virus von 1976 gebildet wurden (Schlüssel-Schloss-Prinzip).

4.2 Erstellung eines Diagramms des zeitlichen Verlaufs der Antikörperkonzentration:

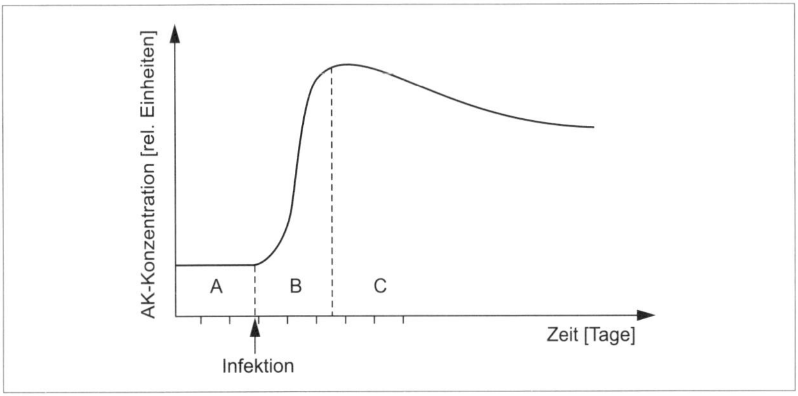

Begründung des Kurvenverlaufs:
Der Kurvenverlauf entspricht einer Sekundärreaktion (Zweitkontakt mit dem gleichen Antigen).

- **Phase A:** Im Blut der geimpften Person befindet sich eine bestimmte Konzentration von Antikörpern (AK) gegen Ebola-Glykoproteine (Typ 1976), da aufgrund der Impfung mit rVSV-ZEBOV spezifische Gedächtniszellen aktiv sind.
- **Phase B:** Durch die Infektion mit Zaire-Ebola-Viren (1976) steigt die AK-Konzentration in kurzer Zeit steil bis zu einem Maximum an. Durch den Zweitkontakt mit dem gleichen Antigen kommt es zu einer sehr schnellen Aktivierung der AK-Produktion (durch Mobilisierung/Differenzierung der Gedächtniszellen zu Plasmazellen).
- **Phase C:** Die AK-Konzentration nimmt langsam ab, z. B. durch Bindung in AK-Antigen-Komplexen, AK-Abbau und Drosselung der Aktivität der Plasmazellen.

Erläuterung der Unterschiede bei Infektion mit Ebola-Virus Typ 2014:
Es handelt sich um eine Primärantwort, da es sich trotz Ebola-Virus-Impfung um ein neues, dem Immunsystem unbekanntes Antigen handelt.
Unterschiede zum beschriebenen Kurvenverlauf *(mindestens zwei sind gefordert)*:

- Zu **A:** Die AK-Konzentration gegen Ebola-Viren des Typs 2014 ist bis zum Infektionszeitpunkt gleich null, da gegen diese Antigene noch keine Immunreaktion stattgefunden hat.
- Zu **B:** Die AK-Konzentration steigt zeitlich verzögert und viel flacher an, da erst die Erkennungs- und die Differenzierungsphase ablaufen müssen (Aktivierung der B- und T-Zellen).
- Zu **C:** Die Maximalkonzentration ist geringer (da durch den zeitlichen „Vorsprung" der Virusvermehrung ein Großteil der AK sofort in Antigen-AK-Komplexen gebunden wird).

VP

Das Jakobskreuzkraut (Abbildung 1) ist eine einheimische Pflanzenart, die sich seit einigen Jahren sehr stark entlang von Wegrändern, auf Böschungen und auf extensiv genutzten Wiesen und Weiden ausgebreitet hat. Die Pflanze ist für viele Säugetiere und Insekten giftig. Die Giftigkeit beruht auf dem Vorkommen sogenannter Pyrrolizidin-Alkaloide (PA), die die Pflanze in alle Pflanzenorgane einlagert. Bei Säugetieren werden diese Alkaloide im Verdauungstrakt aufgenommen. In Leberzellen (Abbildung 2) werden sie abgebaut. Dabei entstehen giftige Substanzen, die Leberzellen schädigen.

Abb. 1: Jakobskreuzkraut *(Senecio jacobaea)*
H. Zell, https://commons.wikimedia.org/wiki/ File: Jacobaea_vulgaris_004.JPG, CC BY-SA 3.0

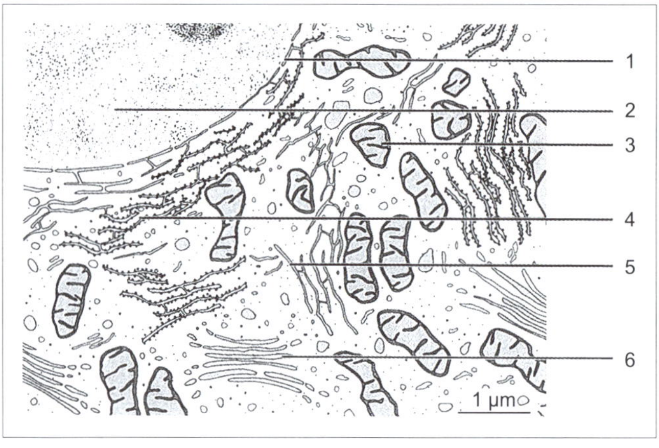

Abb. 2: Schema des elektronenmikroskopischen Bildes einer Leberzelle (Ausschnitt)

1.1 Benennen Sie die in Abbildung 2 mit Ziffern bezeichneten Strukturen. Nennen Sie die Funktion der Struktur 4 und erklären Sie ihr in Leberzellen gehäuftes Auftreten. 3

1.2 Geben Sie zwei mögliche Erklärungen, wie es zur Schädigung von Leberzellen durch Pyrrolizidin-Alkaloid-Abbauprodukte kommen könnte. 2

Bienen nehmen Pyrrolizidin-Alkaloide (PA) bei Blütenbesuchen am Jakobskreuzkraut mit Pollen und Nektar auf. Die Pyrrolizidin-Alkaloide gelangen so in den Honig. Mithilfe des sogenannten ELISA-Tests (Enzyme-Linked Immunosorbent Assay; enzymgekoppelter Immunabsorptionstest) können sie nachgewiesen und ihre Konzentration bestimmt werden. Beim ELISA-Test wird ein Testgefäß mit am Boden fixierten Antikörpern verwendet, in welches die zu untersuchende verdünnte Honigprobe eingefüllt wird (Abbildung 3a). Nach kurzer Einwirkzeit werden die nicht gebundenen Inhaltsstoffe der Probe ausgewaschen.
Nun werden Antikörper mit gekoppeltem Enzym zugegeben, die auch spezifisch an PA binden (3b). Nach erneutem Waschen wird eine Lösung mit farbloser Farbstoffvorstufe in das Testgefäß gegeben. Das an den Antikörper gekoppelte Enzym katalysiert die Umwandlung der Farbstoffvorstufe in einen Farbstoff (3c).

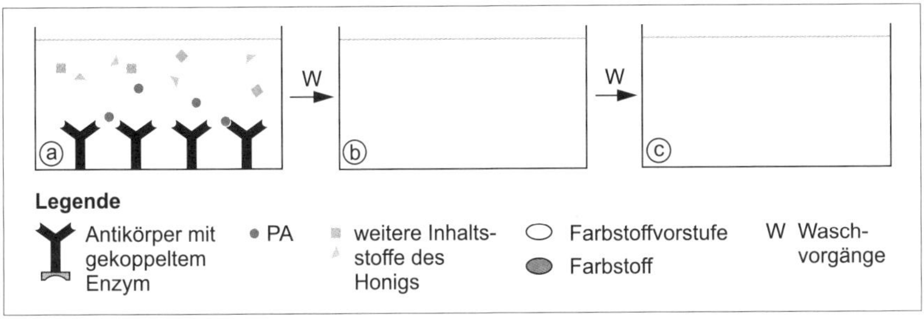

Abb. 3: ELISA-Test mit einer verdünnten Honigprobe

2.1 Übertragen Sie die Abbildung der „leeren" Testgefäße (Abbildung 3b und 3c) in Ihre Reinschrift und ergänzen Sie die darin ablaufenden Vorgänge unter Verwendung der in der Legende vorgegebenen Symbole. 2

2.2 Erläutern Sie, wie durch diesen ELISA-Test quantitative Aussagen über die Konzentration der Pyrrolizidin-Alkaloide (PA) im Honig möglich sind und wie man PA-Konzentrationen ermitteln kann. 4

2.3 Erstellen Sie eine beschriftete Schemazeichnung eines Antikörpers (Größe ca. ½ Seite).
Erläutern Sie, warum die Funktion der Antikörper im ELISA-Test trotz der Fixierung am Gefäßboden oder der Enzymkopplung in vollem Umfang gegeben ist. 2

Einige Insekten, darunter die in Südostasien und Australien vorkommende Nachtfalterart *Creatonotos gangis*, können die Pyrrolizidin-Alkaloide in Pheromone umwandeln. Pheromone sind Duftstoffe, die der Kommunikation zwischen den Individuen einer Art dienen. Bei *Creatonotos gangis* setzen die Männchen diese Pheromone frei und locken damit Weibchen an. Raupen von *Creatonotos gangis* nehmen die Pyrrolizidin-Alkaloide mit der Nahrung auf. Männliche Raupen entwickeln während der Metamorphose zum geschlechtsreifen Insekt Duftorgane im Hinterleib. Bei den Faltern sind diese Duftorgane tagsüber in den Hinterleib eingezogen. In der Dämmerung werden sie ausgestülpt und geben die Pheromone ab. Bei manchen Männchen sind die Duftorgane größer als die Flügelspannweite (Abbildung 4). Im Laufe der Evolution sind die Duftorgane aus kleinen Darmanhängen entstanden.

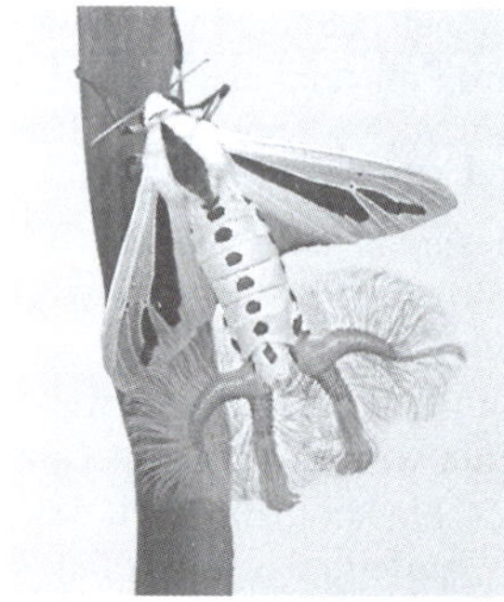

Abb. 4: Männchen von *Creatonotos gangis* mit Duftorganen © *Darren5907/Alamy Stock Foto*

3.1 Erläutern Sie die Entstehung von Duftorganen aus kleinen Darmanhängen im Sinne der Synthetischen Evolutionstheorie. 4

3.2 Die Ausbildung großer Duftorgane bei *Creatonotos gangis* kann als evolutionärer Kompromiss gesehen werden. Erläutern Sie diese Aussage. 3

20

Lösungsvorschlag

1.1 Benennung der Strukturen:

1 Kernhülle
2 Zellkern (Kernplasma, Chromatin)
3 Mitochondrium
4 raues endoplasmatisches Retikulum
5 glattes endoplasmatisches Retikulum
6 Dictyosom (Golgi-Apparat)

> **TIPP** Lediglich „Kernmembran" für Struktur 1 anzugeben, ist ungenau, da es sich um eine Doppelmembran handelt. Schreiben Sie zudem „endoplasmatisches Retikulum" zumindest beim ersten Mal aus.

Nennung der Funktion von Struktur 4:
Herstellung, Speicherung, Modifikation und Transport von Proteinen

Erklärung des gehäuften Auftretens:
Die Leber ist ein sehr stoffwechselaktives Organ (z. B. Enzymsynthesen, Entgiftungsreaktionen, Auf-, Ab- und Umbau von Stoffen), sodass ein hoher Proteinbedarf besteht.

1.2 Erklärung möglicher Giftwirkungen *(zwei sind verlangt)*:

- Hemmung der Ribosomen (Translation) ⇒ Hemmung der Proteinbiosynthese
- Hemmung der Mitochondrien ⇒ Hemmung der Energiebereitstellung (ATP-Synthese)
- Hemmung der DNA (bzw. der Transkription) ⇒ Hemmung der Proteinbiosynthese
- Veränderung der DNA (mutagene Wirkung) ⇒ Zelltod, Krebs

2.1 Ergänzung der Skizzen b und c:

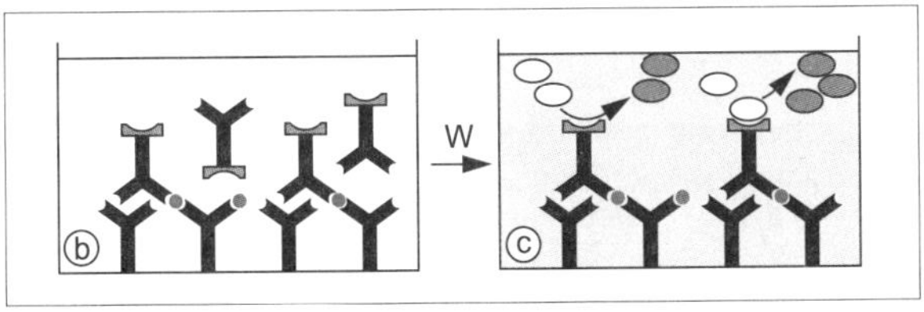

2.2 Erläuterung der Möglichkeit, quantitative Aussagen zu treffen:
Je höher die Giftkonzentration im Honig ist, desto mehr PA-Moleküle werden an die fixierten Antikörper (AK) gebunden. An diese binden wiederum mehr enzymgekoppelte AK. Je höher die Enzymkonzentration ist, desto mehr Moleküle der Farbstoffvorstufe werden pro Zeiteinheit in den Farbstoff umgewandelt.

Ermittlung der PA-Konzentrationen:
Durch Messung der Farbtiefe nach einer bestimmten (gestoppten) Zeit kann auf die PA-Konzentration geschlossen werden. Diese Zeit muss in Testreihen mit bekannten PA-Konzentrationen bestimmt werden (Eichkurve). Der Zeitpunkt der Messung muss dabei so festgelegt werden, dass erst ein Teil der Farbstoffvorstufen umgesetzt wurde. Ansonsten würde unabhängig von der Enzym- bzw. PA-Konzentration immer die maximale Farbtiefe erreicht werden, da auch wenige Enzymmoleküle schließlich alle Vorstufen (Substrat) in Farbstoff umsetzen.

Oder: Es kann (bei vorhandenen Testreihen) auch die Zeit bis zum Erreichen einer bestimmten, festgelegten Farbtiefe gemessen werden.

2.3 Erstellung einer beschrifteten Schemazeichnung eines Antikörpers:

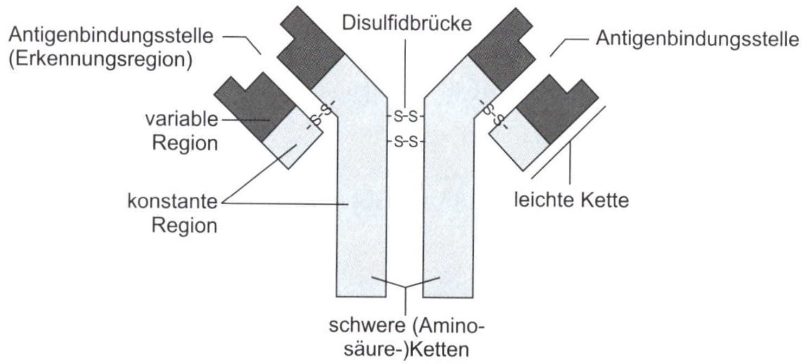

Erläuterung der Funktionserhaltung der Antikörper (AK):
Sowohl die Fixierung am Gefäßboden als auch die Enzymkopplung beeinträchtigen nicht die spezifische Bindungsfähigkeit der AK, da die Erkennungsregion für die PA-Moleküle (Antigene) nicht behindert wird. Die Fixierung und die Enzymkopplung erfolgen jeweils am konstanten Molekülteil des AK.

3.1 Erläuterung der Entstehung der Duftorgane:

TIPP Die Synthetische Evolutionstheorie argumentiert mit den Begriffen Mutation, Rekombination, Selektion, Population und Allelhäufigkeit.

Durch Mutationen entwickelten sich bei einigen Individuen der Population neue Allele, deren Genprodukte zu einer Vergrößerung der Darmanhänge führten. Durch Rekombination entstand in der Population eine (phänotypische) Variabilität bezüglich der Größe der Darmanhänge. Männchen mit entsprechender Genkombination konnten mehr Pheromone freisetzen und damit mit größerer Wahrscheinlichkeit ein Weibchen anlocken. Sie hatten dadurch einen Selektionsvorteil, da sie einen größeren Fortpflanzungserfolg erreichen konnten. Über viele Generationen hinweg häuften sich infolgedessen die betreffenden Allele im Genpool der Population an und es kam zu einer Verschiebung der Allelhäufigkeit (Allelfrequenz) in Richtung der Allele, die an der Ausprägung einer Darmvergrößerung beteiligt waren. Das Merkmal „Duftorgan“ setzte sich durch.

3.2 Erläuterung des evolutionären Kompromisses:
Die Vergrößerung der Duftorgane bringt sowohl Vor- als auch Nachteile. Die bestehende Größe der Organe kann als evolutionärer Kompromiss angesehen werden, da sie das Ergebnis gegensätzlich wirkender Selektionsfaktoren ist, die große Duftorgane entweder begünstigen oder beschränken und die Überlebensfähigkeit der Tiere beeinflussen.

Positiver Selektionsfaktor, der größere Duftorgane begünstigt:
Die Wahrscheinlichkeit, Weibchen anzulocken (sexuelle Selektion) ist wegen der größeren Pheromonproduktion (Organgröße) und effektiveren Duftverbreitung (Organfläche) erhöht.

Negative Selektionsfaktoren, die eine Vergrößerung der Duftorgane begrenzen:

- Für Fressfeinde sind Männchen mit auffälligen Körperanhängen leichter zu erkennen und zu erbeuten, da sie aufgrund ihrer schweren Anhänge möglicherweise schlechter fliegen/flüchten können.
- Der Nahrungsbedarf (Energieaufwand) ist wegen überdimensionierter Körperanhänge (Muskelarbeit, Duftproduktion) erhöht.

Biologie (Baden-Württemberg) ▪ Abiturprüfung 2018
Aufgabe III: Zellatmung, Proteinbiosynthese, Genmutation, Reproduktionsbiologie

VP

Mitochondrien und Chloroplasten verfügen über ein eigenes Genom und eigene Ribosomen. Beim mitochondrialen Genom handelt es sich um ein ringförmiges DNA-Molekül aus etwa 16 000 Basenpaaren. Es codiert für 13 Proteine der Zellatmung sowie für mitochondriale RNA-Moleküle (z. B. tRNA). Dadurch ist das Organell genetisch nicht völlig vom Zellkern abhängig und kann selbstständig Proteinbiosynthese betreiben.

Abbildung 1 a zeigt den Aufbau eines mitochondrialen tRNA-Moleküls, Abbildung 1 b die Bindung einer Aminosäure an diese tRNA durch das Enzym Aminoacyl-tRNA-Synthetase.

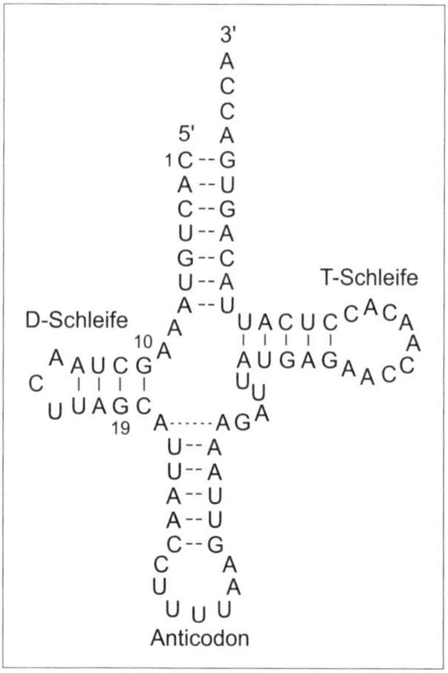

Abb. 1 a: Struktur eines mitochondrialen tRNA-Moleküls

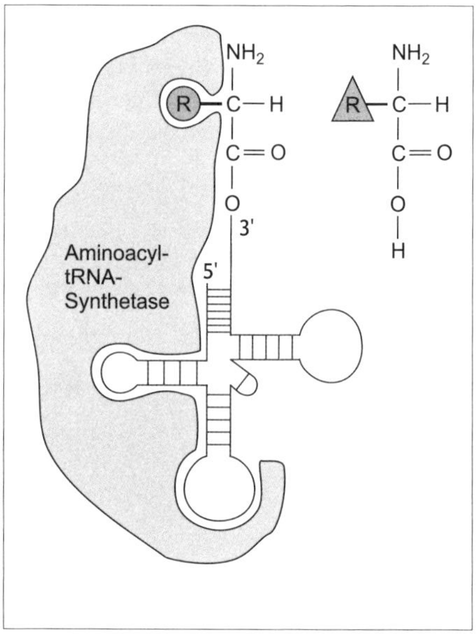

Abb. 1 b: Verknüpfung der tRNA aus Abbildung 1 a mit einer Aminosäure durch das Enzym Aminoacyl-tRNA-Synthetase sowie eine andere, freie Aminosäure

1.1 Formulieren Sie die Reaktionsgleichung der Zellatmung in Summenformeln.
Erklären Sie am Beispiel der Mitochondrien die Bedeutung der Kompartimentierung sowie der Oberflächenvergrößerung. 3

1.2 Erläutern Sie mithilfe der Abbildungen 1 a und 1 b, wie im Prozess der Proteinbiosynthese eine eindeutige Übersetzung einer mRNA-Sequenz in die entsprechende Aminosäuresequenz sichergestellt wird.
Bestimmen Sie mithilfe der Codesonne (siehe S. 2018-3) die Aminosäure, mit welcher die tRNA in Abbildung 1 a beladen wird. 4

Seit einigen Jahren geraten Krankheiten, die auf einer Fehlfunktion der Mitochondrien beruhen, verstärkt in den Fokus der Wissenschaft. Solche Erkrankungen nennt man Mitochondriopathien. Die Ursache einiger Mitochondriopathien sind Mutationen in mitochondrialen Genen, die für tRNA-Moleküle codieren. Zum Beispiel führt eine häufig auftretende Mutation bei der in Abbildung 1 a dargestellten tRNA zum Austausch der Base G durch die Base A an Position 19. Sofern diese Mutation vererbt wurde, können bereits im Kindes- und Jugendalter Symptome, wie zum Beispiel fortschreitende Muskelschwäche und eine verzögerte körperliche und geistige Entwicklung, auftreten.

2.1 Formulieren Sie unter Verwendung der Abbildungen 1 a und 1 b eine Hypothese zur molekularen Wirkung der im Vortext beschriebenen Mutation und erläutern Sie, welche Auswirkung diese Mutation auf die Bildung eines mitochondrialen Proteins haben könnte. 3

2.2 Erläutern Sie den Zusammenhang zwischen der Mutation, der Funktion des Organells und den im Text beschriebenen Symptomen. 3

Eine von Mitochondriopathie betroffene Frau brachte in Mexiko im April 2016 einen gesunden Jungen zur Welt, der mithilfe eines neuen Verfahrens der künstlichen Befruchtung gezeugt wurde, der „Three-parent in vitro fertilization“. Abbildung 2 zeigt dieses Verfahren.

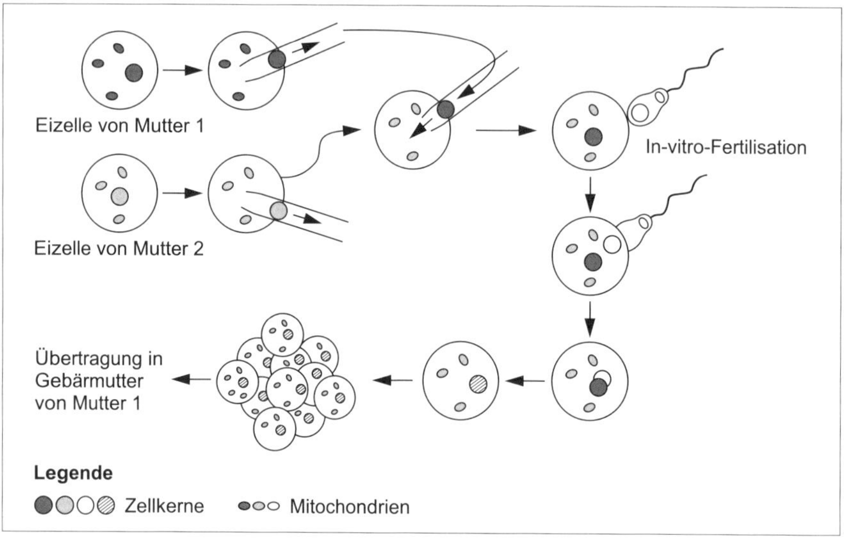

Abb. 2: Verfahren der „Three-parent in vitro fertilization" (vereinfacht)

3.1 Beschreiben Sie den Ablauf dieser Methode.
Begründen Sie, weshalb von erblicher Mitochondriopathie betroffene Frauen mit dieser Methode gesunde Kinder zur Welt bringen können. 4

3.2 In Deutschland ist das Verfahren bisher verboten. Nennen Sie drei Probleme, die sich bei einer Zulassung ergeben könnten, und geben Sie jeweils eine kurze Begründung. 3

20

Lösungsvorschlag

1.1 **Formulierung** der Reaktionsgleichung:

$C_6H_{12}O_6 + 6\ O_2 \longrightarrow 6\ CO_2 + 6\ H_2O$ (+ Energie/ATP)

Erklärung der Bedeutung:

> **TIPP** Die Aussage „am Beispiel der Mitochondrien" bedeutet nicht, dass Details der Zellatmung bzw. des Mitochondrienbaus erläutert werden müssen.

- Kompartimentierung: Es werden getrennte Reaktionsräume geschaffen, um gegenseitige Störungen von Reaktionsabläufen zu vermeiden. Die Zellatmung läuft in verschiedenen Teilschritten ab (z. B. Citratzyklus), deren Enzymausstattung ganz unterschiedlich ist. Eine Vermischung wird durch membranbegrenzte Teilräume verhindert (z. B. Matrix).
- Oberflächenvergrößerung: An der inneren Membran läuft die Zellatmung an membrangebundenen Atmungsenzymen ab. Durch Faltung der Membran wird die Oberfläche stark vergrößert, sodass mehr Enzymmoleküle integriert werden können. Die Zellatmungseffektivität wird gesteigert, da viele Reaktionen gleichzeitig ablaufen können.

  Oder: Die Vergrößerung der Oberfläche ermöglicht einen schnelleren Stoffaustausch zwischen den Kompartimenten.

1.2 **Erläuterung** der eindeutigen Übersetzung der mRNA-Sequenz:
Für die Genauigkeit der Übersetzung des Basencodes der mRNA in eine bestimmte Aminosäuresequenz sind zwei Spezifitäten entscheidend:

- Die spezifische Erkennung der mRNA-Tripletts (Codone) durch die komplementären tRNA-Tripletts (Anticodone) sorgt für den Einbau der codierten Aminosäure in die Polypeptidkette im Ribosom.
- Die jeweilige tRNA wird mit „ihrer" Aminosäure durch substratspezifische Enzyme, die Aminoacyl-tRNA-Synthetasen, spezifisch beladen. Abb. 1 a und b zeigen, wie die korrekte tRNA-Beladung erfolgt. Das dargestellte Enzym hat eine „doppelte" Spezifität, d. h. sowohl ein „Schloss", in das nur ein bestimmter Aminosäurerest passt, als auch eine spezifisch passende Mulde für das zugehörige Anticodon der tRNA (sowie eine D-Schleife, die ebenfalls Teil dieses Schlüssel-Schloss-Prinzips sein könnte). Damit ist gewährleistet, dass diese Synthetase (eine von mindestens 19 weiteren) die tRNA mit dem Anticodon UUU nur mit der korrekten Aminosäure (hier: Lysin) beladen kann.

Bestimmung der Aminosäure:

Anticodon:	UUU
Codon:	AAA
Aminosäure:	Lysin

2.1 Formulierung einer **Hypothese** zur Wirkung der Mutation:
Durch die Mutation wird die Basenpaarung G–C aufgelöst, die D-Schleife ändert dadurch ihre Raumstruktur und passt nicht mehr in die Synthetase. Das tRNA-Molekül kann nicht mit Lysin beladen werden, sodass Lysin nicht mehr zum Ribosom transportiert werden kann.

Oder: Die veränderte D-Schleife der mutierten tRNA passt in eine andere Synthetase und es kommt zur „Fehlbeladung" mit einer anderen Aminosäure.

Erläuterung der Auswirkung der Mutation auf die Proteinbildung:
Die Proteinsynthese im Mitochondrium wird gestört. Es kann zu veränderten Proteineigenschaften oder zum Funktionsverlust des Proteins aufgrund einer veränderten Aminosäuresequenz kommen.

Oder: Es kommt infolge von Lysinmangel zum Abbruch der Proteinbiosynthese.

2.2 Erläuterung der Zusammenhänge:
Durch die Mutation werden wichtige Proteine, die bei der Zellatmung benötigt werden, fehlen oder in ihrer Funktion beeinträchtigt sein. Die Mitochondrien werden zu wenig ATP produzieren, d. h., die Bereitstellung von Energie für Stoffwechselvorgänge, die besonders viel Energie benötigen, wird nicht mehr ausreichend gewährleistet. Dies wirkt sich insbesondere auf Wachstumsvorgänge und auf die Versorgung besonders energiebedürftiger Organe wie Gehirn und Muskeln aus. Bei betroffenen Kindern kann es daher zur Muskelschwäche und einer verzögerten Entwicklung kommen.

3.1 Beschreibung des Ablaufs der Methode:
- Einer Eizelle der von Mitochondriopathie betroffenen Mutter 1 (Kernspenderin) wird der Zellkern entnommen. (Die Eizelle wird verworfen.)
- Einer Eizelle einer nicht betroffenen Mutter 2 (Eizellspenderin) wird ebenfalls der Zellkern entnommen. (Der Zellkern wird verworfen.)
- In die Eizelle der Eizellspenderin mit den intakten Mitochondrien wird der Zellkern der Mutter 1 injiziert.
- Diese Eizelle wird *in vitro* mit Spermien des Vaters befruchtet.
- Die befruchtete Eizelle (Zygote) teilt sich zu einem mehrzelligen Keim und wird in die Gebärmutter der Mutter 1 implantiert.

Begründung der Zeugung gesunder Kinder mithilfe der Methode:
Kinder, die sich aus so erzeugten Zygoten entwickeln, werden nur Mitochondrien aus der Eizelle der nicht von der Erkrankung betroffenen Eizellspenderin (Mutter 2) besitzen. Vom Spermium des Vaters stammen keine Mitochondrien.

TIPP Eine Weitervererbung der Krankheit ist daher ebenfalls nicht möglich.

3.2 Nennung und **Begründung** von Problemen der Methode *(drei sind gefordert)*:
Medizinische Risiken:
- Mögliche Nebenwirkungen durch die Hormonbehandlung
- Misserfolg der Behandlung

Juristische Probleme:
- Klärungsbedarf bei Rechten, Pflichten und Risiken der Eizellspenderin (Mutter 2) in Bezug auf Komplikationen, Haftung und Erziehung
- Vereinbarkeit der Methode mit der Keimbahntherapie (in Deutschland verboten), da die fremden Mitochondriengene vererbt werden
- Festlegung von Kriterien zur Auswahl von Eizellspenderinnen zur Vermeidung von Eizellhandel aus wirtschaftlichen Gründen

Psychologische und soziale Probleme:
- Mögliche Identitätsprobleme des Kindes (zwei Mütter)
- Beziehung der Eizellspenderin zum Kind (Anonymität)
- Ausübung von Druck auf Eltern mit behinderten Kindern
- Übernahme der Behandlungskosten

VP

Der Wirkstoff Morphin gehört zu den wichtigsten Mitteln zur Behandlung starker Schmerzen. Er ist ein Bestandteil des Opiums, des getrockneten Milchsaftes der Kapselfrüchte des Schlafmohns. Morphin bindet an Opioidrezeptoren in der präsynaptischen Membran von Nervenzellen der Schmerzbahn. Dadurch wird die Erregungsweiterleitung zwischen Nervenzellen der Schmerzbahn eingeschränkt und das Schmerzempfinden des Patienten gesenkt. Als Nebenwirkungen treten Atem- und Kreislaufbeschwerden auf.

Abb. 1: Schlafmohn
tanja niggendijker, https://commons.wikimedia.org/wiki/File:Papaver_somniferum_flowers.jpg, CC BY 2.0

1 Beschreiben Sie die Prozesse, die bei der Erregungsübertragung an einer Synapse ablaufen vom Eintreffen eines Aktionspotenzials bis zur Erregung der nachgeschalteten Zelle. 3

Um den Wirkmechanismus des Morphins zu verstehen, wurden Experimente an Nervenzellen durchgeführt. Hierbei entdeckten die Forscher, dass bei der Wirkung des Morphins das membrangebundene Enzym Adenylatcyclase und die Menge an cAMP (cyclisches Adenosinmonophosphat) eine entscheidende Rolle spielen. Abbildung 2 zeigt schematisch die Vorgänge an der präsynaptischen Membran des Endknöpfchens ohne und mit Morphin.

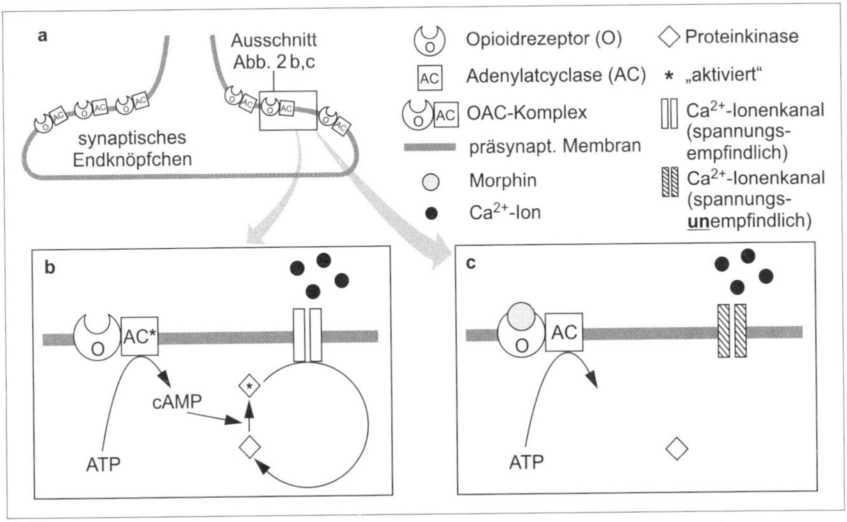

Abb. 2: a) Synaptisches Endknöpfchen mit OAC-Komplexen; b) und c) Vorgänge an der präsynaptischen Membran einer Nervenzelle ohne und mit Morphin (vereinfacht)

2 Erläutern Sie unter Berücksichtigung von Abbildung 2 die schmerzstillende Wirkung des Morphins. 3

Bei länger andauernder Morphingabe stellt sich bei den Konsumenten bald eine Toleranz gegenüber dem Medikament ein. Das bedeutet, dass bei gleicher Morphindosis zunehmend weniger schmerzunterdrückende Wirkung erreicht wird. Um trotzdem eine Wirkung zu erreichen, muss die Dosis erhöht werden, was zur Abhängigkeit von Morphin führen kann.
Diese Abhängigkeit macht sich besonders dann bemerkbar, wenn Morphin abrupt abgesetzt wird. Dabei treten Entzugserscheinungen auf, wie z. B. das Empfinden starker Schmerzen ohne entsprechend starke Schmerzreize.
Abbildung 3 zeigt, wie sich die cAMP-Konzentration im Cytoplasma und die Anzahl der Opioidrezeptor-Adenylatcyclase-Komplexe (OAC-Komplexe) in der Zellmembran des Endknöpfchens bei Morphingabe und Morphinentzug verändern.

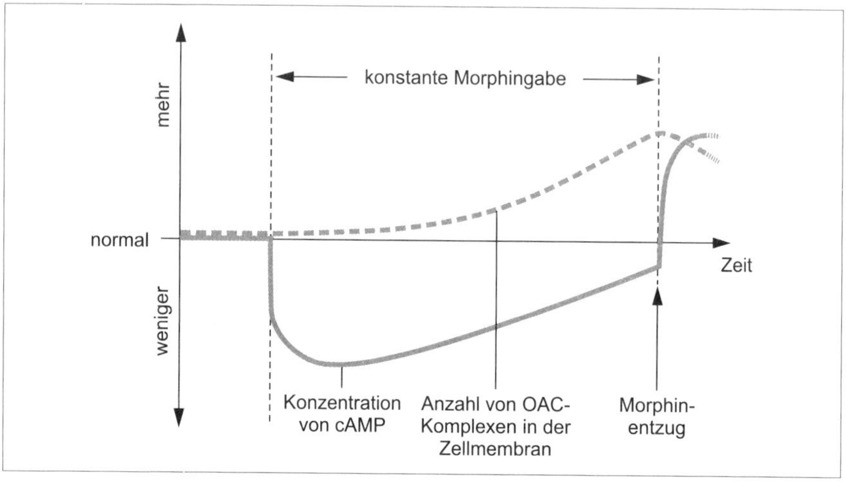

Abb. 3: Konzentration von cAMP und Anzahl OAC-Komplexe bei Morphingabe und Morphinentzug

3.1 Erklären Sie mithilfe der Abbildung 3 die Entwicklung der Toleranz bei der konstanten Gabe von Morphin. 3

3.2 Erläutern Sie mithilfe der Abbildung 3 das Zustandekommen der starken Schmerzen beim plötzlichen Entzug von Morphin. 3

Bei einer Schmerzbehandlung kann es zu einer Überdosierung und damit zu einer Vergiftung durch Morphin kommen. Hierbei kommt es zu starken Nebenwirkungen, die lebensbedrohlich werden können. Der Betroffene fällt in tiefe Bewusstlosigkeit, der Blutdruck sinkt und es kommt zum tödlichen Atemstillstand.
Mithilfe des Medikaments Naloxon kann einer Morphinvergiftung entgegengewirkt werden. Abbildung 4 zeigt die Strukturformeln und die Wirkdauer von Naloxon und Morphin.

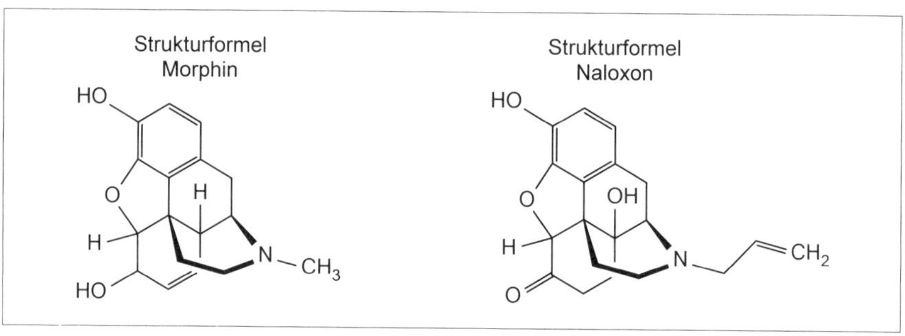

Abb. 4 a: Strukturformel von Morphin und Naloxon

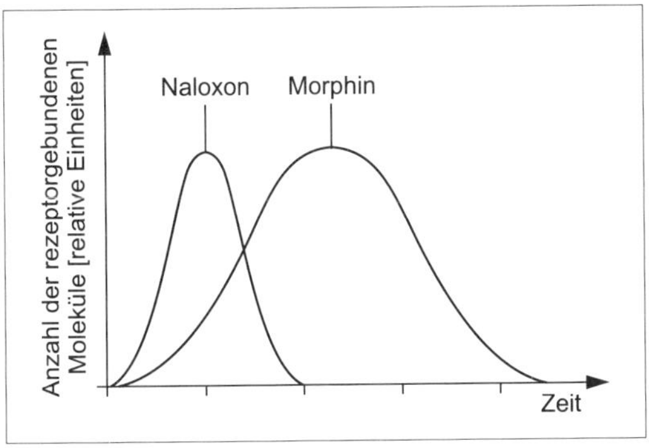

Abb. 4b: Bindung von Naloxon und Morphin an Opioidrezeptoren in Abhängigkeit von der Zeit

4.1 Beschreiben Sie mithilfe von Abbildung 4a einen möglichen molekularen Mechanismus, der die Wirkung von Naloxon erklärt. 2

4.2 Begründen Sie mithilfe von Abbildung 4b, weshalb Naloxon bei einer Morphinvergiftung als Medikament eingesetzt werden kann und hierbei mehrmals verabreicht werden muss. 3

Die Gewinnung von Morphin aus dem Milchsaft des Schlafmohns ist sehr aufwendig. Deshalb versucht man seit Langem Vorstufen des Morphins gentechnisch zu erzeugen. Wissenschaftlern ist es vor wenigen Jahren gelungen, *E. coli*-Bakterien gentechnisch so zu verändern, dass sie eine Vorstufe des Morphins, das Reticulin, synthetisieren. Um die fremden Gene in die Bakterienzellen einzufügen, haben sie rekombinante Plasmide hergestellt, die eine DNA-Sequenz mit den Genen enthält, welche für notwendige Enzyme der Biosynthese von Reticulin codieren.

5 Beschreiben Sie, wie das rekombinante Plasmid aufgebaut sein muss, um damit eine Selektion der rekombinanten Bakterien zu ermöglichen. Erklären Sie ein entsprechendes Selektionsverfahren. 3

20

Lösungsvorschlag

1 **Beschreibung** der Synapsenvorgänge:

- Durch die Erregungsleitung wird am Axonende (Endknöpfchen) ein(e) Aktionspotenzial(folge) ausgelöst.
- Die dadurch bewirkte Depolarisierung führt zur Öffnung (spannungsgesteuerter) Ca^{2+}-Ionenkanäle in der Membran der Endknöpfchen, Ca^{2+}-Ionen strömen ein.
- Die Ca^{2+}-Ionen bewirken, dass synaptische Vesikel zur präsynaptischen Membran wandern und durch Membranverschmelzung (Exocytose) ihren Inhalt (z. B. Acetylcholin) in den synaptischen Spalt entleeren.
- Die Transmittermoleküle diffundieren zur postsynaptischen Membran.
- Die Transmittermoleküle binden an Membranrezeptoren, die mit Na^{+}-Ionenkanälen gekoppelt sind (ligandengesteuerte Ionenkanäle).
- Die Na^{+}-Ionenkanäle öffnen sich infolgedessen und Na^{+}-Ionen strömen in die postsynaptische Zelle ein. Es kommt zur Depolarisierung der postsynaptischen Membran in Form eines erregenden postsynaptischen Potenzials (EPSP).
- Die nachgeschaltete Zelle wird erregt (bei Erreichen eines Schwellenwerts).

TIPP Sie können auch die Abläufe an hemmenden Synapsen beschreiben, indem Sie beispielsweise die Wirkung des Transmitters GABA auf die postsynaptische Zelle (Öffnung von Cl^{-}-Ionenkanälen, IPSP, Hyperpolarisation) anführen.

2 **Erläuterung** der schmerzstillenden Wirkung:

TIPP In der Aufgabenstellung wird nicht die zusätzliche Darstellung der „normalen“ Schmerzempfindung in Abb. 2b verlangt, sondern nur die Erläuterung der Morphinwirkung (Abb. 2c) als Gegensatz zu Abb. 2b. Zusätzlich wird jedoch mit der Formulierung „schmerzstillende Wirkung“ erwartet, dass Ihre Beschreibung der Wirkungskette nicht bei der Synapse endet, sondern bei der Schmerzwahrnehmung im Gehirn.

In der präsynaptischen Membran befinden sich Opioidrezeptoren, die mit dem Enzym AC gekoppelt sind (OAC-Komplexe). Ist dieser Rezeptor mit Morphin besetzt, wird das Enzym AC blockiert, d. h., es ist inaktiv und kann die Umwandlung von ATP in cAMP nicht katalysieren. Ist die Konzentration an cAMP infolgedessen gering, kann das Enzym Proteinkinase nicht aktiviert werden. Dies führt dazu, dass die Ca^{2+}-Ionenkanäle in der Membran der Endknöpfchen spannungsunempfindlich bleiben. Trotz Depolarisation bleiben sie geschlossen, sodass es zu keinem Ca^{2+}-Ioneneinstrom kommt.

Die Vesikelwanderung bleibt aus, ebenso die Transmitterentleerung und die Depolarisation der postsynaptischen Membran sowie die Erregung der nachfolgenden Nervenzelle. Da keine Weiterleitung der Erregung auf Schmerzbahnen zum Gehirn erfolgt, kommt es nicht zur Schmerzempfindung.

3.1 **Erklärung** der Morphintoleranz:
Anfänglich bewirkt Morphin eine schnelle Abnahme der cAMP-Konzentration. Eine anhaltende Morphingabe bewirkt (als Folge) eine Vermehrung der OAC-Komplexe in der Membran, sodass bei gleichbleibender Morphinkonzentration immer mehr Opioidrezeptoren unbesetzt bleiben und die AC-Aktivierung wieder zunimmt. Die cAMP-Konzentration steigt dann wieder an und die Schmerzempfindlichkeit bzw. die Morphintoleranz nimmt zu.

3.2 **Erläuterung** der Entzugserscheinungen:
Bei abruptem Entzug von Morphin steigt die cAMP-Konzentration steil an, da durch die erhöhte Anzahl der OAC-Komplexe viel mehr Rezeptorkomplexe mit unbesetztem Opioidrezeptor aktiviert werden können als vor Ausbildung der Morphintoleranz. Es kommt zu einer sehr starken Aktivität der Proteinkinasen, zu hoher Spannungsempfindlichkeit der Ca^{2+}-Ionenkanäle und dadurch zu einem sehr starken Ca^{2+}-Ioneneinstrom bei Erregung der Synapse. Auch die Transmitterausschüttung ist dadurch sehr groß, sodass letztlich eine starke Erregung der schmerzleitenden Nervenbahnen und eine starke Schmerzempfindung im Gehirn (Schmerzzentrum) erfolgen.

4.1 **Beschreibung** eines Mechanismus, der die Naloxon-Wirkung erklärt:
Naloxon hat eine chemisch ähnliche Molekülstruktur wie Morphin. Naloxon könnte daher (in Konkurrenz zu Morphin) am Opioidrezeptor andocken, ohne jedoch die Adenylatcyclase (bzw. den OAC-Komplex) zu deaktivieren. Dies erklärt die Gegenwirkung (antagonistische Wirkung) zu Morphin (durch kompetitive Hemmung).

4.2 **Begründung** des Einsatzes von Naloxon als Gegenmittel:
Aus dem steileren Anstieg der Naloxon-Kurve in Abb. 4b lässt sich schließen, dass Naloxon viel schneller an die Opioidrezeptoren bindet als Morphin (aufgrund einer stärkeren Affinität zwischen Naloxon und Rezeptorprotein). Es verdrängt dadurch die Morphinmoleküle vom Rezeptormolekül und hebt damit die Morphinwirkung (je nach Dosierung) auf.
Aus Abb. 4b geht aber auch hervor, dass die Wirkungsdauer von Naloxon viel kürzer ist als diejenige von Morphin. Die Konzentration rezeptorgebundender Naloxonmoleküle nimmt schneller ab, da Naloxon vermutlich schneller abgebaut oder wieder ausgeschieden wird. Um zu verhindern, dass die frei gewordenen Opioidrezeptoren wieder von den länger wirksamen Morphinmolekülen besetzt werden, muss Naloxon mehrfach nacheinander verabreicht werden.

5 **Beschreibung** des rekombinanten Plasmids:
Die rekombinanten Bakterien müssen Plasmide enthalten, die zusätzlich zum Reticulin-Gen noch mit einem weiteren charakteristischen Gen ausgestattet sind, das ein Selektionsverfahren ermöglicht. Infrage kommen beispielsweise Resistenzgene, das β-Galactosidase-Gen oder Leuchtgene.

Erklärung eines Selektionsverfahrens:
Beispiel Leuchtgen als Markergen: Die Expression der Gene für die Reticulinsynthese wird mit der Expression eines Markergens gekoppelt, das z. B. für das fluoreszierende Protein GFP codiert. Bei Beleuchtung der Bakterienkolonien mit UV-Licht lassen sich erfolgreich rekombinierte Stämme dadurch selektieren, dass sie grün fluoreszieren.

Biologie (Baden-Württemberg) ▪ Abiturprüfung 2019
Aufgabe I: Proteinbiosynthese, Immunbiologie

VP

Alljährlich sterben in Deutschland Menschen nach dem Verzehr des Grünen Knollenblätterpilzes (*Amanita phalloides*, Abbildung 1). Bereits ein einziger Pilz kann tödlich sein. Der Grüne Knollenblätterpilz enthält unter anderem das Gift α-Amanitin, ein kleines Peptid, bestehend aus nur acht Aminosäuren (Abbildung 2). α-Amanitin wird weder beim Kochen zerstört noch durch die Proteasen des Verdauungstraktes abgebaut.

Abb. 1: Grüner Knollenblätterpilz

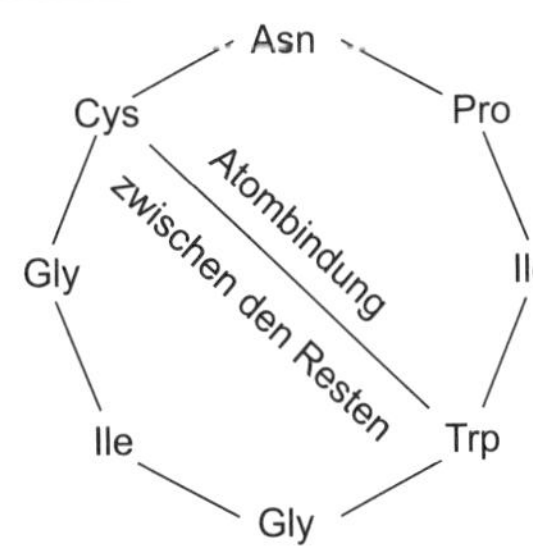

Abb. 2: Struktur von α-Amanitin (schematisch)

1.1 Zeichnen Sie die Strukturformel eines möglichen Dipeptids, das aus den Aminosäuren Cystein (Rest: $-CH_2-SH$) und Glycin (Rest: $-H$) besteht. 2

1.2 Erläutern Sie die Hitzedenaturierung von Proteinen und geben Sie unter Berücksichtigung von Abbildung 2 eine Erklärung für die Hitzebeständigkeit von α-Amanitin. 2

α-Amanitin verhindert die Transkription in Zellen des menschlichen Organismus. Acht bis zwölf Stunden nach dem Verzehr kommt es zunächst zu Übelkeit, Erbrechen und Durchfall. Im schlimmsten Fall führt die Vergiftung nach mehreren Tagen zum Tod durch Leberversagen.

2.1 Beschreiben Sie den Ablauf der Transkription. 3

2.2 Erläutern Sie zwei mögliche Mechanismen, wie α-Amanitin die Transkription verhindern könnte. 2

2.3 Erklären Sie, warum die tödliche Wirkung von α-Amanitin erst nach mehreren Tagen eintritt. 2

Wissenschaftler des Deutschen Krebsforschungszentrums versuchen die Giftwirkung des α-Amanitins in der Krebstherapie einzusetzen. Es gelang ihnen im Experiment mit Mäusen, Tumore der Bauchspeicheldrüse effektiv zu bekämpfen. Abbildung 3 zeigt das Prinzip dieser gezielten Bekämpfung einer Krebszelle mit α-Amanitin-gekoppelten Antikörpern.

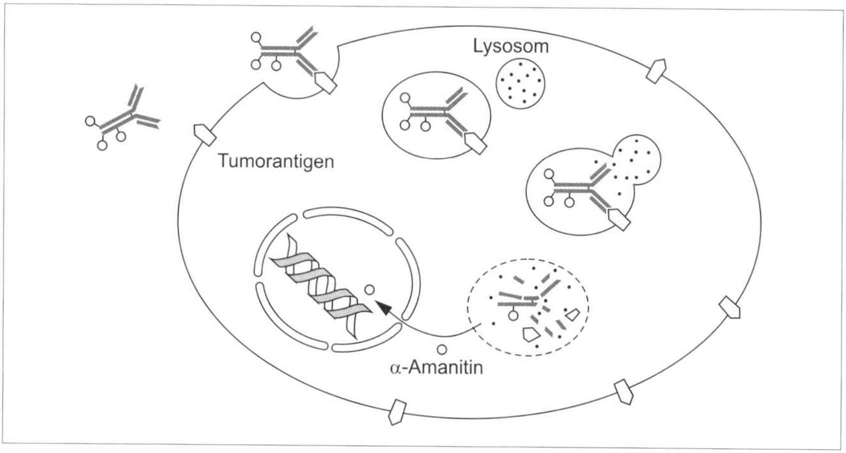

Abb. 3: Bekämpfung einer Krebszelle mit α-Amanitin-gekoppelten Antikörpern (stark vereinfacht)

3 Erläutern Sie unter Berücksichtigung von Abbildung 3 und der Informationen aus den Vortexten das spezifische Absterben von Krebszellen bei dieser Therapie. 3

Die ersten in dieser Krebstherapie bei Mäusen eingesetzten Antikörper stammten von Ratten. Diese therapeutischen Ratten-Antikörper führten nur kurzzeitig zu einem Therapieerfolg, da sie eine Immunantwort bei den Mäusen auslösten.

4.1 Beschreiben Sie die humorale Immunantwort im Körper der Maus nach einer Injektion therapeutischer Ratten-Antikörper und erläutern Sie, warum die Wirksamkeit der Therapie nach mehreren Behandlungen mit therapeutischen Ratten-Antikörpern stark nachlässt. 4

Neben einem möglichen Wirkungsverlust treten bei der Krebstherapie mit α-Amanitin-gekoppelten Antikörpern manchmal erhebliche Nebenwirkungen auf.

4.2 Erläutern Sie unter Berücksichtigung von Abbildung 3 eine mögliche Nebenwirkung beim Einsatz von α-Amanitin-gekoppelten Antikörpern in der Krebstherapie. 2

20

Lösungsvorschlag

1.1 **Zeichnung** der Strukturformel des Dipeptids Cys-Gly oder Gly-Cys:

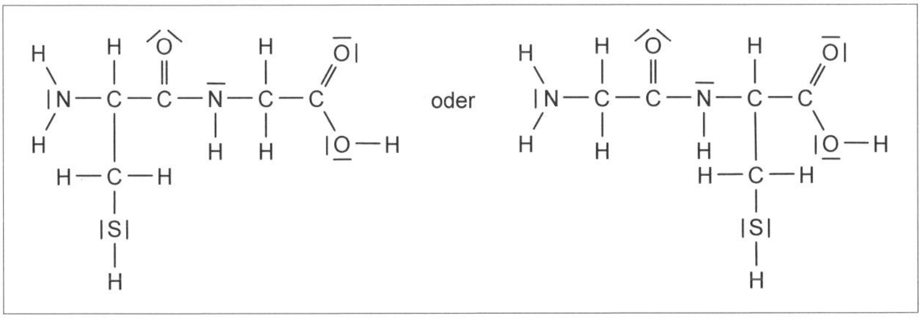

TIPP Gefordert ist nur die Strukturformel des Dipeptids, nicht die gesamte Kondensationsreaktion. Die freien (nichtbindenden) Elektronenpaare werden nicht erwartet.

1.2 **Erläuterung** der Hitzedenaturierung:
Hohe Temperaturen (über 40 °C) führen dazu, dass durch zunehmende Molekularbewegungen v. a. schwache Anziehungskräfte wie Wasserstoffbrücken und hydrophobe Wechselwirkungen zwischen den Aminosäure(reste)n eines Proteins aufgehoben werden und sich dadurch die Sekundär- und Tertiärstruktur von Proteinen verändert. Die Veränderung der räumlichen Struktur (Konformation) bedingt häufig den Funktionsverlust des Proteins.

Erklärung der Hitzestabilität von α-Amanitin:
Da es bei dem kleinen Molekül durch Peptidbindungen (Atombindungen) zwischen allen Aminosäuren zu einem Ringschluss kommt und die beim Kochen erreichte Temperatur von maximal 100 °C nicht ausreicht, um Atombindungen zu lösen, bleibt die formgebende Ringstruktur auch bei großer Hitze erhalten. Zusätzlich wird die Ringstruktur durch eine Atombindung zwischen den Resten der Aminosäuren Tryptophan und Cystein stabilisiert.

2.1 **Beschreibung** der Transkription:

- **Initiation:** Die RNA-Polymerase erkennt die Startsequenz auf der DNA (Promotor) und bindet daran. Das Enzym entspiralisiert einen kurzen Abschnitt des DNA-Doppelstrangs und trennt ihn in zwei komplementäre Einzelstränge.
- **Elongation:** Freie RNA-Nukleotide lagern sich komplementär an den codogenen Strang an. Die Verknüpfung der RNA-Nukleotide zur mRNA erfolgt in 5' → 3'-Richtung durch die RNA-Polymerase.
- **Termination:** Wenn die RNA-Polymerase die Stopp-Sequenz (Terminator) am Ende des Gens erreicht, löst sie sich von der DNA und gibt die mRNA frei.

2.2 Erläuterung möglicher Mechanismen der Transkriptionsblockade:

> **TIPP** Im Prinzip ist bei allen drei in 2.1 aufgeführten Teilprozessen der Transkription eine Blockade denkbar. Nur zwei mögliche Mechanismen sind gefordert.

Initiation:

- α-Amanitin bindet an die Promotorregion, sodass sich die RNA-Polymerase dort nicht anlagern kann.
- α-Amanitin bindet an die RNA-Polymerase und verändert deren Tertiärstruktur, sodass das Enzym nicht an den Promotor binden kann.
- α-Amanitin blockiert die DNA-bindende Region der RNA-Polymerase, sodass diese nicht an den Promotor (oder Initiationskomplex) binden kann.

Elongation:

- α-Amanitin hemmt das Enzym, das Ribonukleotide als Substrate für die RNA-Polymerase bereitstellt, sodass keine mRNA-Synthese erfolgen kann.
- α-Amanitin blockiert das katalytische Zentrum der RNA-Polymerase, sodass keine Verknüpfung der RNA-Nukleotide erfolgt.

Termination:
α-Amanitin bindet an die DNA-Terminationssequenz und verhindert die Ablösung der RNA-Polymerase und damit die Freisetzung des RNA-Transkripts.

2.3 Erklärung der verzögert eintretenden tödlichen Wirkung:
Noch in der Zelle vorhandene, funktionelle Proteine (und bereits synthetisierte RNA-Transkripte, die weiterhin translatiert werden können) halten trotz einer Blockade der Transkription wichtige Stoffwechselfunktionen über mehrere Tage hinweg aufrecht. Erst nachdem die Proteine (und die RNA-Transkripte) verbraucht bzw. enzymatisch abgebaut wurden und keine neue mRNA mehr nachgebildet wird, kommt es zum tödlichen Organversagen. Dabei sind Organe mit hohen Stoffwechselraten wie z. B. die Leber zuerst betroffen.

3 Erläuterung der Krebstherapie mit α-Amanitin-gekoppelten Antikörpern:

> **TIPP** Hier wird erwartet, dass Sie nicht nur das Absterben der Krebszellen infolge der Krebstherapie erläutern, sondern auch darlegen, weshalb durch die Therapie gezielt nur Krebszellen abgetötet werden.

Die Spezifität dieser Therapie basiert darauf, dass Krebszellen im Gegensatz zu Körperzellen auf ihrer Oberfläche Tumorantigene tragen, an die α-Amanitin-gekoppelte Antikörper spezifisch binden können.

- α-Amanitin-gekoppelte Antikörper binden mit ihrer Antigen-Bindestelle spezifisch (nach dem Schlüssel-Schloss-Prinzip) an das Epitop des in der Membran einer Krebszelle integrierten Tumorantigens.

- Durch rezeptorvermittelte Endocytose werden die α-Amanitin-gekoppelten Antikörper in die Zelle in Vesikel aufgenommen.
- Lysosomen verschmelzen mit den Vesikeln und die darin enthaltenen lysosomalen Enzyme zerstören das Tumorantigen, α-Amanitin-gekoppelte Antikörper sowie die Vesikelmembran (oder machen diese durchlässig).
- α-Amanitin wird ins Cytoplasma freigesetzt und dringt über die Kernporen in den Zellkern ein, wo es die Transkription hemmt. Dies führt zum Absterben der Krebszelle.

4.1 Beschreibung der humoralen Immunantwort:

- **Erkennungsphase:** Die α-Amanitin-gekoppelten Ratten-Antikörper (αAK) werden von Makrophagen als Antigene erkannt, phagozytiert und in Bruchstücke zerlegt. Diese Fragmente werden (mithilfe spezieller Membranproteine, MHC II) auf der Membranoberfläche der Makrophagen präsentiert. Ruhende spezifische T-Helferzellen binden mit ihrem spezifischen T-Zell-Rezeptor an das präsentierte αAK-Fragment. Ein Signalstoff (Zytokin) des Makrophagen aktiviert die T-Helferzellen und regt diese zur Teilung (Proliferation) und Differenzierung in aktive T-Helferzellen und T-Helfer-Gedächtniszellen an. Gleichzeitig erkennen und phagozytieren auch (spezielle) B-Lymphozyten mit passenden Rezeptoren die αAK, bauen sie (teilweise) ab und präsentieren αAK-Fragmente (über MHC-II-Proteine) auf ihrer Membranoberfläche. Die zuvor aktivierten T-Helferzellen binden über ihren spezifischen T-Zell-Rezeptor an die präsentierten αAK-Fragmente und schütten daraufhin Signalstoffe (Zytokine) aus.
- **Differenzierungsphase:** Die ausgeschütteten Signalstoffe regen B-Lymphozyten zur Vermehrung (Proliferation) und Differenzierung in Plasmazellen und B-Gedächtniszellen an.
- **Wirkungsphase:** Die Plasmazellen produzieren spezifische Antikörper gegen αAK. Die freigesetzten Antikörper verklumpen mit αAK zu αAK-Antikörper-Komplexen (Antigen-Antikörper-Reaktion), die von Makrophagen phagozytiert werden.

Erläuterung der nachlassenden Wirksamkeit der Therapie:
Nach mehreren Behandlungen bildet sich im Zuge der humoralen Immunantwort eine große Anzahl an B- und T-Helfer-Gedächtniszellen, die zu einer zunehmend schnelleren und stärkeren (sekundären) Immunantwort gegen die injizierten α-Amanitin-gekoppelten Ratten-Antikörper führen, sodass diese von den zahlreichen und schnell gebildeten Antikörpern gebunden werden, bevor sie ihre Zielzellen erreichen.

4.2 Erläuterung einer möglichen Nebenwirkung:
Die Freisetzung von α-Amanitin in den extrazellulären Raum durch Absterben und Lyse der Krebszellen (oder durch Exocytose oder erleichterte Diffusion aus vergifteten Krebszellen) führt zur Schädigung normaler Körperzellen durch Aufnahme des Giftstoffes. Dies bewirkt die Hemmung der Proteinbiosynthese (z. B. wichtiger Verdauungsenzyme) sowie das Absterben von Geweben.

Weitere, nicht unmittelbar aus Abb. 3 entnehmbare Nebenwirkungen:

- Makrophagen und B-Lymphozyten, die durch Phagozytose α-Amanitin-gekoppelte Ratten-Antikörper aufnehmen und α-Amanitin intrazellulär freisetzen, könnten geschädigt werden (Schwächung des Immunsystems).
- Das injizierte Fremdprotein könnte zur Ausbildung einer Allergie führen, bei der die typischen Symptome einer allergischen Reaktion infolge von Histamin-Freisetzung aus Mastzellen auftreten (nach einer Mehrfachbehandlung mit den α-Amanitin-gekoppelten Ratten-Antikörpern).

TIPP Nur die Erläuterung einer möglichen Nebenwirkung ist verlangt.

VP

Glyphosat ist eines der weltweit am häufigsten verwendeten und am meisten umstrittenen Herbizide in der Landwirtschaft. Es wird eingesetzt, um das Wachstum unerwünschter Pflanzen zu unterbinden. Nur gentechnisch veränderte Nutzpflanzen sind gegen dieses Herbizid unempfindlich.
Glyphosat hemmt in der Pflanzenzelle das Enzym EPSP-Synthase. Dieses Enzym katalysiert die Reaktion von Shikimat-3-phosphat zu 5-Enolpyruvyl-shikimat-3-phosphat (EPSP). Dies ist ein spezifisch in Pflanzenzellen ablaufender Reaktionsschritt im Biosyntheseweg der Aminosäuren Phenylalanin, Tyrosin und Tryptophan (Abbildung 1).

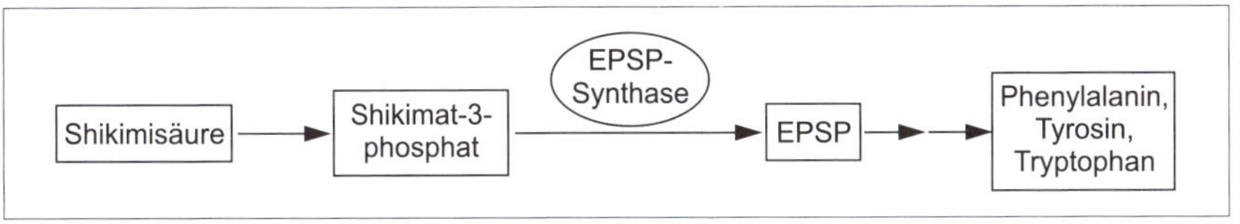

Abb. 1: Biosyntheseweg

1.1 Erklären Sie, weshalb Pflanzen nach Behandlung mit Glyphosat absterben. 2

Pflanzen mit und Pflanzen ohne Glyphosat-Behandlung wurden auf ihren Gehalt an Shikimat-3-phosphat untersucht (Abbildung 2).

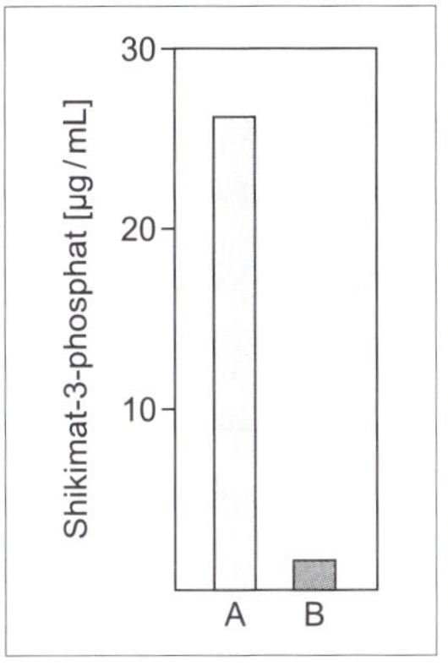

Abb. 2: Gehalt an Shikimat-3-phosphat

1.2 Erstellen Sie beschriftete Skizzen, welche
a) die durch EPSP-Synthase katalysierte Reaktion veranschaulichen sowie
b) einen möglichen Mechanismus der Hemmung von EPSP-Synthase durch Glyphosat aufzeigen. 3

1.3 Ordnen Sie die Pflanzen mit und die Pflanzen ohne Glyphosat-Behandlung den Ergebnissen in Abbildung 2 begründet zu. 2

Seit Kurzem beobachtet man, dass bei intensivem Glyphosat-Einsatz zunehmend Pflanzen auftreten, die gegen dieses Herbizid unempfindlich sind. Bei der näheren Untersuchung dieses Phänomens wurden zwei Hypothesen überprüft.
Hypothese 1 besagt, dass Pflanzen eine veränderte EPSP-Synthase bilden, die gegenüber Glyphosat unempfindlich ist.

2.1 Erklären Sie, welche Veränderung des EPSP-Synthase-Moleküls nach dieser Hypothese eine Unempfindlichkeit gegen Glyphosat bewirken könnte. 2

In der Basensequenz des EPSP-Synthase-Gens Glyphosat-empfindlicher und Glyphosat-unempfindlicher Pflanzen zeigen sich nur die in Abbildung 3 dargestellten Unterschiede.

Glyphosat-empfindliche Pflanzen	3' … CG**C** CGT CA**G** TT**A** CCT … 5'
Glyphosat-unempfindliche Pflanzen	3' … CG**T** CG**C** CA**A** TT**G** CCT … 5'

Abb. 3: Ausschnitte des codogenen Strangs des EPSP-Synthase-Gens

2.2 Ermitteln Sie mithilfe der Codesonne (siehe Anlage) die zugehörigen Aminosäuresequenzen und prüfen Sie die Gültigkeit von Hypothese 1. 3

Hypothese 2 besagt, dass Pflanzen über eine „normale“ EPSP-Synthase verfügen, die gegenüber Glyphosat empfindlich ist. Dieses Enzym liegt in stark erhöhter Konzentration in den Zellen vor.

3.1 Erklären Sie, weshalb Pflanzen gegen Glyphosat unempfindlich werden können, wenn die Konzentration der „normalen“ EPSP-Synthase in ihren Zellen stark erhöht ist. 2

3.2 Erläutern Sie zwei Möglichkeiten, wie es infolge einer Mutation zu einer Erhöhung der Konzentration des Enzyms EPSP-Synthase in den Zellen kommen könnte. 3

Zur Überprüfung von Hypothese 2 wurde die EPSP-Synthase-Aktivität in Pflanzenzellen unter dem Einfluss von Glyphosat bestimmt.
In Abbildung 4 sind die Ergebnisse dieser Untersuchungen für Glyphosat-empfindliche und Glyphosat-unempfindliche Pflanzen dargestellt.

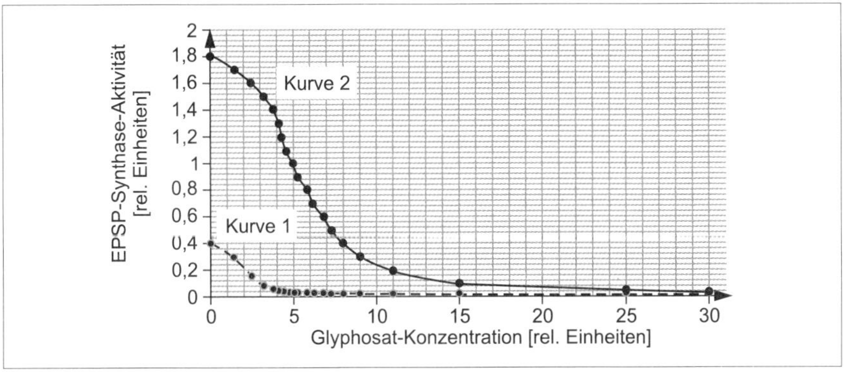

Abb. 4: EPSP-Synthase-Aktivität in Abhängigkeit von der intrazellulären Glyphosat-Konzentration bei Glyphosat-empfindlichen und Glyphosat-unempfindlichen Pflanzen

4 Erläutern Sie die in Abbildung 4 dargestellten Kurvenverläufe und prüfen Sie, ob die Untersuchungsergebnisse die Hypothese 2 bestätigen. 3/20

Anlage Codesonne

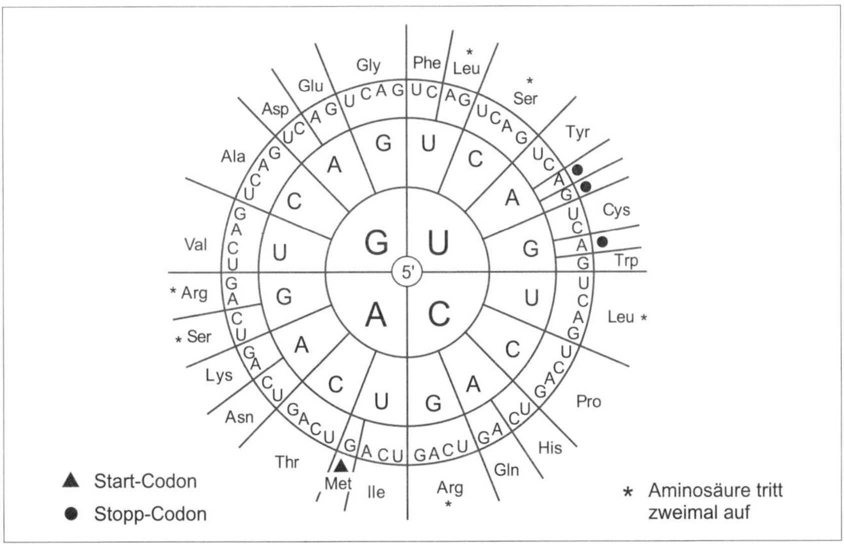

Lösungsvorschlag

1.1 **Erklärung** des Absterbens der Pflanzen nach Glyphosat-Behandlung:
Die EPSP-Synthase katalysiert die Bildung von EPSP aus Shikimat-3-phosphat. EPSP ist eine notwendige Vorstufe im Syntheseweg verschiedener Aminosäuren bei Pflanzen. Die Hemmung des Enzyms EPSP-Synthase durch Glyphosat führt dazu, dass kein EPSP mehr gebildet werden kann. Dadurch kommt es in den behandelten Pflanzen zu einem Mangel der Aminosäuren Phenylalanin, Tyrosin und Tryptophan. Dies führt zu Störungen der Proteinbiosynthese, sodass lebenswichtige Proteine (z. B. Enzyme, Transport- und Membranproteine) nicht mehr gebildet werden können und die Pflanze abstirbt.

1.2 **Erstellung** beschrifteter Skizzen:

a) EPSP-Synthase-Reaktion:

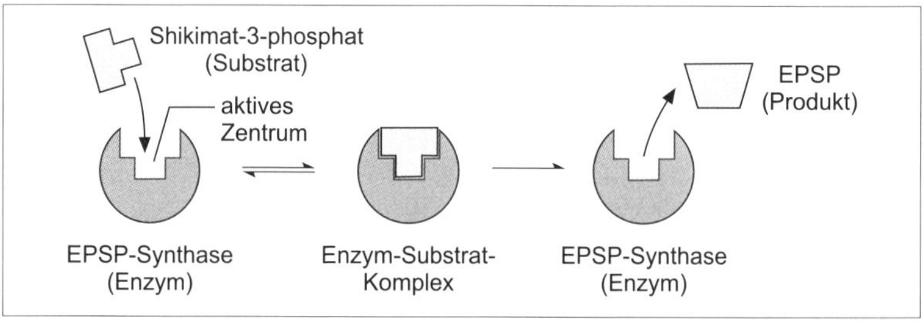

TIPP Aus dem Produkt (EPSP) der von EPSP-Synthase katalysierten Reaktion lässt sich schließen, dass das Enzym Shikimat-3-phosphat mit einem zweiten Substrat zu 5-Enolpyruvyl-shikimat-3-phosphat (EPSP) umsetzt. Daher sind auch Darstellungen des Enzyms EPSP-Synthase mit zwei Substraten oder aber mit zwei aktiven Zentren, die je ein Substrat binden und zu dem Produkt EPSP verknüpfen, korrekt.

b) EPSP-Synthase-Hemmung:

TIPP Hier ist die Darstellung einer reversiblen (kompetitiv oder allosterisch) oder irreversiblen Hemmung möglich.

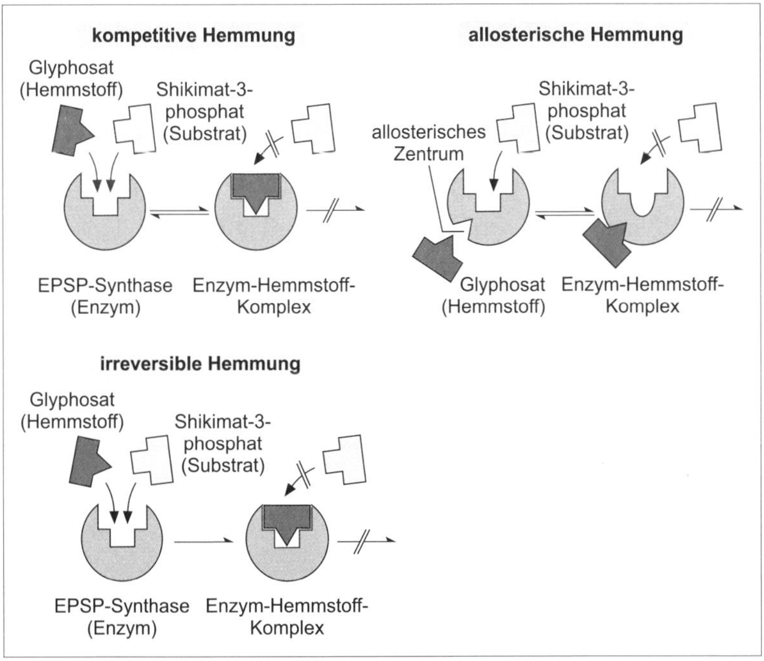

TIPP Auch eine Skizze, bei der der Hemmstoff an einer anderen Stelle des Enzyms bindet und eine irreversible Veränderung der räumlichen Struktur des aktiven Zentrums bewirkt, ist korrekt.

1.3 Begründete Zuordnung der Pflanzen:

TIPP Hier ist eine Zuordnung und jeweils eine Begründung der Zuordnung verlangt.

- Bei Pflanzengruppe A handelt es sich um mit Glyphosat behandelte Pflanzen. Der sehr hohe Gehalt an Shikimat-3-phosphat (ca. 26 μg/mL) lässt auf einen Substratstau schließen: Durch die Hemmung der EPSP-Synthase durch Glyphosat kann Shikimat-3-phosphat nicht zu EPSP umgesetzt werden und reichert sich an.
- Pflanzengruppe B wurde nicht mit Glyphosat behandelt. Es ist nur eine geringe Konzentration des Substrats Shikimat-3-phosphat (ca. 2 μg/mL) messbar. Da die EPSP-Synthase nicht blockiert wurde, reichert sich Shikimat-3-phosphat nicht an, sondern kann zu EPSP umgewandelt werden.

2.1 Erklärung der Glyphosat-Unempfindlichkeit gemäß Hypothese 1:
Das EPSP-Synthase-Molekül ist an der Bindestelle für Glyphosat infolge einer Mutation des entsprechenden Gens so verändert, dass sich Glyphosat nicht mehr an das aktive oder allosterische Zentrum der EPSP-Synthase anlagern und das Enzym nicht mehr hemmen kann. Das Substrat (Shikimat-3-phosphat) kann aber weiterhin am aktiven Zentrum binden.

2.2 Ermittlung der Aminosäuresequenz und **Überprüfung** von Hypothese 1:

Glyphosat-empfindliche Pflanzen:	
DNA-Sequenz, codogener Strang:	3'… CG**C** CG**T** CA**G** TT**A** CCT …5'
mRNA-Sequenz:	5'… GC**G** GC**A** GU**C** AA**U** GGA …3'
Aminosäuresequenz:	Ala – Ala – Val – Asn – Gly
Glyphosat-unempfindliche Pflanzen:	
DNA-Sequenz, codogener Strang:	3'… CG**T** CG**C** CA**A** TT**G** CCT …5'
mRNA-Sequenz:	5'… GC**A** GC**G** GU**U** AA**C** GGA …3'
Aminosäuresequenz:	Ala – Ala – Val – Asn – Gly

Trotz veränderter DNA-Sequenz ergibt sich eine identische Aminosäuresequenz im Protein (stumme Mutationen). Hypothese 1 kann daher nicht gültig sein.

3.1 Erklärung der Glyphosat-Unempfindlichkeit gemäß Hypothese 2:
Bei einer stark erhöhten EPSP-Synthase-Konzentration in der Zelle reichen die Glyphosat-Moleküle (bei Verabreichung in gebräuchlicher Dosis) nicht mehr aus, um alle EPSP-Synthase-Moleküle zu binden und zu deaktivieren. So wird weiterhin EPSP gebildet und die Proteinbiosynthese durch die Bereitstellung der genannten Aminosäuren ermöglicht.

3.2 Erläuterung von Mutationen, die zu einer erhöhten EPSP-Synthase-Konzentration führen könnten:

- Eine Mutation in der Promotorsequenz des EPSP-Synthase-Gens könnte eine erhöhte Affinität der RNA-Polymerase zum Promotor bewirken. Eine erhöhte Transkriptionsrate und höhere Enzymkonzentrationen wären die Folge.
- Eine Mutation im Gen eines aktivierenden Transkriptionsfaktors könnte zu einer erhöhten Affinität dieses Aktivatorproteins zu seiner DNA-Bindestelle (Promotor oder Enhancer) und damit zu einer erhöhten Transkriptionsrate führen.
- Eine Mutation in einem Gen eines hemmenden Transkriptionsfaktors könnte zu einer verminderten Affinität dieses Repressorproteins zu seiner DNA-Bindestelle (Silencer) und damit zu einer erhöhten Transkriptionsrate führen.
- Mutationen in den regulatorischen DNA-Sequenzen (Enhancer und Silencer) könnten die Bindungsaffinität regulatorischer Proteine beeinflussen und eine erhöhte Transkriptionsrate und damit Enzymkonzentration verursachen.

Weitere mögliche Ursache:
Polyploidisierung oder eine Genduplikation des EPSP-Synthase-Gens könnte zu einer Erhöhung der Konzentration des Genprodukts und damit zu einer erhöhten EPSP-Synthase-Konzentration in den Zellen führen.

> **TIPP** Nur die Erläuterung zweier Möglichkeiten wird erwartet.

4 **Erläuterung** der Kurvenverläufe:

> **TIPP** Der Operator „erläutern" erwartet von Ihnen, dass Sie die Kurvenverläufe beschreiben, erklären und anschließend vergleichend zu einer Wertung kommen, die es Ihnen ermöglicht, Hypothese 2 zu bestätigen oder zu verwerfen. Daher ist es hilfreich, zunächst die jeweils auf den Achsen des Diagramms aufgetragenen Größen und Einheiten zu klären.

Das Diagramm zeigt die Abhängigkeit der EPSP-Synthase-Aktivität (y-Achse) in relativen Einheiten von der intrazellulären Glyphosat-Konzentration (x-Achse) in relativen Einheiten für Glyphosat-empfindliche und Glyphosat-unempfindliche Pflanzen.

- Glyphosat-empfindliche Pflanzen (Kurve 1) zeigen ohne Einfluss von Glyphosat eine niedrige maximale Enzymaktivität von 0,4 rel. Einheiten. Mit zunehmender Glyphosat-Konzentration fällt die Enzymaktivität stark ab. Bereits ab einer Konzentration von ca. 5 rel. Einheiten ist fast keine Enzymaktivität mehr messbar, da nahezu alle Enzymmoleküle durch Glyphosat-Moleküle gehemmt sind.
- Glyphosat-unempfindliche Pflanzen (Kurve 2) zeigen ohne Glyphosat eine maximale Enzymaktivität von 1,8 rel. Einheiten. Sie beträgt also das 4,5-Fache der Enzymaktivität bei Glyphosat-empfindlichen Pflanzen. Mit zunehmender Glyphosat-Konzentration nimmt die Enzymaktivität ab, zunächst nahezu linear zur Glyphosat-Konzentration, ab einer Konzentration von 4 rel. Einheiten annähernd exponentiell. Bei einer Konzentration von 30 rel. Einheiten ist fast keine Enzymaktivität mehr nachweisbar. Der Kurvenverlauf lässt auf eine hohe Konzentration des Enzyms EPSP-Synthase schließen, deren Aktivität nur durch entsprechend höhere Glyphosat-Konzentrationen gehemmt werden kann.

Prüfung der Gültigkeit von Hypothese 2:
Hypothese 2 lässt sich durch die Versuchsergebnisse bestätigen, da Glyphosat-unempfindliche Pflanzen über eine „normale" EPSP-Synthase verfügen, deren Aktivität durch Glyphosat hemmbar ist, und da das Enzym in stark erhöhter Konzentration in den Zellen vorliegt. Darauf deutet zum einen die deutlich (4,5-fach) höhere Enzymaktivität gegenüber Glyphosat-empfindlichen Pflanzen hin und zum anderen die Tatsache, dass wesentlich höhere Glyphosat-Konzentrationen notwendig sind, um alle Enzymmoleküle zu hemmen.

VP

Der deutsche Pharmakologe OTTO LOEWI forschte in den 1920er-Jahren an den bis dahin noch völlig unbekannten Prozessen der Erregungsübertragung von Nervenzellen auf Muskelzellen. Für seine Entdeckung, dass an Synapsen ein chemischer Überträgerstoff wirkt, der später als Acetylcholin identifiziert wurde, erhielt LOEWI 1936 den Nobelpreis.

1 Erstellen Sie eine beschriftete Skizze einer chemischen Synapse (Größe ca. ½ Seite), in der die für die Erregungsübertragung erforderlichen Strukturen dargestellt sind. 3

In einem Experiment arbeitete OTTO LOEWI mit zwei Froschherzen in Kochsalzlösung. Beide Herzen schlugen, angeregt durch intakte Schrittmacherzellen, noch selbstständig. Schrittmacherzellen im Herzmuskel lösen eine selbstständige und regelmäßige Muskelkontraktion (Herzschlag) aus. Eines der beiden Herzen war noch mit dem Vagusnerv verbunden, der die Schrittmacherzellen des Herzens und damit die Herztätigkeit bei elektrischer Reizung beeinflussen kann. An beiden Froschherzen wurde die Frequenz der Herzschläge gemessen. Abbildung 1 zeigt Durchführung und Ergebnisse des Experiments.

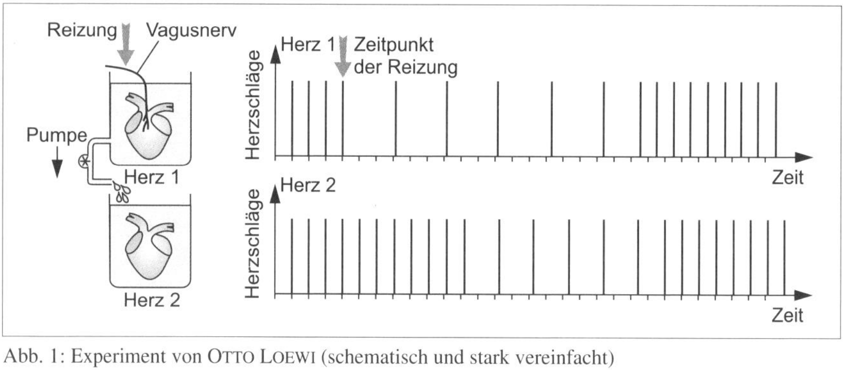

Abb. 1: Experiment von OTTO LOEWI (schematisch und stark vereinfacht)

2.1 Beschreiben Sie die Ergebnisse des Experiments und begründen Sie, weshalb LOEWI damit auf einen chemischen Überträgerstoff schließen konnte. 2

2.2 Nennen und erklären Sie zwei Unterschiede in der Aktivität von Herz 2 im Vergleich zu Herz 1. 2

Durch ständigen Einstrom von Kationen (z. B. Na^+, Ca^{2+}) in die Schrittmacherzellen kommt es in regelmäßigen Abständen zu einer überschwelligen Depolarisation und einem darauffolgenden Herzschlag.

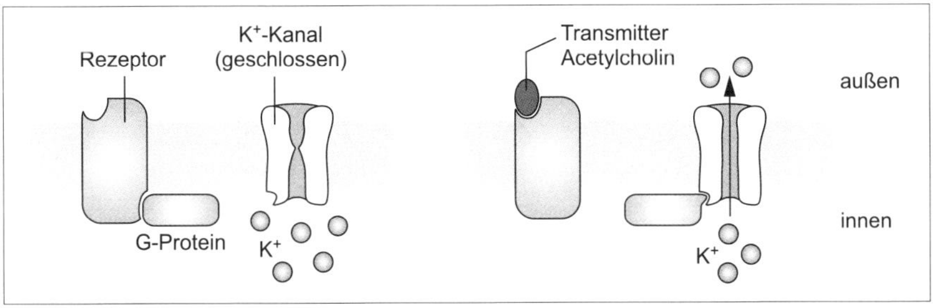

Abb. 2: Transmitterwirkung auf eine Schrittmacherzelle

3 Erläutern Sie unter Verwendung von Abbildung 2 die Wirkung des Transmitters Acetylcholin auf Schrittmacherzellen des Herzens sowie die Auswirkung auf die Herzschlagfrequenz (Abbildung 1). 3

Myasthenia gravis ist eine schwere Muskelschwäche. Zu Beginn der Erkrankung sind vor allem die Lidmuskeln betroffen. Den erkrankten Personen fallen buchstäblich die Augen zu. Später zeigen sich die Symptome auch bei anderen Skelettmuskeln, nicht jedoch bei der Herzmuskulatur. Ursache der Erkrankung ist eine Autoimmunreaktion. Bei Betroffenen wurden Antikörper nachgewiesen, die zur Blockierung der Acetylcholin-Rezeptoren an motorischen Endplatten der Skelettmuskulatur führen.

4 Geben Sie eine mögliche Erklärung, weshalb die Antikörper bei Myasthenia-gravis-Patienten zu einer Skelettmuskelschwäche, nicht aber zu einer Schwäche der Herzmuskulatur führen. 2

Myasthenia gravis kann unter anderem durch den Nachweis der Antikörper gegen Acetylcholin-Rezeptoren diagnostiziert werden. Hierfür verwendet man einen ELISA-Test. Als Antigen wird ein Acetylcholin-Rezeptor menschlicher Skelettmuskelzellen eingesetzt. Abbildung 3 zeigt den Ablauf des Tests.

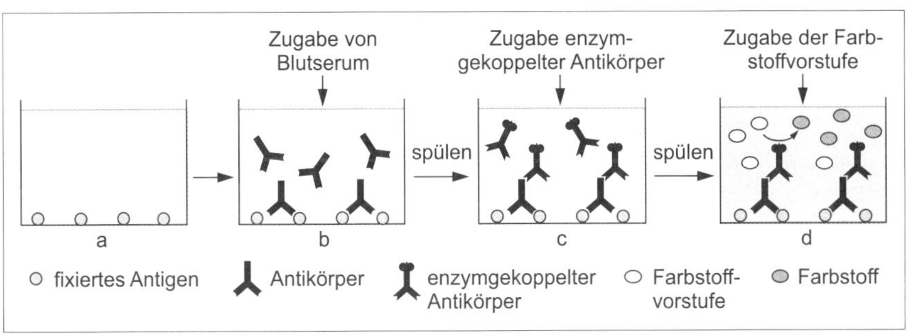

Abb. 3: ELISA-Test auf Antikörper

5 Beschreiben Sie anhand von Abbildung 3 den ELISA-Test auf Antikörper bei Myasthenia gravis. Begründen Sie die Notwendigkeit der Spülvorgänge.
Erklären Sie, warum dieser Test bei Verdacht auf Myasthenia gravis eine Diagnose ermöglicht. 4

Durch das Medikament Neostigmin kann es zu einer vorübergehenden Besserung der Krankheitssymptome kommen. Abbildung 4 zeigt die Strukturformeln von Neostigmin und Acetylcholin. Grundsätzlich sind drei Wirkungsweisen denkbar:

a) Konkurrenz mit Acetylcholin um Acetylcholin-Rezeptoren der Skelettmuskelzellen.
b) Bindung an Antikörper gegen Acetylcholin-Rezeptoren.
c) Bindung an Acetylcholinesterase.

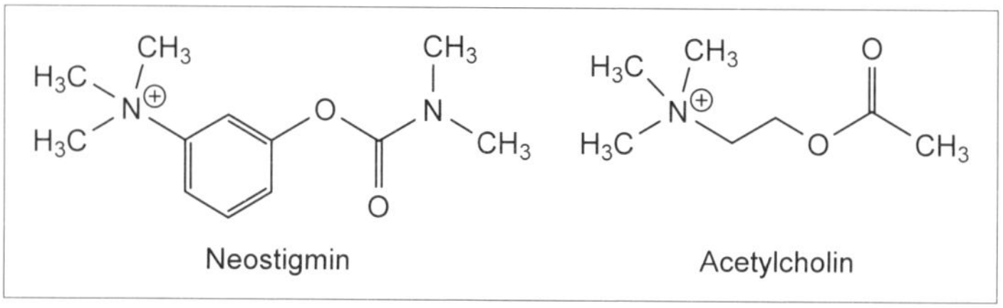

Abb. 4: Strukturformeln

6 Erläutern Sie (unter Berücksichtigung von Abbildung 4) für die Möglichkeiten a bis c jeweils, ob sie für Neostigmin infrage kommen und was die Verabreichung von Neostigmin auf molekularer Ebene jeweils bewirken würde. Begründen Sie, welche der drei Wirkungsweisen die Linderung der Symptome erklärt. 4

20

Lösungsvorschlag

1 **Beschriftete Skizze** einer chemischen Synapse:

TIPP Hier genügt es, die an der Erregungsübertragung beteiligten Strukturen (Calciumionenkanäle, transmittergefüllte Vesikel, ligandengesteuerte (Natrium-)Ionenkanäle) darzustellen sowie die Synapse zu beschriften. Die Erregungsübertragung selbst zu skizzieren ist nicht erforderlich.

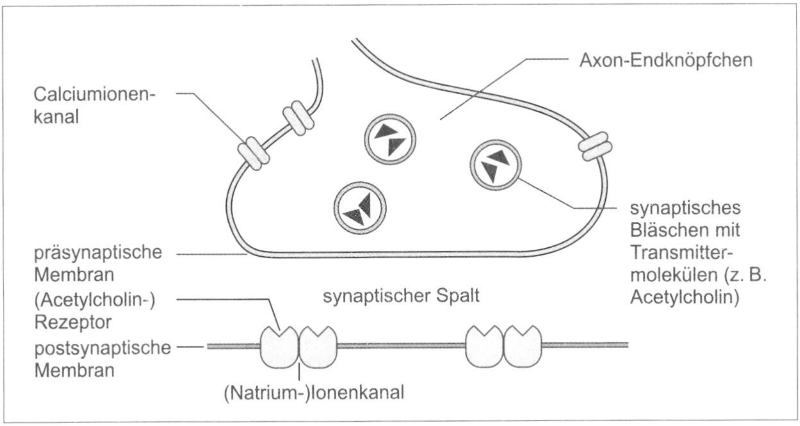

2.1 **Beschreibung** der Ergebnisse:

- **Herz 1** schlägt zunächst mit einer konstanten Schlagfrequenz von einem Schlag pro Zeiteinheit. Unmittelbar nach Reizung des Vagusnervs erfolgt eine Verringerung der Herzschlagfrequenz auf einen Schlag pro drei Zeiteinheiten. Diese Verringerung hält über einen Zeitraum von ca. 15 Zeiteinheiten an, ehe die Herzschlagfrequenz wieder allmählich auf das Anfangsniveau ansteigt.
- **Herz 2** schlägt zunächst ebenfalls mit einer konstanten Frequenz von einem Schlag pro Zeiteinheit. Nach Reizung von Herz 1 erfolgt zeitverzögert eine weniger starke Senkung der Herzschlagfrequenz als bei Herz 1 auf ca. einen Schlag pro zwei Zeiteinheiten. Diese Senkung hält kürzer an als bei Herz 1 (über einen Zeitraum von ca. 10 Zeiteinheiten), bevor auch hier die Herzschlagfrequenz wieder auf das Anfangsniveau steigt.

Begründung von LOEWIs Schlussfolgerung:
Herz 2 zeigt eine (zeitverzögerte) Veränderung der Herzschlagfrequenz, obwohl es nicht elektrisch stimuliert wird. Da über eine Pumpe Kochsalzlösung aus Gefäß 1 aktiv in Gefäß 2 befördert wird, kann geschlossen werden, dass ein chemischer Überträgerstoff, der aus Gefäß 1 in Gefäß 2 geschwemmt wurde, für die Beeinflussung der Herztätigkeit von Herz 2 verantwortlich ist.

2.2 Nennung und **Erklärung** der Unterschiede:

TIPP Drei Unterschiede sind feststellbar, zwei sind anzuführen.

- Zeitverzögerte Schlagfrequenzminderung bei Herz 2: Es dauert eine gewisse Zeit, bis sich die Moleküle des chemischen Überträgerstoffs in der Lösung von Gefäß 1 verteilen (Diffusion) und mit der Lösung über die Pumpe zum Herz in Gefäß 2 transportiert werden.
- Geringere Schlagfrequenzminderung bei Herz 2: Der an Herz 1 ausgeschüttete und ins Gefäß 2 gepumpte chemische Überträgerstoff liegt in der Kochsalzlösung von Gefäß 2 niedriger konzentriert vor (aufgrund stärkerer Verdünnung, Verstoffwechselung des Transmitters in Herz 1). Die Wirkung des Überträgerstoffs an Herz 2 ist daher schwächer.
- Verkürzte Wirkungsdauer der Schlagfrequenzminderung bei Herz 2: An Herz 2 wirkt eine geringere Anzahl an Transmittermolekülen (s. o.), die folglich schneller enzymatisch abgebaut werden können.

3 Erläuterung der Wirkung von Acetylcholin:

TIPP In der Aufgabenstellung wird nicht die explizite Darstellung ohne Acetylcholin-Einwirkung (linke Teilabbildung) verlangt; es soll nur die Auswirkung von Acetylcholin auf die Zellen und die Herzschlagfrequenz erläutert werden.

Bindet Acetylcholin an Rezeptorproteine in der postsynaptischen Membran der Schrittmacherzellen, kommt es intrazellulär zu einer Ablösung und Konformationsänderung eines mit dem Rezeptor gekoppelten G-Proteins (Aktivierung). Dieses aktivierte G-Protein bindet an einen geschlossenen K^+-Ionenkanal und bewirkt so dessen Öffnung. Dadurch kommt es zu einem K^+-Ionenausstrom entlang des Konzentrationsgradienten der K^+-Ionen, wodurch die überschwellige Depolarisation (durch Verrechnung) abgeschwächt wird. Der Schwellenwert zur Auslösung eines Aktionspotenzials wird daher erst mit etwas Zeitverzug erreicht, was zu einer Verminderung der Herzschlagfrequenz führt.

4 Erklärung der Skelettmuskelschwäche ohne Schwächung der Herzmuskulatur:
Die vom Patienten gebildeten Antikörper bei Myasthenia gravis binden spezifisch nur an die Acetylcholin-Rezeptoren in der postsynaptischen Membran der Skelettmuskelzellen. Hierdurch kommt es zu einer Blockade der Acetylcholin-gesteuerten Natriumionenkanäle und somit zu einer Hemmung der Erregungsübertragung, was die beschriebene Skelettmuskelschwäche bedingt.
Herzmuskelzellen bleiben davon unbeeinflusst, weil …

- Acetylcholin-Rezeptoren der Herzmuskelzellen eine andere Proteinstruktur aufweisen, sodass die gebildeten Antikörper nicht an sie binden und die Erregungsübertragung nicht beeinflussen können.

- die Bindung von Antikörpern an Acetylcholin-Rezeptoren nicht die Spontanaktivität der Schrittmacherzellen beeinträchtigt, da diese nicht über Acetylcholin-gesteuerte Natriumionenkanäle verfügen.

TIPP Nur eine mögliche Erklärung ist verlangt.

5 **Beschreibung** des ELISA-Tests auf Acetylcholin-Rezeptor-Antikörper:

a Acetylcholin-Rezeptoren (ACh-R) werden als Antigene auf dem Boden des Versuchsgefäßes fixiert.

b Nach Zugabe von Blutserum einer an Myasthenia gravis erkrankten Person binden die darin enthaltenen Antikörper gegen ACh-R spezifisch nach dem Schlüssel-Schloss-Prinzip an die ACh-R. Anschließend erfolgt der erste Spülvorgang.

c Es werden enzymgekoppelte Antikörper gegen ACh-R-Antikörper hinzugegeben. Diese binden an den konstanten Teil der an das Antigen gebundenen ACh-R-Antikörper. Anschließend erfolgt der zweite Spülvorgang.

d Eine anschließend zugesetzte Farbstoffvorstufe wird von den gekoppelten Enzymmolekülen katalytisch in einen Farbstoff umgesetzt.

Begründung der Notwendigkeit der Spülvorgänge:
Die beiden Spülvorgänge verhindern durch Auswaschung aller nicht gebundenen Antikörper (Serumantikörper und enzymgekoppelte Antikörper) eine unspezifische Umsetzung der Farbstoffvorstufe zu einem Farbstoff. Damit wird vermieden, dass es bei einer gesunden Person, die im Serum keine ACh-R-Antikörper aufweist, zu einem falsch positiven Befund kommt.

TIPP Im ersten Spülvorgang werden darüber hinaus alle möglichen anderen Proteine, die im Blutserum vorhanden sind (z. B. Albumin, Gerinnungsfaktoren, andere Antikörper), ausgewaschen, sodass es nicht zu einer Bindung des sekundären, enzymgekoppelten Antikörpers an diese Proteine und somit zu einem möglicherweise falsch negativen Befund kommen kann (Kreuzreaktion).

Erklärung der Ermöglichung einer Diagnose durch den Test:
Die an Myasthenia gravis erkrankten Personen weisen in ihrem Blutserum Antikörper auf, die spezifisch an fixierte ACh-R im Testgefäß binden können. Dadurch ist eine eindeutige Unterscheidung erkrankter (Farbumschlag) und gesunder (kein Farbumschlag) Personen möglich.

6 **Erläuterung** der Neostigmin-Wirkung:

> **TIPP** Es wird bei der Lösung der Aufgabe vorausgesetzt, dass Sie die chemische Strukturähnlichkeit von Neostigmin und Acetylcholin erkennen. Geht man davon aus, dass die Antikörper-Antigen-Bindung reversibel ist, ergibt sich vor diesem Hintergrund die folgende Argumentation.

a) Da Neostigmin Acetylcholin strukturell ähnelt, kommt eine Konkurrenz mit Acetylcholin um Acetylcholin-Rezeptoren (ACh-R) infrage. Neostigmin könnte durch Bindung an ACh-R die Natriumionenkanäle öffnen. Eine unspezifische Wirkung an allen motorischen Endplatten, die zu einer Dauererregung und nachfolgenden Krämpfen führt, wäre die Folge.
Alternativ könnte Neostigmin nach Bindung an ACh-R die Natriumionenkanäle verschlossen halten. Somit ergäbe sich die gleiche Wirkung wie bei der Blockade durch ACh-R-Antikörper und damit eine Verstärkung der Lähmungserscheinungen.

b) Neostigmin kann nicht an die Antikörper binden, da die Antigen-Bindestellen nach dem Schlüssel-Schloss-Prinzip auf die ACh-R passen und nicht auf Neostigmin.
Bei einer derartigen Wirkungsweise wäre aufgrund der chemischen Strukturähnlichkeit der Moleküle außerdem zu erwarten, dass auch der Transmitter Acetylcholin selbst von den ACh-R-Antikörpern gebunden würde, was noch gravierendere Lähmungserscheinungen zur Folge hätte.

c) Das Medikament könnte aufgrund seiner Strukturanalogie zu Acetylcholin an die Acetylcholinesterase binden und dadurch den Abbau von Acetylcholin hemmen. Dadurch würde der Abbau von Acetylcholin im synaptischen Spalt verlangsamt.

Nach dieser Argumentation kann nur die Wirkungsweise c) die vorübergehende Abschwächung der Symptome erklären. Die in erhöhter Konzentration vorliegenden Acetylcholin-Moleküle treten mit den ACh-R-Antikörpern hinsichtlich der Bindung an die ACh-R in Konkurrenz und es kommt so zu einer Abmilderung der Hemmung der Erregungsübertragung.

VP

Einige Populationen des Westamerikanischen Rauhautmolchs (*Taricha granulosa*, Abb. 1) produzieren in Hautdrüsen das Nervengift Tetrodotoxin (TTX). TTX wird über die Drüsen in den feuchten Hautschleim abgegeben. Dort fungiert es als wirksamer Abwehrstoff gegen Fressfeinde, bei denen es zur tödlichen Lähmung durch Muskelerschlaffung führt. TTX wirkt auf spannungsgesteuerte Natriumionenkanäle (Na^+-Kanäle) in der Axonmembran. Solche Na^+-Kanäle spielen eine wichtige Rolle für den Verlauf von Aktionspotenzialen.

Abb. 1: Westamerikanischer Rauhautmolch

1.1 Zeichnen Sie ein beschriftetes Diagramm, das den Verlauf eines Aktionspotenzials zeigt (Größe ca. ½ Seite), und erläutern Sie die auf molekularer Ebene ablaufenden Vorgänge, die zu diesem Spannungsverlauf führen. 4

1.2 Erläutern Sie eine mögliche molekulare Wirkungsweise von TTX, die zu der beobachteten tödlichen Lähmung bei den Fressfeinden führt. 2

Die Strumpfbandnatter (*Thamnophis sirtalis*, Abb. 2) ist ein wichtiger Fressfeind von Rauhautmolchen. Verschiedene Varianten spannungsgesteuerter Na^+-Kanäle bei Strumpfbandnattern führen zu einer unterschiedlich stark ausgeprägten Empfindlichkeit gegenüber TTX. Manche Nattern sind nach dem Fressen eines Rauhautmolches nicht vollständig gelähmt, sondern bewegen sich nach dem Fressen eines Rauhautmolches lediglich langsamer fort und erholen sich allmählich. Man geht davon aus, dass sich TTX-unempfindlichere Strumpfbandnattern aus TTX-empfindlichen Vorfahren entwickelt haben.

Abb. 2: Strumpfbandnatter

Tabelle 1 zeigt Ausschnitte der Aminosäuresequenzen von zwei Varianten des spannungsgesteuerten Na^+-Kanals, die sich in ihrer TTX-Empfindlichkeit unterscheiden.

Variante des Na⁺-Kanals	Ausschnitt aus der Aminosäuresequenz des Na⁺-Kanals (Position 1560–1570)											Empfindlichkeit gegenüber TTX
	1560	1561	1562	1563	1564	1565	1566	1567	1568	1569	1570	
Variante 1	Glu	Ile	Thr	Thr	Ser	Ala	Gly	Trp	Asp	Gly	Leu	hoch
Variante 2	Glu	Val	Thr	Thr	Ser	Ala	Gly	Trp	Asn	Val	Leu	gering

Tab. 1: Aminosäuresequenz und TTX-Empfindlichkeit zweier Varianten des spannungsgesteuerten Na^+-Kanals

2 Ermitteln Sie unter Zuhilfenahme der Codesonne (siehe S. 2019-9) mögliche Mutationen, die zu den drei Unterschieden der Aminosäuresequenzen der beiden Varianten in Tabelle 1 führen.
Erläutern Sie, weshalb diese Unterschiede in der Aminosäuresequenz die Empfindlichkeit gegenüber TTX so stark beeinflussen können. 3

Bei verschiedenen Populationen der Strumpfbandnatter wurde die Wirkung von TTX auf die Kriechgeschwindigkeit ermittelt. Dabei wurde die Kriechgeschwindigkeit in Abhängigkeit von der injizierten TTX-Dosis gemessen (Abbildung 3).

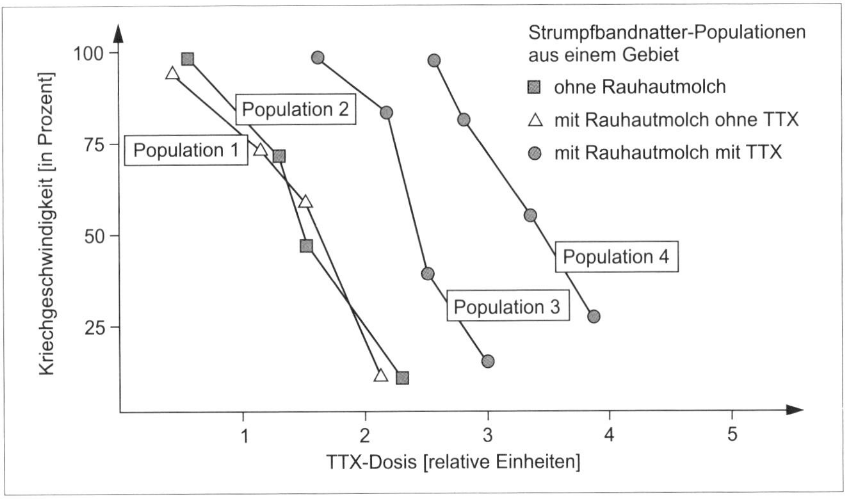

Abb. 3: Wirkung von TTX auf Strumpfbandnattern verschiedener Populationen

3.1 Beschreiben Sie für Population 1 den in Abbildung 3 dargestellten Zusammenhang zwischen TTX-Dosis und Kriechgeschwindigkeit und erklären Sie diesen auf molekularer Ebene. 2

3.2 Vergleichen Sie die Untersuchungsergebnisse mit denen der übrigen Populationen aus Abbildung 3. Geben Sie für die Unterschiede eine mögliche Erklärung auf molekularer Ebene. 3

Man geht davon aus, dass die Evolution von Strumpfbandnatter und Rauhautmolch sich wechselseitig beeinflusst (Koevolution).

4.1 Erklären Sie im Sinne der Synthetischen Evolutionstheorie die Entstehung einer Strumpfbandnatter-Population, die gegen TTX unempfindlich ist. 4

4.2 Beschreiben Sie zwei mögliche Ursachen, die zu den in Abbildung 3 dargestellten Unterschieden in den Populationen 3 und 4 geführt haben könnten. 2

20

Lösungsvorschlag

1.1 **Zeichnung** eines Diagramms mit Aktionspotenzialverlauf:

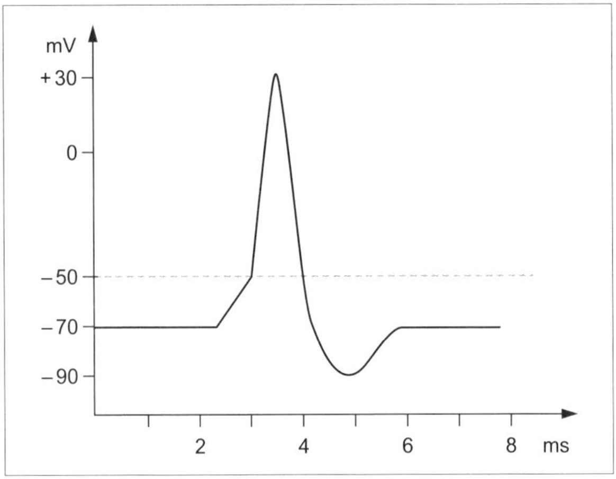

Erläuterung der molekularen Vorgänge:

- **Depolarisationsphase:** Das Membranpotenzial wird durch eine Reizung bis zum Schwellenwert depolarisiert. Wird der Schwellenwert überschritten, öffnen sich spannungsgesteuerte Na^+-Ionenkanäle. Es kommt durch positive Rückkopplung zur Öffnung weiterer Kanäle und so zu einem schnellen und starken Na^+-Ioneneinstrom (Diffusion gemäß Konzentrationsgefälle), der zu einer Umpolung der Membran(spannung) führt (von ca. –70 mV auf +30 mV). Die spannungsgesteuerten Na^+-Ionenkanäle schließen sich rasch wieder und es öffnen sich (verzögert) spannungsgesteuerte K^+-Ionenkanäle.
- **Repolarisationsphase:** Die Öffnung der K^+-Ionenkanäle bewirkt einen schnellen K^+-Ionenausstrom (entlang des Konzentrationsgefälles). Das Membranpotenzial wird repolarisiert, dabei kann es kurzzeitig zur Hyperpolarisation kommen. Die spannungsgesteuerten K^+-Ionenkanäle schließen sich wieder und das Ruhepotenzial ist wieder erreicht.

TIPP Die Erläuterung der Funktion der Kalium-Natrium-Pumpe und der Refraktärzeit wird bei dieser Fragestellung nicht erwartet.

1.2 **Erläuterung** möglicher molekularer Wirkungsweisen von Tetrodotoxin (TTX):
TTX blockiert spannungsgesteuerte Na^+-Ionenkanäle, sodass es trotz Überschreiten des Schwellenwertes nicht zu einem Na^+-Ioneneinstrom und dem für die Erregungsleitung entscheidenden „Alles-oder-nichts"-Ereignis kommt. Durch die fehlende Erregungsleitung über motorische Nervenfasern erfolgt keine Muskelkontraktion mehr, die Atemlähmung führt zum Tod.

Mögliche Wirkungsweisen von TTX:

- Die spannungsgesteuerte Öffnung der Na^+-Ionenkanäle wird infolge der Bindung von TTX gehemmt.
- Die räumliche Struktur der Na^+-Ionenkanäle wird infolge der TTX-Bindung verändert.
- TTX bindet im Durchtrittsbereich von Na^+-Ionenkanälen.

TIPP Nur die Angabe einer molekularen Wirkungsweise ist gefordert.

2 **Ermittlung** möglicher Mutationen:

TIPP Mutationen ereignen sich auf der Ebene der DNA, somit sind die entsprechenden DNA-Tripletts anzugeben. Dabei bietet es sich an, die sparsamste Erklärung, nämlich jeweils eine Punktmutation in einem der drei betroffenen DNA-Tripletts, anzunehmen. Die Darstellung der mRNA-Tripletts sowie die Angabe von 3'- und 5'-Ende der DNA-Tripletts werden nicht zwingend erwartet. Für jede Position ist jeweils nur eine Triplettmutation anzugeben.

	Position **1561**		Position **1568**	
	Variante 1	Variante 2	Variante 1	Variante 2
Aminosäure	Ile	Val	Asp	Asn
mRNA-Triplett	5'-AUA-3' 5'-AUC-3' 5'-AUU-3'	5'-GUA-3' 5'-GUC-3' 5'-GUU-3'	5'-GAU-3' 5'-GAC-3'	5'-AAU-3' 5'-AAC-3'
DNA-Triplett	3'-TAT-5' 3'-TAG-5' 3'-TAA-5'	3'-**C**AT-5' 3'-**C**AG-5' 3'-**C**AA-5'	3'-CTA-5' 3'-CTG-5'	3'-**T**TA-5' 3'-**T**TG-5'

	Position **1569**	
	Variante 1	Variante 2
Aminosäure	Gly	Val
mRNA-Triplett	5'-GGU-3' 5'-GGC-3' 5'-GGA-3' 5'-GGG-3'	5'-GUU-3' 5'-GUC-3' 5'-GUA-3' 5'-GUG-3'
DNA-Triplett	3'-CCA-5' 3'-CCG-5' 3'-CCT-5' 3'-CCC-5'	3'-C**A**A-5' 3'-C**A**G-5' 3'-C**A**T-5' 3'-C**A**C-5'

Erläuterung der Empfindlichkeitsunterschiede gegenüber TTX:
Der Austausch von Aminosäuren führt zu Veränderungen der Wechselwirkungen zwischen den Aminosäureresten (Seitenketten), die folgende Auswirkungen haben können:

- Die räumliche Struktur der Bindestelle für TTX verändert sich so, dass das TTX-Molekül schlechter (nach dem Schlüssel-Schloss-Prinzip) binden kann.
- Die Anziehungskräfte zwischen den bindenden Aminosäureresten der Bindestelle und dem TTX-Molekül werden verringert.
- Eine veränderte Tertiärstruktur des gesamten Kanalproteins bewirkt, dass trotz Bindung des TTX-Moleküls lediglich eine eingeschränkte Blockade des Na^+-Ionenkanals auftritt.

TIPP Nur eine mögliche Erläuterung wird erwartet.

3.1 Beschreibung des Zusammenhangs zwischen TTX-Dosis und Kriechgeschwindigkeit:

TIPP Hier ist keine genaue Beschreibung des Kurvenverlaufs, sondern lediglich die Beschreibung des dargestellten Zusammenhangs zwischen der Giftdosis und der Kriechgeschwindigkeit verlangt.

Je höher die injizierte TTX-Dosis ist, desto geringer ist die Kriechgeschwindigkeit.

Erklärung auf molekularer Ebene:
Je höher die TTX-Konzentration, desto mehr Na^+-Ionenkanäle sind zu einem bestimmten Zeitpunkt an einem Axon gerade TTX-gebunden und somit inaktiviert. Entsprechend länger dauert an einer bestimmten Stelle des Axons nach Eintreffen eines Aktionspotenzials die Depolarisation und Spannungsumkehr. Dies erhöht die Erregungsleitungszeiten an den Axonen und erhöht somit die Reaktionszeiten auf Muskelbefehle. Die Folge ist langsameres Kriechen.

3.2 Vergleich der Untersuchungsergebnisse:

TIPP Der Operator „vergleichen" umfasst die Nennung von Gemeinsamkeiten und Ähnlichkeiten sowie von Unterschieden.

Gemeinsamkeiten: Ausgehend von unterschiedlichen TTX-Anfangsdosen gilt für alle Populationen der gleiche Zusammenhang: Die Kriechgeschwindigkeit verringert sich mit steigender TTX-Dosis. Dabei sind die Untersuchungsergebnisse für Population 1 und 2 äußerst ähnlich (keine signifikanten Unterschiede im Kurvenverlauf).

Unterschiede: Bei den Populationen 3 und 4 sind deutlich höhere TTX-Dosen erforderlich, damit die gleiche Minderung der Kriechgeschwindigkeit wie bei den

Populationen 1 und 2 eintritt. So ist eine Halbierung der Kriechgeschwindigkeit bei Population 1 nach Injektion einer TTX-Dosis von ca. 1,6 relativen Einheiten erreicht, bei Population 3 hingegen erst bei ca. 2,4 und bei Population 4 erst bei 3,5 relativen Einheiten.
Während Population 1 und 2 also relativ empfindlich gegenüber dem Giftstoff sind, zeigt Population 3 für TTX offensichtlich einc geringere und Population 4 die geringste Empfindlichkeit.

Erklärung der Unterschiede zwischen den Populationen:

- Unterschiedlich gravierende und/oder häufige Mutationen im Gen für die spannungsgesteuerten Na^+-Ionenkanäle führen zu variabel veränderten Aminosäuresequenzen dieses Kanalproteins, sodass TTX die Ionenkanäle unterschiedlich effizient blockiert.
- Die Populationen verfügen mutationsbedingt über eine unterschiedliche Anzahl an spannungsgesteuerten Na^+-Ionenkanälen in ihren Axonen, sodass für eine vergleichbare Verringerung der Kriechgeschwindigkeit unterschiedlich hohe TTX-Dosen notwendig sind.
- Die Populationen weisen unterschiedlich effiziente Mechanismen auf, um den Giftstoff enzymatisch abzubauen oder immunologisch zu neutralisieren.

TIPP Nur eine Erklärung ist gefordert.

4.1 Erklärung der Evolution einer unempfindlichen Strumpfbandnatter-Population:

TIPP Gerichtete Veränderungen innerhalb einer Population lassen sich im Sinne der Synthetischen Evolutionstheorie mithilfe der Begriffe Mutation, Rekombination und Selektion erklären. Hierbei wird nicht erwartet, dass Sie auf die Koevolution zwischen Rauhautmolch und Strumpfbandnatter eingehen.

Auszugehen ist von einer genetischen Variabilität innerhalb einer Strumpfbandnattern-Population, die durch Mutation und Rekombination (Neukombination des Erbguts bei der sexuellen Fortpflanzung) bedingt ist. Durch Mutation(en) im Gen für den Na^+-Ionenkanal traten Individuen innerhalb der Population auf, die gegen TTX unempfindlich waren. Dies bedeutete für die betroffenen Tiere einen Selektionsvorteil, da sie den Verzehr giftiger Rauhautmolche überlebten und die Molche ggf. als neue Nahrungsquelle nutzen konnten. TTX-unempfindliche Strumpfbandnattern hatten dadurch einen höheren Fortpflanzungserfolg, d. h. mehr ebenfalls TTX-unempfindliche Nachkommen (höhere reproduktive Fitness). Somit stieg von Generation zu Generation die Frequenz der Allele für TTX-unempfindliche Na^+-Ionenkanäle im Genpool der Population an. Dies führte zu einer Strumpfbandnattern-Population, die gegen TTX unempfindlich ist (transformierende Selektion).

4.2 Beschreibung von Ursachen für die Unterschiede zwischen Population 3 und 4:

- Population 4 lebt schon seit einem längeren Zeitraum in Gebieten mit giftigen Rauhautmolchen als Population 3, sodass sich über die Zeit mehr Mutationen im Gen für den Na^+-Ionenkanal anhäufen und zu einer größeren Unempfindlichkeit gegenüber TTX führen konnten.
- Im Gebiet von Population 4 kommen giftigere Rauhautmolche vor, sodass ein stärkerer Selektionsdruck in Richtung Unempfindlichkeit gegenüber TTX wirkt (z. B. durch einen längeren gemeinsamen Koevolutionszeitraum).
- Individuen der Population 3 sind einem geringen Selektionsdruck durch giftige Rauhautmolche ausgesetzt, da es in diesem Verbreitungsgebiet weniger giftige Molche gibt und/oder sich die Schlangen vorzugsweise von anderen Beutetieren ernähren.
- Im Verbreitungsgebiet von Population 4 herrscht ein höherer Selektionsdruck durch Fressfeinde der Strumpfbandnatter (z. B. Vögel), sodass eine größere Unempfindlichkeit gegenüber TTX einen Flucht- und damit Selektionsvorteil darstellt.
- Mutationen im Gen für den Na^+-Ionenkanal führten bei Individuen der Population 4 zu schwerwiegenderen Veränderungen der Aminosäuresequenz des Kanalproteins und damit zu einer größeren Unempfindlichkeit.
- Tiere der Population 4 verfügen z. B. durch eine Genduplikation über mehr Na^+-Ionenkanäle pro Flächeneinheit Axonmembran als Tiere der Population 3. Somit sind höhere TTX-Konzentrationen nötig, um diese weitgehend zu inaktivieren.

TIPP Nur zwei mögliche Ursachen sind gefordert.

VP

Viele der im mittel- und südamerikanischen Regenwald lebenden Froscharten der Familie *Dendrobatidae* (Baumsteigerfrösche) sondern über ihre Haut giftige Alkaloide ab. Das vom Pfeilgiftfrosch *Phyllobates terribilis* abgegebene Alkaloid Batrachotoxin (BTX) wirkt an den Axonen seiner Fressfeinde als starkes Nervengift, *Phyllobates* selbst ist unempfindlich gegen BTX.

1.1 Erläutern Sie die molekularen Grundlagen des Ruhepotenzials unter Berücksichtigung der beteiligten Ionen und Ionenkanäle. 3

1.2 Erklären Sie auf molekularer Ebene, wodurch es bei Aktionspotenzialen zu einer immer gleich starken Depolarisation kommt. 2

Um den Mechanismus der Giftwirkung von BTX näher zu untersuchen, wurden Neurone von Ratten gereizt und die Erregungsleitung gemessen. Abbildung 1 zeigt den Versuchsaufbau und die Versuchsergebnisse.

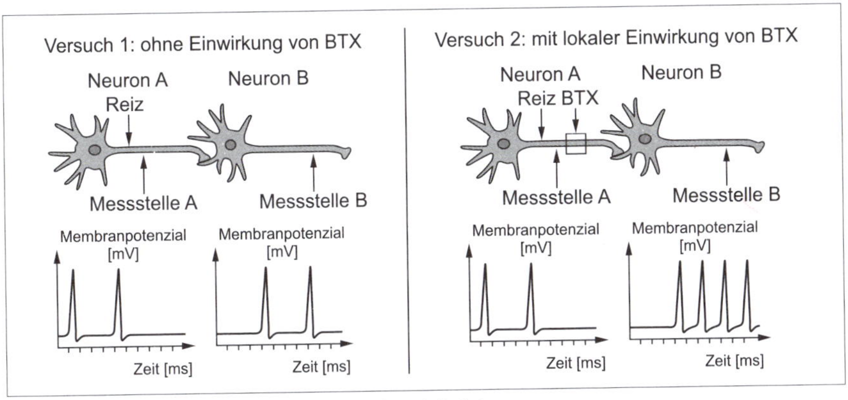

Abb. 1: Messungen an Neuronen von Ratten (vereinfacht)

2 Beschreiben Sie die Ergebnisse der dargestellten Versuche 1 und 2. Entwickeln Sie eine Hypothese zur Wirkungsweise von BTX. Gehen Sie dabei sowohl auf den möglichen Wirkmechanismus am Axon als auch auf die Folgen für die Erregungsweiterleitung an der Synapse und auf die Folgen für den gesamten Organismus ein. 4

Untersuchungen zeigen, dass unpolare BTX-Moleküle durch die Zellmembran ins Zellinnere von Neuronen diffundieren können. Im Cytoplasma angekommen, werden sie protoniert und dadurch positiv geladen (BTX^+). In dieser Form können sie die Zelle nicht mehr verlassen.

3.1 Erklären Sie, weshalb BTX und BTX^+ eine Zellmembran unterschiedlich gut durchdringen können. 2

Bei Ratten kann BTX^+ auf der Zellinnenseite an Natriumionenkanäle binden. Die Bindung erfolgt im Bereich einer polaren Aminosäure. Abbildung 2 zeigt Ausschnitte der sich entsprechenden Aminosäuresequenzen des Natriumionenkanals einer Ratte und eines Pfeilgiftfrosches. Tabelle 1 zeigt die Polarität einiger relevanter Aminosäuren.

Aminosäure-position	427			430					435					440					445
Ratte	…Leu	Gly	**Ser**	Phe	Tyr	Leu	**Ile**	Asn	Leu	Ile	Leu	Ala	Val	Val	Ala	Met	Ala	Tyr	**Ala** …
Frosch	…Leu	Gly	**Ala**	Phe	Tyr	Leu	**Val**	Asn	Leu	Ile	Leu	Ala	Val	Val	Ala	Met	Ala	Tyr	**Asp** …

Aminosäure-position	1 577			1 580					1 585					1 590					1 595
Ratte	… Ile	Ser	Phe	Leu	Ile	Val	**Val**	**Asn**	Met	Tyr	Ile	Ala	Ile	Ile	Leu	Glu	Asn	Phe	Asn …
Frosch	… Ile	Ser	Phe	Leu	Ile	Val	**Ile**	**Thr**	Met	Tyr	Ile	Ala	Ile	Ile	Leu	Glu	Asn	Phe	Asn …

Abb. 2: Ausschnitte der sich entsprechenden Aminosäuresequenzen des Natriumionenkanals einer Ratte und eines Pfeilgiftfrosches

Aminosäure	Abkürzung	Polarität
Alanin	Ala	unpolar
Asparagin	Asn	stark polar
Asparaginsäure	Asp	stark polar
Isoleucin	Ile	unpolar
Serin	Ser	stark polar
Threonin	Thr	schwach polar
Valin	Val	unpolar

Tab. 1: Polarität einiger Aminosäuren

3.2 Begründen Sie mithilfe der Codesonne (siehe Anhang), welche Mutation in der DNA wahrscheinlich zur Änderung der Aminosäure an Position 429 (Ser → Ala) geführt hat. 2

3.3 Erläutern Sie mithilfe von Tabelle 1, welche der durch Mutationen hervorgerufenen Änderungen in der Aminosäuresequenz des Pfeilgiftfrosches (Abbildung 2) zur Ausbildung der Unempfindlichkeit gegenüber BTX^+ geführt haben könnten. 2

Da Pfeilgiftfrösche BTX nicht selbst synthetisieren können, nehmen sie das Gift über ihre Nahrung auf. Als Nahrungsquelle werden hierbei beispielsweise Käfer aus der Familie der *Melyridae* in Betracht gezogen, welche das Gift enthalten.

4 Beschreiben Sie eine Versuchsreihe mit noch ungiftigen Jungfröschen, die den Einfluss der *Melyridae*-Käfer als Nahrung auf die Giftkonzentration in der Haut von Pfeilgiftfröschen untersucht. 3

Pfeilgiftfrösche sind meist sehr auffällig gefärbt. Oft gibt es im gleichen Gebiet andere ungiftige Froscharten mit derselben Färbung („Nachahmer"). Dieses Phänomen wird als Mimikry bezeichnet.

5 Erläutern Sie, weshalb die Population der „Nachahmer" immer deutlich kleiner ist als die der „Vorbilder". 2

20

Anlage Codesonne

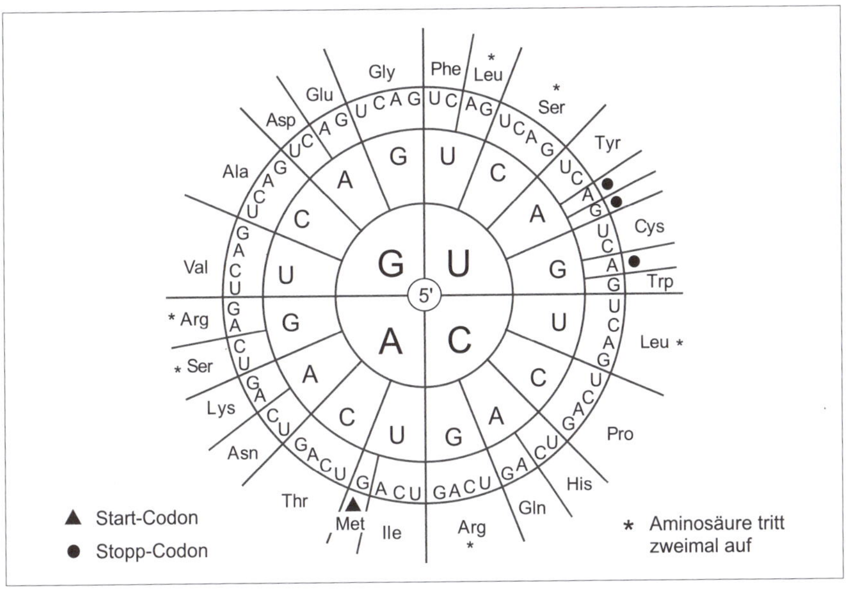

Lösungsvorschlag

1.1 **Erläuterung** der molekularen Grundlagen des Ruhepotenzials:
Für das Zustandekommen des Ruhepotenzials ist die selektive Permeabilität der Axonmembran für verschiedene Ionenspezies entscheidend. Die Durchlässigkeit wird durch den Öffnungszustand von in der Membran eingelagerten Ionenkanälen bestimmt. Während die meisten Na^+-Ionenkanäle im Ruhezustand geschlossen sind, sind die *(nicht spannungssensitiven)* K^+-Ionenkanäle ständig offen. Darüber hinaus gibt es Chlorid(Cl^-)-Ionenkanäle mit geringer Durchlässigkeit für Cl^--Ionen.
Die Ionenverteilung im Außenmedium und im Inneren der Nervenzelle ist *(infolge eines aktiven Ionentransports)* unterschiedlich: Innerhalb des Axons liegt ein großer Überschuss an positiv geladenen Kaliumionen sowie großen Protein-Anionen vor. Für letztere ist die Membran gänzlich impermeabel. Außerhalb der Zelle befindet sich ein großer Überschuss an positiv geladenen Na^+- und negativ geladenen Cl^--Ionen.

Folge: Durch die auch in Ruhe geöffneten K^+-Ionenkanäle kommt es zu einem Ausstrom von K^+-Ionen entlang des Konzentrationsgefälles und somit zum Aufbau einer Spannung (= Potenzialdifferenz). Wandern positiv geladene K^+-Ionen aus der Zelle, lassen sie unkompensierte negative Ladungen (v. a. Protein-Anionen) zurück. Dies bedingt, dass das Zellinnere gegenüber dem Außenmedium negativ geladen ist. Das Ruhepotenzial stellt sich als dynamisches Gleichgewicht zwischen der Tendenz zum Konzentrationsausgleich und der Tendenz zum Ladungsausgleich bei ca. –70 mV ein.

Erhaltung des Ruhepotenzials: Aufgrund einer geringen Durchlässigkeit der Axonmembran für Na^+-Ionen kommt es zu einem geringen Na^+-Ioneneinstrom entlang des Konzentrationsgradienten in das Axon. Durch diesen Einstrom (sog. Leckstrom) würde das Ruhepotenzial allmählich zusammenbrechen. Zur Aufrechterhaltung der Konzentrationsunterschiede und damit des Ruhepotenzials transportiert die Natrium-Kalium-Pumpe im Austausch gegen K^+-Ionen aus dem Außenmedium unter ATP-Verbrauch fortwährend Na^+-Ionen aus dem Zellinneren nach außen.

1.2 **Erklärung** der immer gleich starken Depolarisation:
Wird ein Bereich der Axonmembran (z. B. infolge eines äußeren Reizes oder eines anderen Aktionspotenzials) bis zum Schwellenwert depolarisiert, öffnen sich spannungsgesteuerte Na^+-Ionenkanäle. Es kommt durch positive Rückkopplung zu einer lokalen Öffnung aller noch geschlossenen Na^+-Ionenkanäle (Alles-oder-nichts-Prinzip) und so zu einem schnellen und starken Na^+-Ioneneinstrom (Diffusion gemäß elektrochemischem Gradienten), der zu einer Umpolung der Membran(spannung) führt (von ca. –70 mV bis auf ca. +30 mV). Die spannungsgesteuerten Na^+-Ionenkanäle schließen sich rasch wieder und es öffnen sich verzögert die spannungsgesteuerten K^+-Ionenkanäle.

Da die Öffnung der Na^+-Ionenkanäle immer gleich lange dauert (ca. 1 ms) und sich alle Kanäle dieses Typs im Bereich der überschwelligen Depolarisation (aufgrund positiver Rückkopplung) öffnen, kommt es stets zu einem maximal möglichen Natriumioneneinstrom. Bei Überschreiten des Schwellenwerts erfolgt somit immer die maximal mögliche und damit gleich starke Depolarisation.

2 **Beschreibung** der dargestellten Versuchsergebnisse:

TIPP Um die Verständlichkeit und die Übersichtlichkeit Ihrer Antwort zu erhöhen, empfiehlt es sich, zunächst den grundsätzlichen Versuchsaufbau zu beschreiben, obwohl dies nicht explizit gefordert ist.

Versuchsbeschreibung: An den Axonen zweier nacheinander geschalteter Ratten-Neuronen (Neurone A und B) wurde je an einer Stelle (an Messstelle A an Neuron A und an Messstelle B an Neuron B) nach künstlicher Reizung von Neuron A („somawärts“ vor Messstelle A) eine intrazelluläre Ableitung des Membranpotenzials (mV) durchgeführt (Abb. 1).

- **Versuch 1** zeigt die Spannungsverläufe an den Messstellen A und B nach künstlicher Reizung ohne die Einwirkung von BTX: An Messstelle A werden nach Reizung während der Messzeit zwei Aktionspotenziale (APs) im Abstand von ca. 4 ms registriert, zeitversetzt (ca. 3 ms später) werden auch an Messstelle B zwei APs im gleichen zeitlichen Abstand abgeleitet.
- **Versuch 2** zeigt die Spannungsverläufe an den Messstellen A und B nach künstlicher Reizung und lokaler BTX-Einwirkung an Axon A („synapsenwärts“ nach Messstelle A): Nach identischem Spannungsverlauf an Messstelle A wie in Versuch 1 (zwei APs im zeitlichen Abstand von ca. 4 ms) werden an Messstelle B zeitversetzt (ca. 3 ms später) erneut APs registriert, dieses Mal jedoch in höherer Anzahl und mit erhöhter Frequenz (vier APs im zeitlichen Abstand von ca. 2 ms).

Entwicklung einer Hypothese zur Wirkungsweise von BTX:

- BTX bindet an die spannungsgesteuerten Na^+-Ionenkanäle von Neuron A und beeinflusst deren Durchlässigkeit für Na^+-Ionen (z. B. Verhinderung der Schließung nach 1 ms infolge einer Veränderung der räumlichen Struktur).
- Dadurch kommt es in diesem Bereich zu einem verlängerten Na^+-Ioneneinstrom und infolgedessen zu einer lokalen Dauerdepolarisation.
- An den benachbarten nachfolgenden Axonabschnitten kommt es zur ständigen Neubildung von Aktionspotenzialen (APs), die sich bis zur Synapse fortsetzt.
- An der Synapse ergibt sich dadurch ein verstärkter Ca^{2+}-Ioneneinstrom, der eine erhöhte Transmitterausschüttung in den synaptischen Spalt bewirkt.
- Infolgedessen öffnen sich vermehrt transmittergesteuerte Na^+-Ionenkanäle in der postsynaptischen Membran von Neuron B und es kommt zu einem starken Na^+-Ioneneinstrom in die postsynaptische Zelle.

- Die daraus resultierende verstärkte postsynaptische Depolarisation (EPSP) an Neuron B (ggf. gepaart mit einer zeitlichen Summation der auflaufenden postsynaptischen Potenziale) führt zur Generierung von APs am Axonhügel mit einer (im Vergleich zu Versuch 1) erhöhten Frequenz. Dies kann bei Motoneuronen zu Dauererregung und Verkrampfung der innervierten Muskulatur (starre Lähmung) führen. Folge ist z. B. der Tod durch Atem- und/oder Herzstillstand.

3.1 Erklärung der unterschiedlichen Membrangängigkeit von BTX und BTX^+:
Die unterschiedliche Permeabilität einer Zellmembran für unpolare und positiv geladene Moleküle liegt in ihrem molekularen Aufbau begründet. Die Membran besteht in ihrem Grundaufbau aus einer Lipiddoppelschicht aus Phospholipiden, deren hydrophobe, unpolare Fettsäurereste jeweils nach innen ragen. Für größere polare oder geladene Moleküle ist die Membran daher ohne Transportmechanismus unpassierbar. Das Alkaloid BTX ist im nicht protonierten Zustand unpolar und kann daher leicht durch die Lipiddoppelschicht diffundieren. Im protonierten, geladenen Zustand (BTX^+) ist der Giftstoff hydrophil und kann somit die Zellmembran (aufgrund der Hydrathülle) nicht mehr passieren.

Oder: BTX^+ bindet an polare Bereiche von in der Membran ein- oder der Membran aufgelagerten Proteinen und kann die Membran deshalb nicht passieren.

3.2 Begründung der wahrscheinlichsten Mutation für die Änderung an Position 429:

> **TIPP** Da sich Mutationen immer auf der Ebene der DNA und nicht auf mRNA-Ebene ereignen, müssen Sie die aus der Codesonne ermittelten mRNA-Tripletts erst in die entsprechenden DNA-Tripletts übersetzen.
> Die Darstellung der mRNA-Tripletts sowie die Angabe des 3'- und 5'-Endes der DNA-Tripletts werden nicht zwingend erwartet.

Als Ursache für die Änderung der Aminosäure an Position 429 von Serin nach Alanin (Abb. 2) kommt am wahrscheinlichsten eine Mutation infrage, bei der möglichst wenige Basenpaare des codierenden Tripletts verändert werden. Serin wird über sechs Tripletts codiert, wobei man zwei „Grund-Tripletts" unterscheiden kann: 3'-TCG/A-5' oder 3'-AGX-5' (X = eine der vier Basen). Alanin wird nur über ein „Grund-Triplett" codiert: 3'-CGX-5'. Somit wäre eine Mutation der ersten Base des „Grund-Tripletts" 3'-AGX-5' zu 3'-CGX-5' (z. B. 3'-AGA-5' zu 3'-CGA-5') am wahrscheinlichsten.

3.3 Erläuterung, welche Mutationen zur BTX^+-Unempfindlichkeit geführt haben könnten:

TIPP Lassen Sie sich bei den Angaben zu den mutationsbedingten Änderungen nicht verwirren: Die Aminosäuresequenz der Ratte repräsentiert hier das ursprüngliche Merkmal/den ursprünglichen Zustand, auch wenn es sich bei der Ratte um einen Vertreter eines evolutiv viel jüngeren Taxons (Säugetiere) handelt als beim Frosch (Amphibien).

Da BTX^+ an Na^+-Ionenkanäle (im Bereich einer polaren Aminosäure) bindet, muss eine Mutation, die zu einer Unempfindlichkeit gegenüber BTX^+ führt, eine schlechtere Bindungsmöglichkeit von BTX^+ an diese Kanäle zur Folge haben. Dafür kommt der Austausch einer polaren gegen eine unpolare bzw. gegen eine schwächer polare Aminosäure des Kanalproteins infrage. Von den fünf Unterschieden (Position 429, 433, 445, 1 583, 1 584) in den Aminosäuresequenzen von Ratte und Frosch trifft dies nur für Position 429 (stark polare Aminosäure Ser $\rightarrow$ unpolare Aminosäure Ala) und für Position 1 584 (stark polare Aminosäure Asn $\rightarrow$ schwach polare Aminosäure Thr) zu. Die Unterschiede an den anderen Positionen führen zu keiner Veränderung in der Polarität der Aminosäuren und kommen somit als Ursache für die beschriebene Unempfindlichkeit nicht infrage.

4 Beschreibung einer Versuchsreihe zur Ermittlung des Nahrungseinflusses:

TIPP Bei der Planung einer wissenschaftlichen Versuchsreihe müssen Sie auf folgende Rahmenbedingungen achten: Bei den verschiedenen Einzelversuchen darf jeweils nur der gleiche Parameter (hier die Zusammensetzung der Nahrung mit *Melyridae*-Käfern) verändert werden, während alle anderen Versuchsbedingungen gleich bleiben. Zudem muss eine Negativkontrolle durchgeführt werden. Um statistisch signifikante Ergebnisse zu gewährleisten, ist außerdem eine genügend große Zahl an Proben von verschiedenen Tieren notwendig.

Eine ausreichend große Anzahl noch ungiftiger Jungtiere wird in mehrere Gruppen aufgeteilt, die unter gleichen Bedingungen (z. B. Futtermenge, Temperatur, Luftfeuchtigkeit, Bewuchs und Größe des Terrariums) gehalten werden, aber über einen längeren Zeitraum mit einem unterschiedlich hohen Anteil an *Melyridae*-Käfern gefüttert werden. Eine Kontrollgruppe erhält keine *Melyridae*-Käfer in ihrer Nahrung (Negativkontrolle). In gleichbleibenden zeitlichen Abständen wird (z. B. über einen Hautabstrich/Hautproben) die BTX-Konzentration der Haut der Jungtiere (z. B. mit einem ELISA-Test oder durch Bestimmung der Giftwirkung an isolierten Neuronen) ermittelt und mit derjenigen der anderen Gruppen und der Kontrollgruppe verglichen. Auf diese Weise lassen sich nach statistischer Auswertung der Daten Rückschlüsse über den Einfluss von *Melyridae*-Käfern als Nahrung auf die Giftkonzentration in der Haut ziehen.

5 **Erläuterung** des Verhältnisses von „Nachahmern“ und „Vorbildern“:
Potenzielle Fressfeinde auffällig gefärbter Pfeilgiftfrösche wie Schlangen und Vögel meiden diese Froschart, da dieses i. d. R. erlernte Verhalten sie vor BTX-Vergiftungen schützt. Von dieser abschreckenden Wirkung der Warntracht der „Vorbilder“ profitieren auch ähnlich gefärbte, aber ungiftige Froscharten („Nachahmer“). Das Phänomen, dass ungiftige Arten das Aussehen einer gefährlichen verwandten Art „imitieren“, nennt man Mimikry. Diese (Schutz-)Mimikry funktioniert nur, solange die Wahrscheinlichkeit für einen Räuber, auf ein giftiges Tier zu treffen, deutlich höher ist, als zufällig ein Exemplar einer gleich aussehenden ungiftigen Art zu erbeuten. Nimmt die Populationsgröße der ungiftigen Art deutlich zu, so nimmt die Wirksamkeit der Abschreckung der Warnfärbung daher zunehmend ab und die Tiere werden vermehrt (erfolgreich) erbeutet (→ höherer Selektionsdruck).

VP

Tsetsefliegen sind in weiten Teilen Afrikas verbreitet. Sie sind Zwischenwirte von begeißelten, eukaryotischen Einzellern der Gattung *Trypanosoma*. Trypanosomen verursachen beim Menschen die Schlafkrankheit. Bei einem Stich durch die Tsetsefliege werden bis zu 20 000 Trypanosomen übertragen. Sie gelangen in den Blutkreislauf und vermehren sich durch Zellteilung. Die gesamte Zelloberfläche dieser Einzeller wird von einem einzigen Proteintyp bedeckt, dem sogenannten „variant surface glycoprotein" (VSG). Trypanosomen sind in der Lage, immer wieder neue VSG-Varianten zu bilden.
Nach einer Infektion mit Trypanosomen kann man einen zyklischen Krankheitsverlauf erkennen. In Abbildung 1 ist dieser anhand der Konzentration der Trypanosomen und Antikörper im Blut dargestellt.

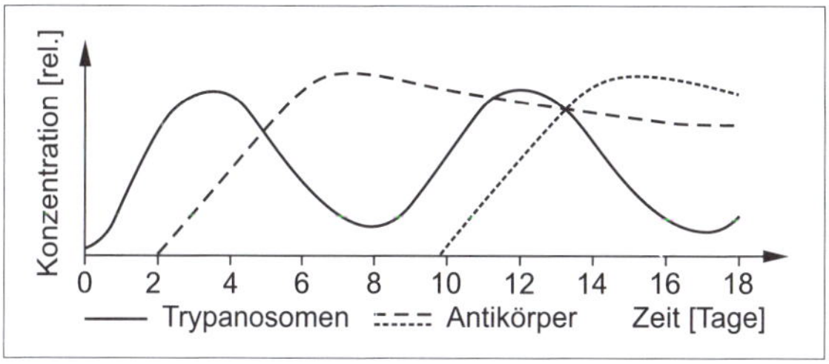

Abb. 1: Konzentrationsverlauf von Trypanosomen und Antikörpern im Blut

1.1 Beschreiben Sie die humorale Immunantwort, die im Körper des mit Trypanosomen Infizierten bis zum 8. Tag abläuft. 4

1.2 Erklären Sie anhand von Abbildung 1 und unter Verwendung des Vortextes den zyklischen Verlauf der Trypanosomen-Konzentration.
Erklären Sie, weshalb trotz ablaufender Immunantwort keine Immunität entsteht. 3

Eine Infektion mit Trypanosomen führt bei Individuen aus der Familie der Pferdeartigen zur tödlichen Nagana-Seuche. Wissenschaftler vermuten, dass Zebras aufgrund ihres Fellmusters von stechenden Insekten wie der Tsetsefliege visuell schlecht wahrgenommen werden. Dies machen sich Reitsportausstatter zunutze und werben für zebraartig gestreifte Pferdedecken (Abbildung 2). Forscher untersuchten diese Vermutung mit unterschiedlich bemalten Pferdeattrappen sowie mit verschiedenen schwarz-weiß gestreiften Testtafeln. Sie zählten, wie viele Insekten in einem Zeitraum von drei Wochen auf diesen Versuchsgegenständen landeten (Abbildung 3).

Abb. 2: Pferdedecke

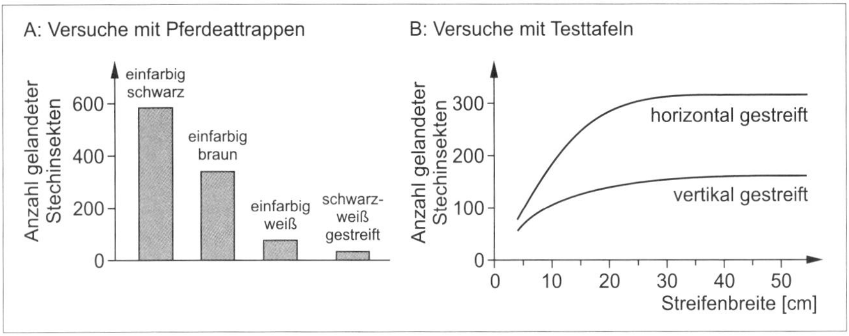

Abb. 3: Versuchsergebnisse

2 Nennen Sie die Eigenschaften einer möglichst wirksamen Pferdedecke und begründen Sie diese anhand der Versuchsergebnisse (Abbildung 3). 2

Es wird davon ausgegangen, dass Tsetsefliegen auch eine Rolle in der Evolution der Pferdeartigen gespielt haben. Abbildung 4 zeigt die Verbreitung der Tsetsefliege, des Steppenzebras und des Quaggas auf dem afrikanischen Kontinent im Jahr 1820. Abbildung 5 zeigt einen Ausschnitt aus dem Stammbaum der Pferdeartigen.

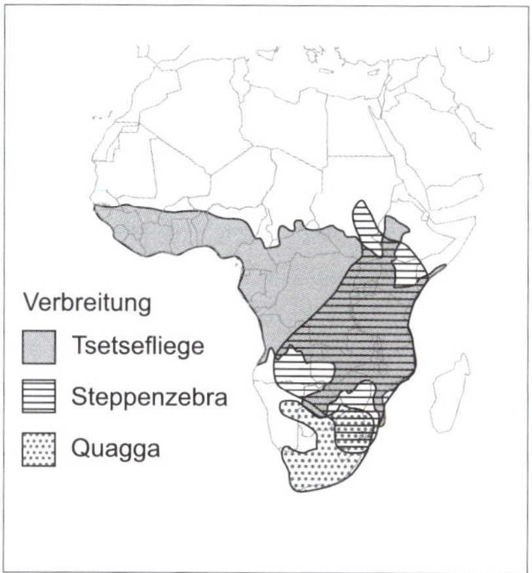

Abb. 4: Verbreitungsgebiete im Jahr 1820

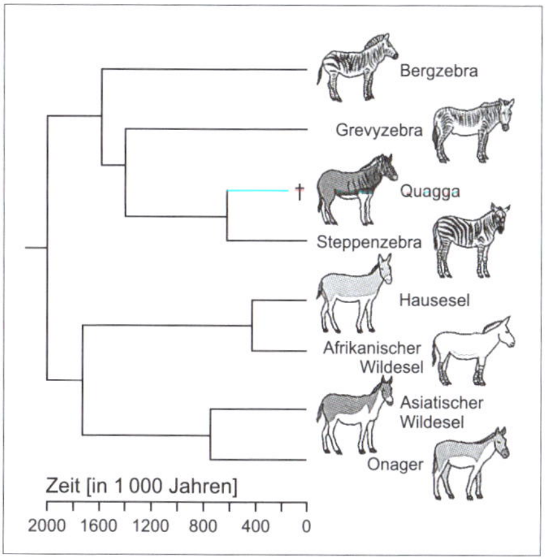

Abb. 5: Ausschnitt aus dem Stammbaum der Pferdeartigen (Quagga ausgerottet)

3.1 Erklären Sie auf Grundlage der Synthetischen Evolutionstheorie die Musterung des Steppenzebras (Abbildung 5). Berücksichtigen Sie dabei auch Abbildung 4 sowie die Versuchsergebnisse aus Abbildung 3. 4

3.2 Erläutern Sie mithilfe der Abbildung 5, ob die fehlende Streifung auf dem Rücken des Quaggas ein ursprüngliches oder ein abgeleitetes Merkmal ist. Geben Sie unter Verwendung von Abbildung 4 eine mögliche Erklärung für die weitgehend fehlende Musterung des Quaggas. 3

3.3 Beschreiben Sie ein molekularbiologisches Verfahren zur Überprüfung der Verwandtschaftsverhältnisse von Hausesel, Afrikanischem Wildesel und Steppenzebra. Erläutern Sie die zu erwartenden experimentellen Ergebnisse für die drei genannten Arten bei dem von Ihnen beschriebenen Verfahren. 4

20

Lösungsvorschlag

1.1 **Beschreibung** der humoralen Immunantwort:

- **Erkennungsphase:** Makrophagen erkennen das Glycoprotein auf der Zelloberfläche der durch den Stich der Tsetsefliege übertragenen Trypanosomen als körperfremdes Glycoprotein (Antigen), phagozytieren den Erreger und zerlegen ihn in Bruchstücke. Diese Fragmente werden (mithilfe spezieller Membranproteine, MHC II) auf der Membranoberfläche der Makrophagen präsentiert. Ruhende spezifische T-Helferzellen binden mit ihren spezifischen T-Zell-Rezeptoren nach dem Schlüssel-Schloss-Prinzip an die präsentierten Antigen(fragment)e. Ein daraufhin ausgeschütteter Signalstoff (Zytokin) der Makrophagen aktiviert T-Helferzellen und regt diese zur Teilung (Proliferation) und Differenzierung in aktive T-Helfer- und T-Helfer-Gedächtniszellen an. Gleichzeitig erkennen auch (spezielle) B-Lymphozyten mit passenden Rezeptoren die Antigene auf der Zelloberfläche der Trypanosomen und phagozytieren den Erreger. Nach intrazellulärer Zerkleinerung werden die Trypanosomen-Antigen(fragment)e (über MHC II-Proteine) auf der Membranoberfläche der B-Lymphozyten präsentiert. Die zuvor aktivierten T-Helferzellen binden über ihre spezifischen T-Zell-Rezeptoren an die präsentierten Antigen(fragment)e und schütten daraufhin Signalstoffe (Zytokine) aus.
- **Differenzierungsphase:** Die ausgeschütteten Signalstoffe regen (die spezifischen) B-Lymphozyten zur Vermehrung (Proliferation) und Differenzierung in Plasmazellen und B-Gedächtniszellen an.
- **Wirkungsphase:** Die Plasmazellen produzieren spezifische Antikörper v. a. gegen das „variant surface glycoprotein" der Trypanosomen. Die freigesetzten Antikörper bilden mit den Glycoproteinen auf der Zelloberfläche der Erreger Antigen-Antikörper-Komplexe, die von Makrophagen phagozytiert werden.

1.2 **Erklärung** des zyklischen Verlaufs der Trypanosomen-Konzentration:

> TIPP Hier empfiehlt es sich, zunächst den zyklischen Verlauf der Trypanosomen-Konzentration zu beschreiben. Aus der Erwähnung im Vortext, dass Trypanosomen immer wieder neue VSG-Varianten bilden können, lässt sich schließen, dass die beiden Kurven, die den Konzentrationsverlauf der Antikörper im Blut zeigen, die Konzentrationen unterschiedlicher Antikörper abbilden.

Beschreibung: Ausgehend von einem sehr geringen (Anfangs-)Wert steigt die Trypanosomen-Konzentration *(nach einer kurzen „Anlaufphase")* bis zum zweiten Tag nach der Infektion annähernd linear. Dann flacht die Kurve ab, bis ca. am dritten Tag ein Maximum erreicht ist. Anschließend sinkt die Trypanosomen-Konzentration, bis ca. am achten Tag ein Minimum erreicht ist, das aber noch deutlich über dem Nullwert der Trypanosomen-Konzentration im Blut liegt. Dieser Verlauf wiederholt sich.

Erklärung: Der lineare Anstieg zu Beginn lässt sich durch eine ungestörte Zellteilung der Trypanosomen während der ersten beiden Tage nach der Infektion erklären. Aufgrund der Dauer der Erkennungs- und Differenzierungsphase im Zuge der humoralen Immunantwort stehen erst ab dem zweiten Tag nach der Infektion Plasmazellen zur Verfügung, die spezifische Antikörper gegen die zu dieser Zeit die Zelloberfläche bedeckende VSG-Variante bilden. Die Konzentration dieser Antikörper im Blut (gestrichelte Kurve) steigt vom zweiten Tag an linear an, wodurch der Anstieg der Trypanosomen-Konzentration im Blut durch die Bildung von Antigen-Antikörper-Komplexen und deren Phagocytose durch Makrophagen zunächst verlangsamt wird. Ab dem dritten Tag sinkt durch die zunehmende Antikörper-Konzentration im Blut die Trypanosomen-Konzentration bis auf ein Minimum ab. Offensichtlich werden jedoch trotz gleichbleibend hoher Antikörperproduktion nicht alle Trypanosomen abgetötet, im Gegenteil: Deren Konzentration steigt sogar wieder linear an. Die vorhandenen Antikörper sind also wirkungslos geworden. Dies lässt sich damit erklären, dass einige Trypanosomen eine neue Variante ihres Oberflächenproteins gebildet haben, an die die bestehenden Antikörper nicht binden können. Gleichzeitig stellen die Proteine für das Immunsystem ein neues Antigen dar, gegen das nach einer neuerlichen Erkennungs- und Differenzierungsphase wieder spezifische Antikörper (gepunktete Linie) durch neue Plasmazellen gebildet werden. Die anschließende Wirkungsphase senkt die Trypanosomen-Konzentration im Blut erneut.

Erklärung der ausbleibenden Immunität:

> **TIPP** Im Vortext steht, dass die gesamte Zelloberfläche der Trypanosomen nur von einem Proteintyp bedeckt ist. Die dagegen gebildeten Antikörper sowie die B- und T-Helfer-Gedächtniszellen mit den passenden spezifischen Rezeptoren werden bei Veränderung dieses Oberflächenproteins sofort wirkungslos.

Da immer wieder Trypanosomen mit neuen VSG-Varianten entstehen, sind die noch über viele Tage vorhandenen Antikörper sowie die gebildeten B- und T-Helfer-Gedächtniszellen, die für eine schnelle Immunantwort und damit für eine Immunität verantwortlich sind, unwirksam.

2 **Nennung** der Eigenschaften einer möglichst wirksamen Pferdedecke:
Schwarz-weiß gestreift mit schmalen, vertikalen Streifen

Begründung der Wirksamkeit dieser Eigenschaften:

- Die Ergebnisse der Versuche mit bemalten Pferdeattrappen (Abb. 3 A) zeigen, dass in einem Zeitraum von drei Wochen auf schwarz-weiß gestreiften Pferdeattrappen erheblich (bis zu 14-mal) weniger Stechinsekten landeten als auf einfarbig bemalten Pferdeattrappen. Die Anzahl gelandeter Insekten variierte auch hier je nach Farbe deutlich: Die meisten Tiere landeten auf schwarzen, die wenigsten auf weißen Attrappen.

- Die Ergebnisse der Versuche mit schwarz-weiß bemalten Testtafeln (Abb. 3B) zeigen, dass die Landehäufigkeit von Stechinsekten sowohl von der Streifenbreite, als auch von der Ausrichtung der Streifen abhängt, wobei bei sehr schmalen Streifen die Ausrichtung kaum eine Rolle spielt. Die Anzahl gelandeter Stechinsekten stieg mit zunehmender Streifenbreite bis auf ein Maximum an, wobei stets mehr Stechinsekten auf Testtafeln mit horizontalen Streifen landeten. Die wenigsten Stechinsekten (ca. 50) landeten im Zeitraum von drei Wochen auf vertikal gestreiften Testtafeln mit den schmalsten Streifen (weniger als 5 cm breit).

3.1 Erklärung der Musterung des Steppenzebras:

TIPP Die Entstehung spezieller Merkmale, die als Angepasstheiten an die gegebenen Umweltbedingungen aufzufassen sind, lässt sich im Sinne der Synthetischen Evolutionstheorie mithilfe der Begriffe Mutation, Rekombination, Selektion und Allelfrequenz erklären. Darüber hinaus sollen Sie die auffällige Überschneidung des Verbreitungsgebiets des Steppenzebras mit dem östlichen Verbreitungsgebiet der Tsetsefliege einbeziehen. Zu berücksichtigen ist dabei auch, dass Stechinsekten Wirtstiere mit schmalen, vertikalen schwarz-weißen Streifen optisch kaum erkennen.

Auszugehen ist von einer Population von Vorfahren der Steppenzebras, die vor ca. 2–1,6 Mio. Jahren in Afrika lebte. Die Individuen der Population wiesen aufgrund von Mutation und Rekombination (Neukombination des Erbguts bei der sexuellen Fortpflanzung) unterschiedliche phänotypische Fellfarben und Musterungen auf (Variabilität innerhalb einer Population). Durch Einwanderung in das Verbreitungsgebiet der Tsetsefliege (oder Ausbreitung der Tsetsefliegen in das Verbreitungsgebiet der Vorfahren des Steppenzebras) (Umweltveränderung) hatten Tiere mit schmalen, vertikalen Streifen einen Selektionsvorteil: Sie konnten die im Verbreitungsgebiet der Tsetsefliege verfügbaren Ressourcen wie Steppengras oder Wasserstellen relativ unbeeinträchtigt nutzen, da sie von den Insekten schlechter erkannt und daher kaum gestochen wurden (vgl. Versuchsergebnisse Abb. 3). Die geringe intraspezifische Konkurrenz und die Erschließung neuer Ressourcen bedingten bei diesen Individuen eine höhere reproduktive Fitness. Der höhere Fortpflanzungserfolg führte von Generation zu Generation im Genpool der Population zu einer gesteigerten Häufigkeit derjenigen Allele, die für die Ausprägung eines schmalen, vertikalen Streifenmusters codieren (transformierende Selektion). So wurde die Verbreitung des Steppenzebras über weite Teile des (v. a. östlichen) Verbreitungsgebiets der Tsetsefliege möglich.

3.2 Erläuterung der Merkmalsherkunft der fehlenden Streifung beim Quagga:
Anhand des Stammbaums der Pferdeartigen ist davon auszugehen, dass bereits der gemeinsame Vorfahre von Quagga, Berg-, Grevy- und Steppenzebra vor 1,6 Mio. Jahren auf der ganzen Körperoberfläche gestreift war, dass die Streifung also ein ursprüngliches (plesiomorphes) Merkmal sein muss. Andernfalls (bei einem gemeinsamen Vorfahren mit fehlender Rückenstreifung) müsste man annehmen, dass das Merkmal der vollständigen Streifung mehrmals (mindestens dreimal) unabhängig voneinander innerhalb dieser monophyletischen Gruppe entstanden wäre (siehe Abb. A). Dies ist sehr unwahrscheinlich und widerspricht dem Prinzip der sparsamsten Erklärung *(Parsimonie-Prinzip)*. Somit handelt es sich bei der fehlenden Streifung auf dem Rücken des Quaggas höchstwahrscheinlich um ein abgeleitetes (apomorphes) Merkmal (siehe Abb. B).

TIPP Die folgenden Skizzen sind nicht verlangt. Sie dienen lediglich der Veranschaulichung der obigen Erklärung.

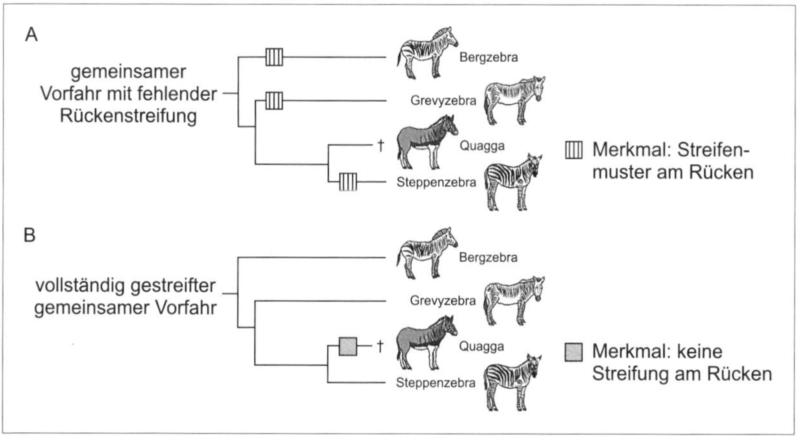

Erklärung der weitgehend fehlenden Musterung des Quaggas:
Anhand von Abbildung 4 lässt sich erkennen, dass im Verbreitungsgebiet der Quaggas (im äußersten Süden des afrikanischen Kontinents) keine Tsetsefliegen vorkommen. Die Streifung als Schutz vor diesen blutsaugenden Stechinsekten brachte in diesen Gebieten somit keinen Selektionsvorteil. Vermutlich stellte eine kontrastreiche, auffällige Streifung der direkten Quagga-Vorfahren unter diesen Bedingungen sogar eher einen Selektionsnachteil dar. Andere Selektionsfaktoren (z. B. Fressfeinde) spielten vermutlich eine größere Rolle und führten langfristig zur besseren Tarnung, zu einer Reduktion des Streifenmusters (am Rücken und an den Beinen) und zu einer an die Umgebung angepassten Fellfarbe (vermutlich braun).

3.3 Beschreibung eines molekularbiologischen Verfahrens:

> **TIPP** Die Molekularbiologie befasst sich insbesondere mit den unmittelbar informationstragenden Makromolekülen, den Nukleinsäuren, aber auch mit Proteinen. Somit kommen molekularbiologische Verfahren auf der Ebene der Nukleinsäuren (z. B. DNA-Hybridisierungstest oder DNA-Sequenzanalyse) oder auch auf der Ebene der Proteine (z. B. Serum-Präzipitin-Test oder Aminosäuresequenzanalyse wichtiger Proteine) zur Beantwortung der Aufgabe infrage.

Beschreibung des DNA-Hybridisierungstests *(vereinfacht)*:

- DNA wird aus den Zellen der drei zu vergleichenden Arten isoliert.
- Der Schmelzpunkt der artreinen DNA des Afrikanischen Wildesels wird bestimmt.

> **TIPP** Dies geschieht durch Messung der charakteristischen Viskositätsänderung der Lösung, die durch die Spaltung der DNA-Doppelstränge in DNA-Einzelstränge bewirkt wird.

- Die DNA des Afrikanischen Wildesels wird mit der isolierten DNA des zu untersuchenden Tiers in einem Versuchsansatz, der auf ca. 95 °C erhitzt wird, gemischt, sodass sich die DNA-Doppelstränge in Einzelstränge teilen (Denaturierung).
- Beim Abkühlen bilden sich Hybrid-Doppelstränge der DNA der beiden Arten.
- Der Schmelzpunkt der Hybrid-Doppelstränge wird bestimmt. Je näher die beiden Arten miteinander verwandt sind, desto mehr komplementäre Basenpaarungen bilden sich über Wasserstoffbrückenbindungen aus und desto näher liegt der Schmelzpunkt der Hybrid-Doppelstränge an dem Schmelzpunkt der artreinen DNA des Wildesels.

Erläuterung der zu erwartenden Ergebnisse:
Der Stammbaum in Abb. 5 zeigt, dass der Afrikanische Wildesel mit dem Hausesel näher verwandt ist als mit dem Steppenzebra: Die Entwicklungslinien der beiden Eselarten haben sich erst vor ca. 400 000 Jahren aufgespalten, der gemeinsame Vorfahre aller drei Arten lebte hingegen vor über 2 Mio. Jahren. Je länger zwei Arten sich getrennt entwickeln, desto mehr Mutationen manifestieren sich auf der DNA und desto unähnlicher ist daher deren Basensequenz. Es ist somit zu erwarten, dass es in Hybrid-Doppelsträngen von Afrikanischem Wildesel und Hausesel zu mehr komplementären Basenpaarungen und damit H-Brückenbindungen kommt als in Hybrid-Doppelsträngen von Afrikanischem Wildesel und Steppenzebra. Daher müsste der Schmelzpunkt der Hybrid-DNA „Afrikanischer Wildesel/Hausesel" näher am Schmelzpunkt der (artreinen) DNA des Afrikanischen Wildesels liegen als der Schmelzpunkt der Hybrid-DNA „Afrikanischer Wildesel/Steppenzebra".

Oder:

Beschreibung des Serum-Präzipitin-Tests:

- Einem Afrikanischen Wildesel wird Blut zur Isolierung des Blutserums entnommen.
- Einem möglichst weit entfernt verwandten Testtier (z. B. Kaninchen) wird dieses Serum injiziert, sodass eine aktive Immunantwort gegen die fremden Blutserumproteine erfolgt.
- Dem Testtier wird nach einigen Wochen Blut zur Gewinnung von dessen Blutserum (Testserum) entnommen. Es enthält spezifische Antikörper gegen Blutserumeiweiße des Afrikanischen Wildesels.
- Zur Eichung des Tests wird das Testserum mit dem Blutserum des Afrikanischen Wildesels vermischt. Die im Testserum enthaltenen Antikörper verklumpen (präzipitieren) mit den Serumproteinen (Antigene) des Wildesels zu Antigen-Antikörper-Komplexen. Der dabei erreichte (maximale) Verklumpungsgrad wird als 100 %-Marke definiert.
- Das Testserum wird mit den Blutseren der Tierarten vermischt, deren Verwandtschaftsgrad zum Wildesel gemessen werden soll, in diesem Fall mit den Blutseren von Hausesel und Steppenzebra. Je stärker die Verklumpung (= Präzipitation) ausfällt, desto größer ist die Ähnlichkeit der Blutserumproteine mit denen des Afrikanischen Wildesels und daher die Verwandtschaft zu dieser Art.

Erläuterung der zu erwartenden Ergebnisse:

Aus dem Stammbaum (Abb. 5) geht hervor, dass sich die Entwicklungslinien von Afrikanischem Wildesel und Hausesel erst vor ca. 400 000 Jahren getrennt haben, während der gemeinsame Vorfahre aller drei Arten vor über 2 Mio. Jahren lebte. Aufgrund von Mutationen in einer Entwicklungslinie ist die Basensequenz zweier Arten und damit auch die Proteinausstattung umso ähnlicher, je kürzer eine Artaufspaltung zurückliegt. Somit ist die genetische Ähnlichkeit zwischen Afrikanischem Wildesel und Hausesel größer als zwischen Afrikanischem Wildesel und Steppenzebra. Dies betrifft auch Gene, die Serumproteine codieren. Somit sind die Proteine (= Antigene) im Blutserum des Afrikanischen Wildesels und des Hausesels einander ähnlicher als die Proteine von Afrikanischem Wildesel/ Hausesel und Steppenzebra. Daher ist beim Präzipitin-Test zu erwarten, dass es bei Mischung des Testserums mit dem Blutserum des Hausesels zu einer stärkeren Ausfällung kommt als bei Mischung des Testserums mit dem Blutserum des Steppenzebras. Dies würde die im Stammbaum gezeigte nähere Verwandtschaft zwischen Afrikanischem Wildesel und Hausesel im Vergleich zum Steppenzebra bestätigen.

TIPP Nur die Beschreibung und Erläuterung eines Verfahrens sind gefordert.

VP

Es wird vermutet, dass Porphyrien, eine Gruppe erblich bedingter Stoffwechselstörungen, zur Legende von Vampiren (Abbildung 1) führten.
Allen Porphyrie-Formen ist gemeinsam, dass die Herstellung der farbgebenden Nichtprotein-Komponente Häm des roten Blutfarbstoffs Hämoglobin (Abbildungen 2 a und 2 b) durch eine Genmutation gestört ist. Dies führt zu einem Mangel an funktionsfähigen Erythrocyten. Die Haut der Betroffenen ist blass und kalt. Hinzu kommt die legendäre Lichtunverträglichkeit. Schon wenige Minuten im Licht führen lokal zu schmerzhaften Hautveränderungen. Bei schweren Formen schrumpfen Lippen und Gaumen und lassen die Zähne hervortreten, die durch Einlagerungen oft blutrot gefärbt erscheinen, so als habe der vermeintliche „Vampir" gerade Blut getrunken. Knoblauch ist ebenfalls schädlich für Porphyrie-Kranke. Er soll den Abbau bereits vorhandenen Hämoglobins fördern und so die Blutarmut verschlimmern.

Abb. 1: „Vampir"

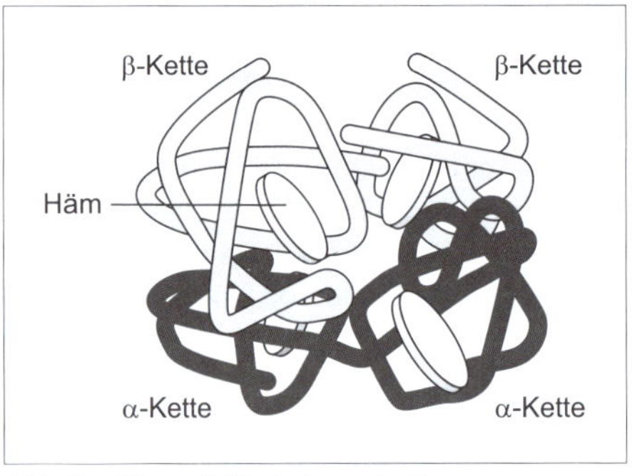

Abb. 2 a: Hämoglobin (schematisch)

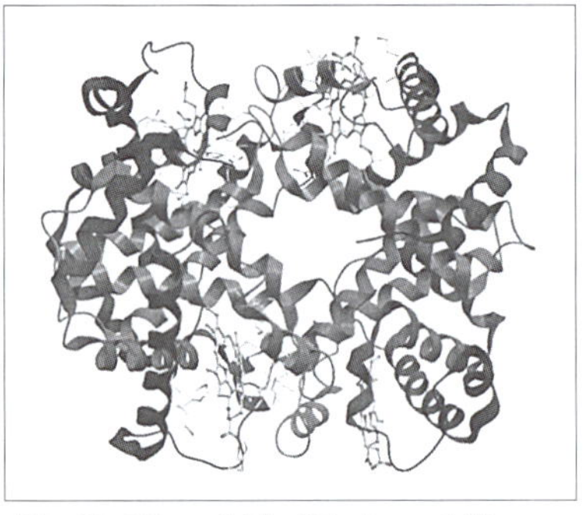

Abb. 2 b: Hämoglobin (Bändermodell)
© *Leonid Andronov. Shutterstock*

1 Beschreiben Sie die in den Abbildungen 2 a und 2 b dargestellten Strukturebenen des Proteins Hämoglobin. Nennen Sie die Kräfte und Bindungen, die diese jeweils stabilisieren. 3

Die verschiedenen Porphyrie-Formen beruhen auf Defekten von Enzymen in der Biosynthese des Häms. Abbildung 3 zeigt auszugsweise den Syntheseweg sowie mutationsbedingte Krankheitsbilder (Porphyrien).

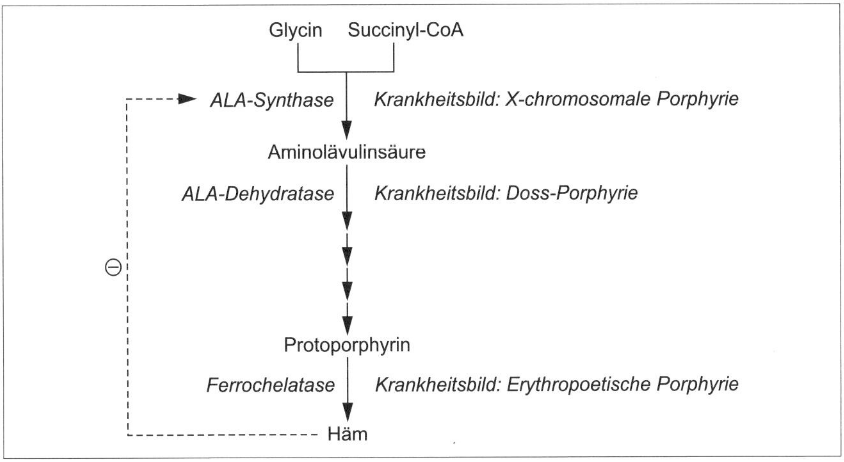

Abb. 3: Genwirkkette der Häm-Synthese und Krankheitsbilder bei entsprechenden Enzymdefekten (vereinfachte Darstellung)

2.1 Erklären Sie am Beispiel der Häm-Synthese den Begriff Genwirkkette. 2

2.2 Begründen Sie, warum verschiedene Mutationen in dieser Genwirkkette immer eine Blutarmut zur Folge haben, darüber hinaus aber verschiedene Krankheitssymptome verursachen. 2

Da die defekten Enzyme meist noch eine geringe Aktivität aufweisen, können der Häm-Mangel und die damit einhergehende Blutarmut durch Regulation der Häm-Biosynthese zumindest vermindert werden.

3.1 Geben Sie eine mögliche Erklärung für die mutationsbedingte reduzierte Enzymaktivität. 2

3.2 Erläutern Sie unter Verwendung von Abbildung 3, wie die Häm-Synthese auf Enzymebene normalerweise reguliert wird und wie bei einer Porphyrie-Erkrankung diese Regulation dem Häm-Mangel zumindest teilweise entgegenwirkt. 3

3.3 Stellen Sie den zugrunde liegenden Mechanismus dieser Enzymregulation mithilfe beschrifteter Schemazeichnungen dar (Größe etwa ½ Seite). 3

Bei den Porphyrie-Formen treten neben dem Häm-Mangel weitere Symptome auf. So kommt es bei Patienten mit Erythropoetischer Porphyrie zu verbrennungsähnlichen Symptomen der Haut. Ursache hierfür ist in der Haut angereichertes Protoporphyrin, das mithilfe von Sonnenlicht Sauerstoffradikale bildet, die das Hautgewebe schädigen. Die Betroffenen meiden daher das Licht.

Eine natürliche Reaktion des Körpers auf Sonnenlicht ist die Freisetzung des Melanocytenstimulierenden Hormons (α-MSH). Dieses bewirkt die Bildung des Hautfarbstoffs Melanin und damit die Hautbräunung, die einen natürlichen Lichtschutz darstellt. Abbildung 4 zeigt die durch α-MSH ausgelösten Prozesse.

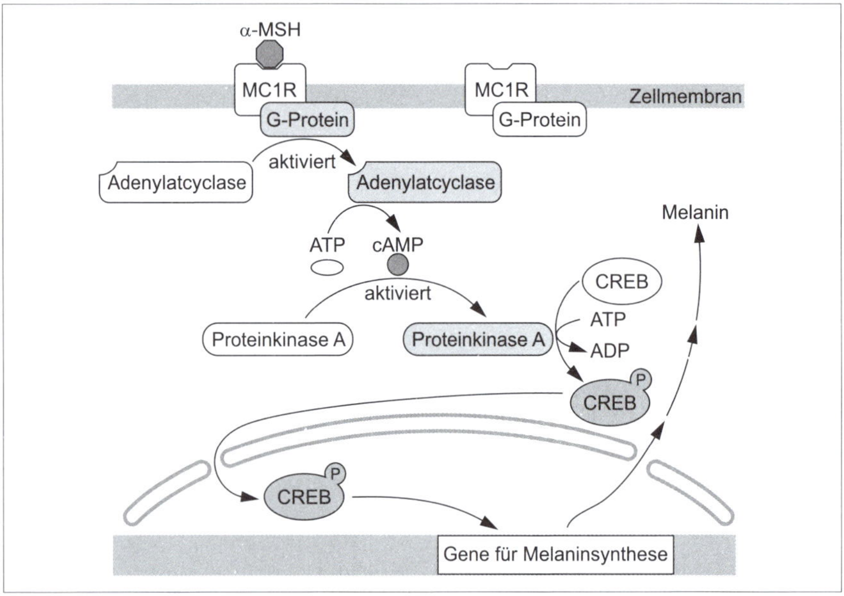

Abb. 4: Wirkung von α-MSH auf die Melaninproduktion in Hautzellen (stark vereinfacht)

4 Beschreiben Sie die in Abbildung 4 dargestellten Prozesse und erklären Sie, wie wenige α-MSH-Moleküle in einer Zelle eine starke Melaninbildung auslösen. 3

Da Heilung nicht möglich ist, steht für Patienten mit Erythropoetischer Porphyrie der Schutz vor Sonnenlicht im Vordergrund. Im Dezember 2014 wurde hierfür in der EU ein Medikament mit dem Wirkstoff Afamelanotid zur Behandlung von erwachsenen Patienten mit Erythropoetischer Porphyrie zugelassen. Dieses löst die Bräunung der Haut aus, ohne dass ein Kontakt mit Sonnenlicht stattgefunden hat.

5 Geben Sie eine mögliche Erklärung für die Wirkungsweise von Afamelanotid und für das Phänomen, dass der Wirkstoff sogar wirksamer als die körpereigene Substanz ist. 2

20

Lösungsvorschlag

1 **TIPP** Da die Primärstruktur lediglich die Abfolge der Aminosäuren einer Polypeptidkette und nicht deren räumlichen Aufbau beschreibt, wird hier von Ihnen auch nicht erwartet, diese bei der Beschreibung von Abbildung 2 anzusprechen oder die Peptidbindungen innerhalb der Primärstruktur zu nennen.

Beschreibung der dargestellten Strukturebenen von Hämoglobin:
Hämoglobin weist eine Quartärstruktur aus vier Polypeptidketten (Abb. 2a: zwei α- und zwei β-Ketten) auf, die jeweils in Tertiärstruktur (dreidimensionale Anordnung der Primär- und Sekundärstruktur) vorliegen. Als Sekundärstrukturen sind nur α-Helices erkennbar (Abb. 2b).

Nennung der stabilisierenden Kräfte und Bindungen:

Strukturebene	Bindungen / stabilisierende Kräfte
Sekundärstruktur	Wasserstoffbrückenbindung zwischen zwei Peptidgruppen *(C=O- und N–H-Gruppen, ohne Beteiligung der Aminosäurereste)*
Tertiärstruktur	Disulfidbrücken, Ionenbindungen, Wasserstoffbrücken, hydrophobe Wechselwirkungen und Van-der-Waals-Kräfte zwischen Aminosäureresten
Quartärstruktur	

2.1 **Erklärung** des Begriffs Genwirkkette am Beispiel der Häm-Synthese:
Die Synthese des Häms (Stoffwechselendprodukt) erfolgt in mehreren aufeinanderfolgenden Reaktionsschritten, wobei das Produkt jeder enzymatisch katalysierten Reaktion als Substrat für die nachfolgende Reaktion dient. Jede Reaktion wird jeweils durch ein spezifisches Enzym katalysiert (in Abb. 3 sind ALA-Synthase, ALA-Dehydratase und Ferrochelatase genannt). Jedes dieser Enzyme wird von einem eigenen Gen (vgl. folgendes Schema) codiert. Eine solche Abfolge voneinander abhängiger Reaktionsschritte in einer Stoffwechselkette, die von den Produkten verschiedener Gene gesteuert werden, nennt man Genwirkkette.

TIPP Das folgende Schema der Genwirkkette ist nicht verlangt.

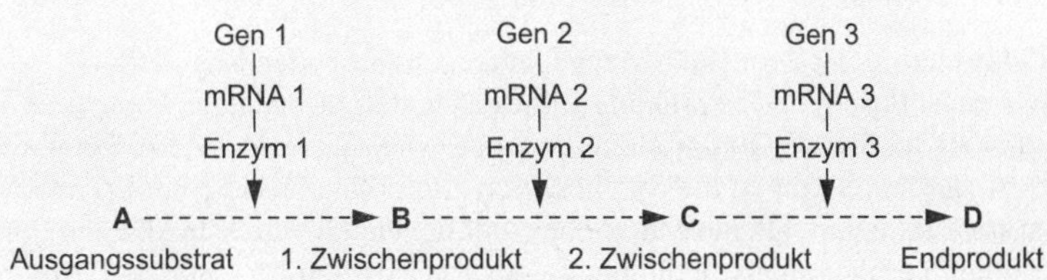

2.2 **Begründung** für mutationsbedingte Blutarmut und weitere Krankheitssymptome: Nur wenn alle Teilreaktionen des Häm-Biosynthesewegs ablaufen, kann Häm als Endprodukt der Stoffwechselkette gebildet werden. Kommt es zu einer Genmutation, die einen Defekt eines codierten Enzyms dieses Biosynthesewegs zur Folge hat, führt dies zum Abbruch der Gen- und Enzymwirkkette und damit zu einem die Blutarmut bedingenden Häm-Mangel. Darüber hinaus kommt es zu einer Anreicherung eines bestimmten Zwischenprodukts (das in höheren Konzentrationen möglicherweise toxisch ist) bzw. zu einem Mangel des Folgeprodukts (das u. U. auch als Substrat in einem anderen Stoffwechselweg benötigt wird). In Abhängigkeit davon, welches Gen der Genwirkkette von der Mutation betroffen ist, kann dies zu verschiedenen weiteren Krankheitssymptomen führen.

3.1 **Erklärung** für die mutationsbedingte reduzierte Enzymaktivität:
Die von einem Enzym katalysierte Anzahl an Reaktionen pro Zeit *(Wechselzahl)* hängt entscheidend von der Bindungsaffinität des Substrats zum aktiven Zentrum ab. Kommt es mutationsbedingt lediglich zu einer geringfügigen Veränderung der räumlichen Struktur *(Konformation)* des aktiven Zentrums eines Enzyms, kann das Enzym weiterhin Substrate umsetzen. Da das Substrat allerdings weniger gut an das aktive Zentrum bindet, erfolgt diese Umsetzung mit einer reduzierten Reaktionsgeschwindigkeit (→ geringere Enzymaktivität).

3.2 **Erläuterung** der Regulation der Häm-Synthese auf Enzymebene:

> **TIPP** Hier wird nicht verlangt, den genauen molekularen Mechanismus der Enzymhemmung zu erläutern, sondern lediglich das Prinzip.

Die Regulation der Häm-Synthese geschieht durch eine Endprodukthemmung *(feedback inhibition)*, durch die eine bedarfsgerechte Synthese von Häm sichergestellt wird. Dabei hemmt das Endprodukt Häm *(konzentrationsabhängig)* das Schlüsselenzym der Häm-Biosynthesekette, die ALA-Synthase. Die Hemmung resultiert in einer verringerten Bildung von Aminolävulinsäure, die als Ausgangssubstrat für die weiteren Teilreaktionen des Häm-Biosynthesewegs dient. Dieser initiale Mangel setzt sich über die Teilprodukte dieses Stoffwechselwegs fort und führt am Ende der Stoffwechselkette auch zu einer reduzierten Synthese des Endprodukts Häm.

Erläuterung der dem Häm-Mangel entgegenwirkenden Regulation:
Bei einer Porphyrie-Erkrankung führt der mutationsbedingte Mangel an Häm zu einer Reduktion der Endprodukthemmung, sodass weniger ALA-Synthasen inhibiert werden. Somit ist die Synthese von Aminolävulinsäure bei Erkrankten nicht so stark reduziert. Da die Mutationen, auf denen die unterschiedlichen Porphyrie-Formen beruhen, meist lediglich zu einer geringeren Enzymaktivität führen, stehen dem jeweiligen funktionseingeschränkten Enzym zumindest genügend Substrate zur Verfügung. Am Ende der Stoffwechselkette wird der Häm-Mangel dadurch etwas kompensiert.

3.3 Schematische Darstellung des Mechanismus der Enzymregulation:

TIPP Im ersten und für die Enzymregulation entscheidenden Schritt entsteht aus zwei Edukten (Glycin und Succinyl-CoA) ein Produkt, die Aminolävulinsäure. Im aktiven Zentrum sind bei der schematischen Darstellung also zwei Substrate zu berücksichtigen. Darüber hinaus muss es sich um eine reversible allosterische Regulation handeln: Eine kompetitive Hemmung ist unwahrscheinlich, da aufgrund der zahlreichen Teilreaktionen das Endprodukt bzw. dessen Konformation vermutlich wenig Ähnlichkeit mit einem der beiden Ausgangssubstrate (Glycin, Succinyl-CoA) hat. Eine Darstellung von Konzentrationseffekten des Häms auf das Ausmaß der Hemmwirkung ist nicht erforderlich.

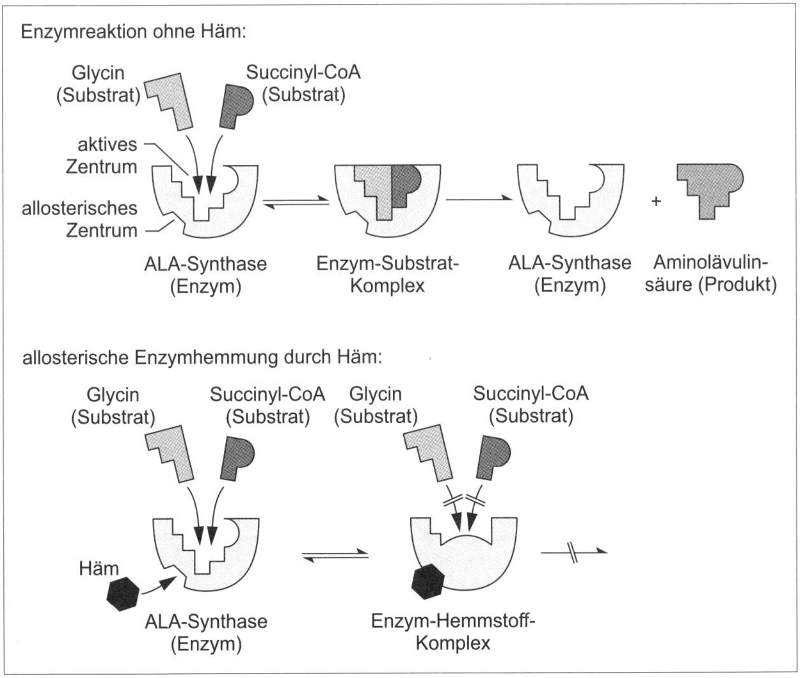

4 **Beschreibung** der dargestellten Prozesse:

TIPP Alle aktiven Moleküle der Signaltransduktionskaskade sind grau unterlegt.

- Ein α-MSH-Molekül bindet *(spezifisch)* an den in die Zellmembran integrierten MC1R-Rezeptor (nach dem Schlüssel-Schloss-Prinzip, auf der extrazellulären Seite der Membran).
- Hierdurch wird ein an den MC1R-Rezeptor gekoppeltes G-Protein (auf der cytoplasmatischen Seite der Membran) aktiviert.
- Das aktivierte G-Protein aktiviert (das Enzym) Adenylatcyclase.
- Die aktivierte Adenylatcyclase katalysiert die Umsetzung von ATP in cAMP (second messenger), der (das Enzym) Proteinkinase A aktiviert.
- Die aktivierte Proteinkinase A katalysiert die Übertragung einer Phosphatgruppe von ATP auf CREB-Moleküle *(Phosphorylierung)*. ATP wird dabei zu ADP umgesetzt und es entstehen aktivierte CREB-Moleküle, die *(aufgrund der Phosphorylierung)* durch die Kernporen in den Zellkern eindringen können.
- Die aktivierten CREB-Moleküle bewirken (als Transkriptionsfaktoren) die Transkription der Gene für die Melaninsynthese.
- Die Gen-Transkripte (mRNA) gelangen über die Kernporen ins Cytoplasma und werden (an Ribosomen) in Enzyme zur Melaninsynthese translatiert, die die Bildung des Hautfarbstoffs Melanin im Cytoplasma der Hautzellen katalysieren.

Erklärung einer starken Melaninbildung durch wenige α-MSH-Moleküle:
Innerhalb der Signaltransduktionskaskade werden die Enzyme Adenylatcyclase und Proteinkinase A aktiviert. Da ein einziges dieser aktivierten Enzyme die Umwandlung von zahlreichen Substratmolekülen katalysieren kann, kommt es zu einer massiven Signalverstärkung und damit zu einer starken intrazellulären Melaninbildung.

TIPP Katalysiert z. B. eine aktivierte Adenylatcyclase die Bildung von 1 000 cAMP-Molekülen und eine aktivierte Proteinkinase A die Bildung von 100 phosphorylierten CREB-Molekülen, wird das Eingangssignal auf diese Weise 100 000-fach verstärkt.

Oder: Das aktivierte G-Protein aktiviert so lange vorhandene Adenylatcyclasen, wie das α-MSH-Molekül an den MC1R-Rezeptor gebunden ist. So bewirkt die Bindung eines α-MSH-Moleküls die Aktivierung zahlreicher Adenylatcyclasen, wodurch es zu einem Verstärkereffekt innerhalb des Signaltransduktionswegs und somit zu einer starken Melaninbildung kommt.

TIPP Nur eine Erklärung ist gefordert.

5 Mögliche **Erklärung** für die Wirkungsweise und stärkere Wirkung von Afamelanotid:

- Auf Rezeptorebene (extrazellulär): Afamelanotid hat einen ähnlichen (chemischen und räumlichen) Bau wie das Melanocyten-stimulierende Hormon (α-MSH). Indem es mit einer höheren Affinität an den MC1R-Rezeptor bindet oder langsamer abgebaut wird, hat das Medikament eine erhöhte Wirksamkeit gegenüber der körpereigenen Substanz (α-MSH).
- Auf Enzymebene (Cytoplasma): Afamelanotid durchdringt (als kleines und lipophiles Molekül) in hoher Konzentration die Biomembran und aktiviert im Cytoplasma (mit hoher Affinität) zahlreiche Enzyme des Signaltransduktionswegs (z. B. Adenylatcyclasen), sodass es wirksamer ist als die körpereigene Substanz.
- Auf der Ebene der DNA (im Zellkern): Afamelanotid durchdringt (als kleines lipophiles Molekül) die Biomembran, bindet (ähnlich wie ein Steroidhormon) an einen Rezeptor im Cytoplasma und gelangt als besonders wirksamer Transkriptionsfaktor der Gene für die Melaninsynthese in den Zellkern.

TIPP Nur eine mögliche Erklärung ist gefordert.

VP

Laut eines Berichts der Europäischen Seuchenbehörde starben im Jahr 2015 ca. 30 000 Menschen in der EU an multiresistenten Bakterien, also an Bakterien, die gegen eine Vielzahl von Antibiotika resistent sind. Multiresistente Bakterien verursachten damit mehr Todesfälle als die Erreger von Grippe, Aids und Tuberkulose zusammen. Es wird erwartet, dass die Zahl tödlich verlaufender Infektionen mit multiresistenten Bakterien weiter steigen wird. Daher bedarf es intensiver Forschung, um der Entstehung multiresistenter Bakterien entgegenzuwirken bzw. diese effektiv zu bekämpfen.
Abbildung 1 zeigt eine Schemazeichnung einer Bakterienzelle im Vergleich zu einer eukaryotischen Zelle.

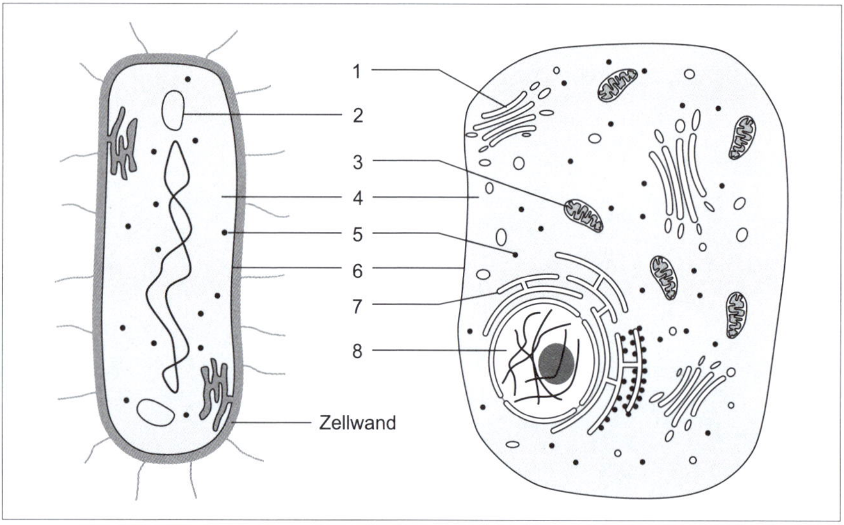

Abb. 1: Schemazeichnungen einer Bakterienzelle (links) und einer eukaryotischen Zelle (rechts)

1.1 Benennen Sie die in Abbildung 1 mit Ziffern bezeichneten Strukturen. 2

1.2 Erläutern Sie anhand der Struktur Nummer 6 den Zusammenhang von Struktur und Funktion (zwei Angaben). 3

Bereits in der Mitte des letzten Jahrhunderts führten die Forscher LURIA und DELBRÜCK Experimente zur Resistenzbildung bei Bakterien durch. Dabei stellten sie die Hypothese auf, dass die Resistenz gegen ein bestimmtes Antibiotikum nicht erst durch den Kontakt mit diesem, sondern unabhängig davon entsteht. Abbildung 2 zeigt eine vereinfachte Darstellung des Experiments von LURIA und DELBRÜCK.

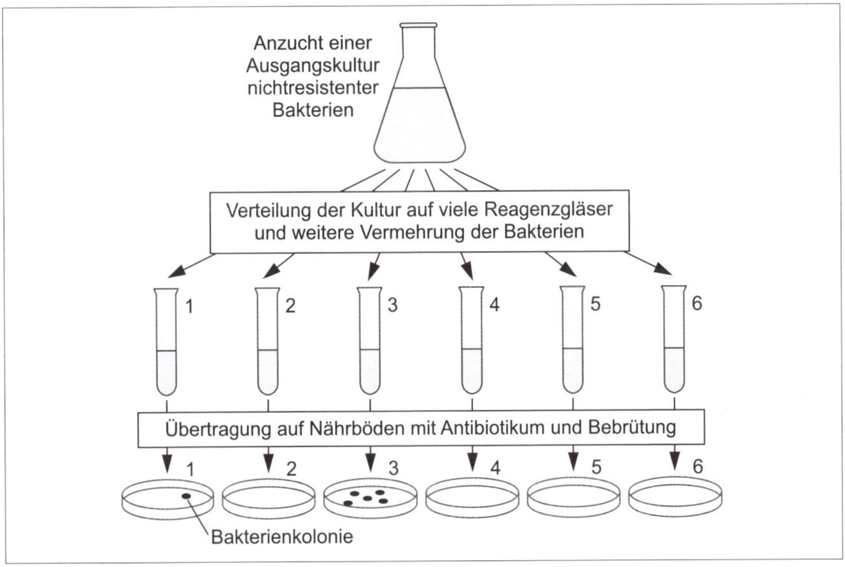

Abb. 2: Experiment zur Resistenzbildung bei Bakterien

2.1 Erläutern Sie, ob die Ergebnisse des Experiments (Abbildung 2) die im Vortext genannte Hypothese der Forscher belegen. 3

2.2 Begründen Sie, warum die Ergebnisse des Experiments die Aussagen LAMARCKs zur Evolution nicht unterstützen. 2

2.3 Erklären Sie im Sinne der Evolutionstheorie DARWINs die Entstehung multiresistenter Bakterien, wie sie beispielsweise in Krankenhäusern auftritt. 3

Als Alternative zur Antibiotikatherapie wird hinsichtlich der Bekämpfung multiresistenter Bakterien auch vermehrt an der Therapie mit Bakteriophagen geforscht, die in Osteuropa schon lange zum Standard gehört und dort erfolgreich angewendet wird. Dabei werden den Patienten zum Krankheitserreger passende Bakteriophagen verabreicht. Bakteriophagen sind Viren, die gezielt prokaryotische Zellen befallen (Abbildung 3).

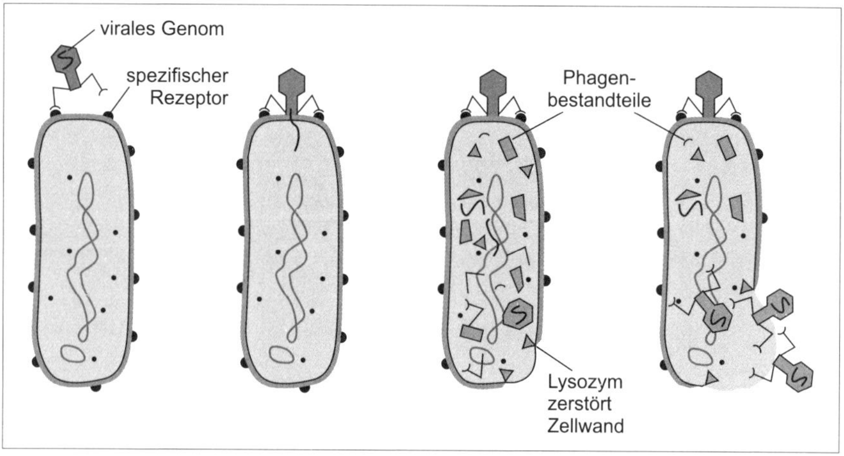

Abb. 3: Vermehrungszyklus von Bakteriophagen

3.1 Beschreiben Sie den Vermehrungszyklus von Bakteriophagen mithilfe der Abbildung 3. 2

3.2 Erläutern Sie einen Vorteil und einen Nachteil der Phagentherapie. 2

Antibiotika-Resistenzgene in Bakterien können in der Gentechnik als Markergene eingesetzt werden.

4 Erläutern Sie ein Verfahren zur Selektion transgener Zellen. 3

20

Lösungsvorschlag

1.1 **Benennung** der bezifferten Strukturen:

1 Dictyosom oder Golgi-Apparat/-Zisterne
2 Plasmid
3 Mitochondrium
4 Zellplasma
5 Ribosom
6 Zellmembran
7 glattes endoplasmatisches Reticulum
8 Zellkern, Karyoplasma (oder Chromatin)

1.2 **Erläuterung** des Struktur-Funktion-Zusammenhangs bei einer Zellmembran:

TIPP Hier können allen strukturellen Bestandteilen der Biomembran (Phospholipide, Membranproteine, membranassoziierte Kohlenhydrate) spezifische Funktionen zugeordnet werden. Nur zwei Angaben sind erforderlich.

- Barrierefunktion: Zellmembranen bestehen aus einer Phospholipiddoppelschicht, die durch die nach innen gerichtete Anordnung der Fettsäureschwänze der einzelnen Phospholipid-Moleküle hydrophobe Eigenschaften besitzt. Hierdurch werden zwei wässrige Phasen, das Zellplasma und das Außenmedium, voneinander getrennt. Darüber hinaus wird die Membran dadurch für hydrophile Teilchen im Gegensatz zu hydrophoben Molekülen unpassierbar (selektive Permeabilität).
- Transportfunktion: Integrale Kanalproteine, die die Membran durchspannen, sorgen für eine selektive Permeabilität (unterschiedlich großer, polarer und geladener Moleküle).
- Oberflächenvergrößerung: Einstülpungen *(z. B. intrazelluläre Membranfalten bei Bakterien, vgl. Abb. 1)* bzw. Ausstülpungen *(z. B. Mikrovilli tierischer Epithelzellen)* der Cytoplasmamembran erhöhen die Kapazität der Zelle für (enzymatisch katalysierte) Stoffwechselreaktionen bzw. für den Stoffaustausch.
- Signalerkennung und Weitergabe: In die Membran eingelagerte und nach außen ragende Rezeptorproteine ermöglichen durch die Bindung von Liganden nach dem Schlüssel-Schloss-Prinzip die Erkennung und Weiterleitung von Signalen vom Außenmedium ins Zellinnere (Signaltransduktion).
- Erkennungsfunktion: Membranassoziierte Kohlenhydrate (Glycolipide, -proteine) auf der Membranaußenseite dienen der Zell-Zell-Erkennung (z. B. Fremd-Eigen-Erkennung des Immunsystems, Gewebebildung).

2.1 Erläuterung, ob die Versuchsergebnisse die Hypothese der Forscher belegen:

> **TIPP** Um sich den Versuchsablauf vor Augen zu führen und die Antwort besser strukturieren zu können, empfiehlt es sich, zunächst das Experiment von LURIA und DELBRÜCK (sog. Fluktuationstest) zu beschreiben; das ist jedoch nicht explizit verlangt.

Beschreibung: Die Forscher verteilten in ihrem Experiment (Abb. 2) eine Suspension von nicht antibiotikumresistenten Zellen (Ausgangskultur ohne Antibiotikum) auf viele (im Schema vereinfacht: sechs) Reagenzgläser. Diese Ansätze plattierten sie nach einer gewissen Vermehrungszeit auf je einen Nährboden mit Antibiotikum aus und dokumentierten nach der Bebrütung, ob und wie viele Kolonien auf den einzelnen Nährböden anwuchsen.

Erläuterung der Ergebnisse: Auf zwei Nährböden mit Antibiotikum lassen sich nach Bebrütung eine unterschiedliche Anzahl an Bakterienkolonien erkennen, während sich in den anderen vier Schalen keine einzige Kolonie (kein Bakterienwachstum) zeigt. Käme es erst durch den Kontakt mit dem Antibiotikum (auf dem Nährboden) zur Induktion der Antibiotikum-Resistenz der Bakterienzellen, wären nach einer gewissen Zeit der Bebrütung auf allen Platten mit gleicher Wahrscheinlichkeit spontan mutierte Bakterien, die zu Kolonien heranwachsen, zu erwarten – und damit eine ähnliche Anzahl an Kolonien auf allen Platten. Da dies nicht der Fall ist, muss sich die Resistenz gegen das auf den Nährböden enthaltene Antibiotikum bereits vor dem Kontakt mit dem Antibiotikum in den Reagenzgläsern (1 und 3) (durch eine Mutation) entwickelt haben. Damit ist die Hypothese bestätigt, dass die Resistenz gegen ein bestimmtes Antibiotikum bei Bakterien unabhängig von einem Kontakt mit diesem (spontan) entsteht.

> **TIPP** Die unterschiedliche Anzahl (Fluktuation) der Kolonien auf den Nährböden mit Antibiotikum lässt darauf schließen, dass sich die Mutationen in den entsprechenden Reagenzglaskulturen zu unterschiedlichen Zeitpunkten ereignet haben: Früherer Zeitpunkt (in Reagenzglas 3) → mehr Zellteilungen der mutierten Organismen → mehr mutierte einzelne Bakterien, die nach Ausplattieren und Bebrütung eine Kolonie bilden.

2.2 Begründung des Widerspruchs der Versuchsergebnisse zu LAMARCKs Aussagen: Nach der Evolutionstheorie von LAMARCK bewirken Umweltveränderungen (hier: Überführung der Reagenzglasansätze auf einen Nährboden mit Antibiotikum) eine aktive Anpassung der Organismen an die sich verändernden Umweltbedingungen, da sie ein inneres Bedürfnis nach Vervollkommnung besitzen (hier: Entwicklung einer Antibiotikum-Resistenz). Das auf diese Weise erworbene Merkmal wird nach LAMARCK an die Nachkommen vererbt (hier: Vererbung der Stoffwechseleigenschaft Resistenz). Träfen diese Annahmen zu, wären auf deutlich mehr Platten resistente Bakterienkolonien in jeweils ähnlicher Anzahl zu erwarten gewesen. Die Ergebnisse des Experiments zur Resistenzbildung bei Bakterien stützen somit LAMARCKS Theorie nicht.

TIPP Sie können bei Ihrer Begründung natürlich auch das konkrete Geschehen im Experiment zur Grundlage nehmen und diesem die Schlüsselbegriffe aus LAMARCKs Theorie („Umweltveränderung"; „Vervollkommnungstrieb" etc.) jeweils passend, z. B. in Klammern, zuweisen.

2.3 **Erklärung** der Entstehung multiresistenter Bakterien nach DARWIN:
In Krankenhäusern kommen – wie überall – zahlreiche Bakterienarten vor. Bakterien eines Stammes vermehren sich auf geeigneten Substraten (z. B. verschmutzten Binden) z. T. explosionsartig. Es kommt zu einer Überproduktion von Nachkommen und somit zur Konkurrenz zwischen den Individuen („struggle for life"). Viele der Bakterien weisen keinerlei Resistenzen gegen Antibiotika auf, einige wenige Zellen verfügen aber über eine erbliche Variation, die sie im Gegensatz zu anderen Bakterienzellen unempfindlich gegen ein bestimmtes Antibiotikum macht. Beim Einsatz des betreffenden Antibiotikums (Umweltveränderung) verfügen nur sie über die Fähigkeit, dieses unwirksam zu machen, überleben und teilen sich weiter („survival of the fittest"). Durch die Vererbung der vorteilhaften Eigenschaft an die Nachkommen sind alle Zellen, die durch Teilung aus ihnen hervorgehen, resistent gegen das eingesetzte Antibiotikum. Werden in Krankenhäusern anschließend oder gleichzeitig weitere Antibiotika eingesetzt, wiederholt sich der Vorgang und es kann auf die beschriebene Weise durch einen erhöhten Selektionsdruck zur Ausbildung von Multiresistenzen kommen.

TIPP Verstärkt wird die Multiresistenzbildung außerdem durch die Fähigkeit vieler Bakterienarten, Plasmide mit Resistenzgenen durch Konjugation austauschen zu können.

3.1 **Beschreibung** des Vermehrungszyklus von Bakteriophagen:

- Der Phage dockt an einen spezifischen (Zellwand-)Rezeptor auf der Oberfläche der Bakterienzelle an und injiziert sein virales Genom ins Zellinnere.
- Die Bakterienzelle beginnt daraufhin, Phagenbestandteile (Kopf, Schwanz mit Schwanzfasern, virales Erbgut) sowie Lysozym-Moleküle zu produzieren.
- Aus den produzierten Phagenbestandteilen werden neue Phagen zusammengebaut und die Zellwände werden durch Lysozym-Moleküle enzymatisch aufgelöst.
- Die Bakterienzelle platzt aufgrund der Lysozym-Aktivität. Die neu produzierten Phagen werden freigesetzt und können weitere Bakterienzellen infizieren.

3.2 Erläuterung eines Vor- und Nachteils der Phagentherapie:

Mögliche Vorteile:

- Hohe Spezifität: Da Bakteriophagen (mit ihren Schwanzfasern) sehr spezifisch an (Zellwand-)Rezeptoren der bakteriellen Wirtszellen binden und diese infizieren, werden nützliche Bakterien (z. B. der Darmflora) sowie die menschlichen Zellen selbst geschont.
- Vermeidung von Multiresistenzen: Die Reduktion des Antibiotikaeinsatzes zur Bekämpfung bakterieller Infektionen wirkt der Entstehung multiresistenter Bakterienstämme entgegen.
- Alternative zu Antibiotika: Die Therapie ermöglicht die Behandlung von Patienten, die Antibiotika-Unverträglichkeiten (z. B. Penicillin-Allergie) zeigen oder mit multiresistenten Bakterienstämmen infiziert sind, gegen die kein Antibiotikum mehr wirksam ist.

Mögliche Nachteile:

- Kosten- und zeitintensive Herstellung: Um eine möglichst hohe Wirtsspezifität zu gewährleisten und damit das Risiko, dass auch nützliche Bakterien, z. B. des Darms, befallen werden, zu senken, muss ein großer biotechnologischer Aufwand bei der „Entwicklung" spezifischer Bakteriophagen betrieben werden.
- Risiko des Wirksamkeitsverlusts: Aufgrund ihrer hohen Spezifität werden Bakteriophagen wirkungslos, sobald sich mutationsbedingt die Zellwandrezeptorproteine so stark verändern, dass die Phagen nicht mehr andocken können.
- Keine schnelle Verfügbarkeit: Aufgrund der Wirtsspezifität der Phagen ist es notwendig, zunächst die Bakterienart zu ermitteln, um darauf abgestimmt passende Phagen zu verabreichen.
- Unwirksamkeit durch Immunabwehr: Insbesondere bei intravenöser Phagentherapie werden die Viren vom Immunsystem erkannt und unschädlich gemacht, was den Therapieerfolg reduziert und bei Bildung von Gedächtniszellen eine mehrmalige intravenöse Verabreichung unmöglich macht.
- Risiko des Gentransfers: Bei Verwendung von *(temperenten)* Phagen, die ihr Erbgut ins Genom des Bakteriums integrieren, kann es durch Phagen zu einem horizontalen Gentransfer von Antibiotikum-Resistenzgenen von einem Bakterium auf ein anderes und somit zur Ausbildung von multiresistenten Bakterienstämmen kommen.

TIPP Nur die Erläuterung jeweils eines Vor- und Nachteils der Phagentherapie wird erwartet.

4 Erläuterung der Selektion von transgenen Zellen:

TIPP Um den Erfolg der Übertragung fremden genetischen Materials in eine Zelle zu überprüfen, eignen sich Verfahren, die eine leichte phänotypische Identifizierung der transgenen Zellen ermöglichen. Dies wird durch die Verwendung von Markergenen ermöglicht, die zusammen mit dem Transgen exprimiert werden. Dies können Resistenzgene (z. B. Ampicillin- und Tetracyclin-Resistenzgene), Gene für fluoreszierende Proteine (z. B. GFP = grün fluoreszierendes Protein) oder das β-Galactosidase-Gen (Blau-Weiß-Verfahren) sein. Am besten entscheiden Sie sich für ein aus dem Unterricht bekanntes Verfahren zu Selektion transgener Bakterienzellen. Zwei Methoden sind im Folgenden erläutert.

- Selektion mithilfe des Blau-Weiß-Verfahrens: Die Plasmide, in die das Fremdgen eingebaut werden soll, enthalten ein Antibiotikum-Resistenzgen und das Gen für β-Galactosidase (lacZ-Gen). Dessen Genprodukt, das Enzym β-Galactosidase, katalysiert die Umsetzung einer farblosen Vorstufe in einen blauen Farbstoff. Das Fremdgen wird so in das Plasmid eingebaut, dass es das lacZ-Gen zerschneidet und so zerstört. Die rekombinanten Plasmide werden in Bakterienzellen übertragen (Transformation). Diese Bakterien werden auf Nährböden mit Antibiotikum kultiviert. Hier überleben nur Bakterien mit Resistenzgen, d. h. solche mit Plasmid. Wird anschließend das Substrat des Enzyms β-Galactosidase zugegeben, verfärben sich alle Kolonien, die Zellen ohne Fremdgen enthalten, blau, da diese ein intaktes lacZ-Gen aufweisen. Kolonien mit Bakterien, die das Fremdgen tragen, bleiben weiß, da diese das lacZ-Gen nicht mehr exprimieren können.
- Selektion mit zwei Antibiotikum-Resistenzgenen: Die Plasmide, in die ein Fremdgen eingebaut werden soll, enthalten zwei verschiedene Resistenzgene, z. B. eines, das Resistenz gegen das Antibiotikum Ampicillin (Amp^R) verleiht, und eines für die Resistenz gegen Tetracyclin ($Tetra^R$). Das Fremdgen wird so in das Plasmid eingebaut, dass es in eines der Resistenzgene (z. B. Amp^R) inseriert und dieses zerstört. Die rekombinanten Plasmide werden in Bakterienzellen übertragen (Transformation). Die transformierten Bakterien werden auf Nährböden mit Tetracyclin kultiviert. Hier überleben nur Bakterien mit $Tetra^R$, d. h. solche, die tatsächlich ein Plasmid aufgenommen haben. Wird danach ein Stempelabdruck dieser Kolonien auf ein Ampicillin-Medium übertragen, so können sich hier nur Zellen mit intaktem Amp^R ohne integriertes Fremdgen teilen. Die transgenen Bakterienzellen können nun als Kolonien, die nur auf dem Nährboden mit Tetracyclin gewachsen sind, identifiziert werden.

VP

Der Vielgebänderte Krait *(Bungarus multicinctus)* aus Südostasien ist eine der giftigsten Schlangenarten der Welt. Sein Gift ist ein Gemisch aus verschiedenen neurotoxischen Polypeptiden. Darin enthalten sind unter anderem die Polypeptide alpha-Bungarotoxin und beta-Bungarotoxin (siehe Abb. 1). Der Biss eines Kraits führt innerhalb kürzester Zeit zum Tod. Traditionelle Maßnahmen zur Lebensrettung sind das Ausbrennen und das Abbinden der Bissstelle.

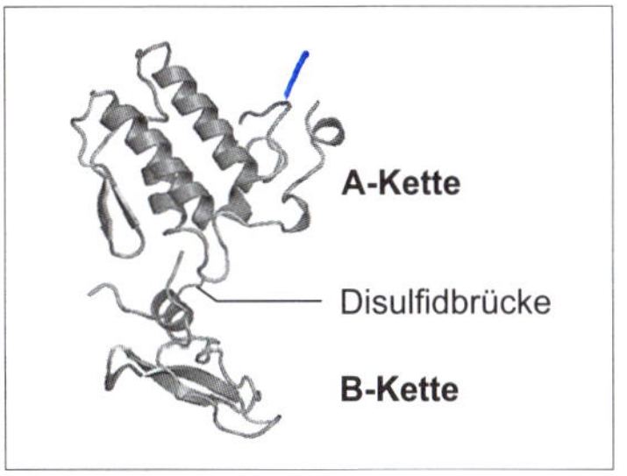

Abb. 1: Struktur des beta-Bungarotoxins
verändert nach: Jawahar Swaminathan and MSD staff at the European Bioinformatics Institute, http://www.ebi.ac.uk/

1.1 Nennen Sie die dargestellten Strukturebenen des beta-Bungarotoxins und die dargestellten jeweiligen Wechselwirkungen bzw. Bindungen, die diese Strukturebenen stabilisieren. 3

1.2 Erklären Sie die Wirksamkeit der traditionellen lebensrettenden Maßnahmen bei einem Schlangenbiss. 2

Sowohl das alpha-Bungarotoxin als auch das beta-Bungarotoxin wirken an der Synapse. Ein Teil der molekularen Abläufe an einer präsynaptischen Endigung ist in Abbildung 2 ohne Anwesenheit von Bungarotoxin dargestellt.

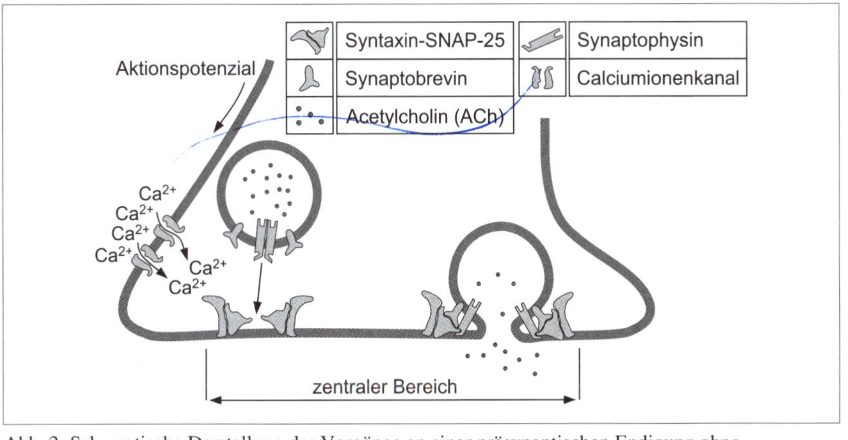

Abb. 2: Schematische Darstellung der Vorgänge an einer präsynaptischen Endigung ohne Bungarotoxin

2.1 Beschreiben Sie die Vorgänge bei der Erregungsübertragung an einer Synapse. Beziehen Sie dabei auch die in der Abbildung 2 dargestellten Vorgänge mit ein. 4

2.2 Erklären Sie, wie sichergestellt ist, dass im zentralen Bereich des synaptischen Spalts eine hohe Transmitterkonzentration vorhanden ist. 2

An einer Synapse wurde mit alpha-Bungarotoxin aus dem Gift des Vielgebänderten Kraits experimentiert (siehe Abb. 3).

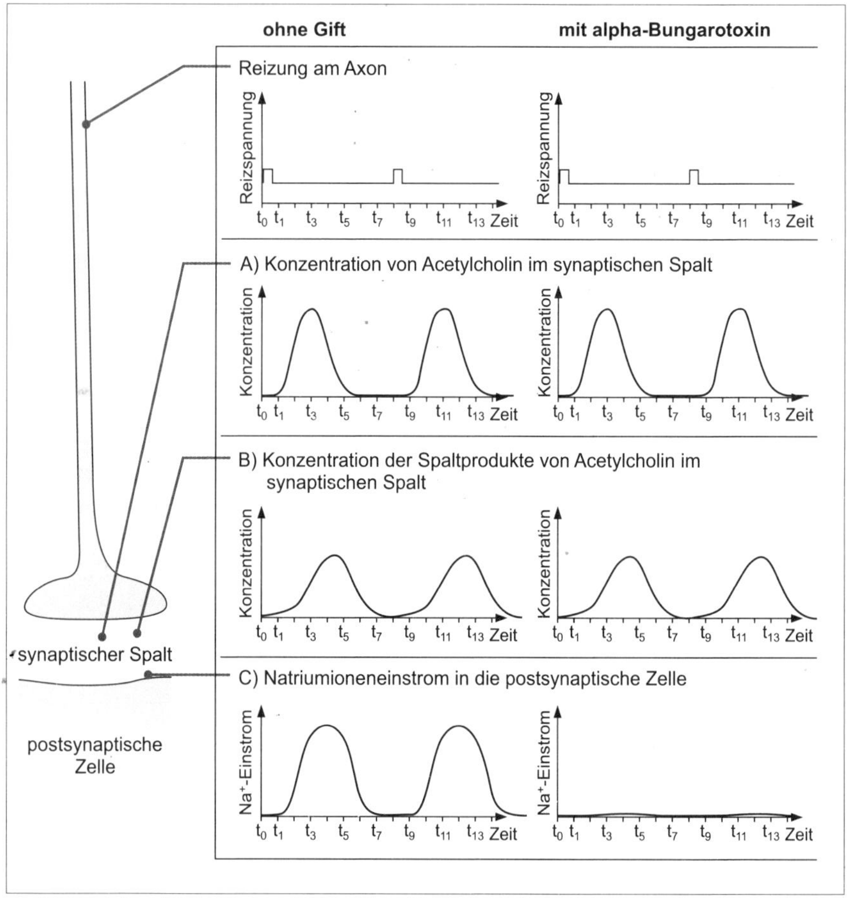

Abb. 3: Messungen (A, B und C) an einer Synapse mit und ohne alpha-Bungarotoxin bei zwei aufeinanderfolgenden Reizen

3 Formulieren Sie die Fragestellung, die dieser Messreihe zugrunde liegt. Werten Sie dazu jede der Messungen im Hinblick auf die Fragestellung aus. 3

Beta-Bungarotoxin wirkt an der präsynaptischen Membran. Die genaue molekulare Wirkungsweise ist noch ungeklärt. Durch elektronenmikroskopische Untersuchungen konnte gezeigt werden, dass am Endknöpfchen unter Einwirkung von beta-Bungarotoxin die in Abbildung 4 gezeigten Veränderungen auftreten.

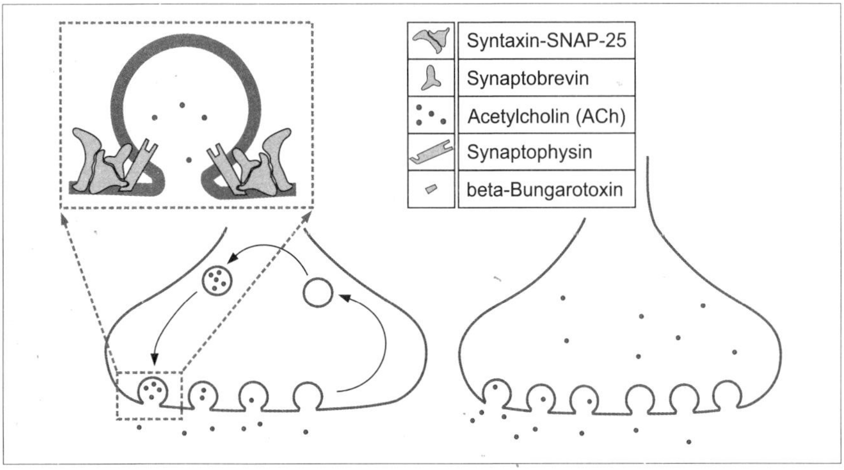

Abb. 4: Schematische Darstellung der Veränderungen an einem Endknöpfchen ohne (links) und mit (rechts) Einwirkung von beta-Bungarotoxin auf Grundlage elektronenmikroskopischer Untersuchungen

4.1 Formulieren Sie unter Berücksichtigung von Abbildung 4 eine Vermutung zur Wirkungsweise des beta-Bungarotoxins und begründen Sie Ihre Vermutung. 3

4.2 Erläutern Sie, wie sich die Messergebnisse aus Abbildung 3 (Spalte „ohne Gift“, A–C) bei gleichzeitiger Einwirkung von alpha- und beta-Bungarotoxin verändern. 3

20

Lösungsvorschlag

1.1 **Nennung** der dargestellten Strukturebenen und der sie stabilisierenden Wechselwirkungen bzw. Bindungen:

TIPP Da die Primärstruktur lediglich die Abfolge der Aminosäuren einer Polypeptidkette und nicht deren räumlichen Aufbau beschreibt, wird hier von Ihnen auch nicht erwartet, dass Sie die Primärstruktur in Abb. 1 ansprechen oder die Peptidbindungen innerhalb der Primärstruktur nennen.

Strukturebene	Bindungen/stabilisierende Wechselwirkungen
Sekundärstruktur	Wasserstoffbrückenbindungen zwischen C=O- und N–H-Gruppen des Peptidrückgrats *(ohne Beteiligung der Aminosäurereste)*
Tertiärstruktur	Disulfidbrücken, Ionenbindungen, Wasserstoffbrücken, hydrophobe Wechselwirkungen und Van-der-Waals-Kräfte *(zwischen Aminosäureresten)*
Quartärstruktur	Disulfidbrücke zwischen A- und B-Kette

1.2 **Erklärung** der Wirksamkeit der lebensrettenden Maßnahmen:

- Ausbrennen: Hohe Temperaturen (über 40 °C) rund um die Bissstelle führen dazu, dass durch zunehmende Molekularbewegungen v. a. schwache Anziehungskräfte wie Wasserstoffbrücken und hydrophobe Wechselwirkungen zwischen den Aminosäure(reste)n der neurotoxischen Polypeptide „aufbrechen", sodass sich die Sekundär- und Tertiärstruktur verändert (Hitzedenaturierung). Die Veränderung der räumlichen Struktur (Konformation) führt zu einem Verlust der neurotoxischen Wirkung der im Schlangengift enthaltenen Polypeptide.
- Abbinden: Diese Maßnahme unterbricht die Durchblutung der Bissstelle und verhindert akut eine weitere Ausbreitung der neurotoxischen Polypeptide über den Blutkreislauf im ganzen Körper.

2.1 **Beschreibung** der synaptischen Erregungsübertragung unter Einbeziehung von Abb. 2:

- Ein am Endknöpfchen eintreffendes Aktionspotenzial (AP) depolarisiert das Membranpotenzial (in diesem Bereich).
- Dadurch werden (spannungsabhängige) Ca^{2+}-Ionenkanäle geöffnet und es kommt zu einem Ca^{2+}-Ioneneinstrom (entlang ihres Konzentrationsgefälles) in die präsynaptische Endigung.
- Als Folge bewegen sich mit Acetylcholin (ACh) gefüllte synaptische Vesikel zur präsynaptischen Membran.

- Dort verbinden sich (gemäß Schlüssel-Schloss-Prinzip) die in die Vesikelmembran eingelagerten Synaptobrevin- und Synaptophysin-Proteine mit den Syntaxin-SNAP-25-Proteinen, die in die präsynaptische Membran integriert sind.
- Durch räumliche Umlagerungen der entstandenen Membran-Protein-Komplexe kommt es zu einer Verschmelzung der Vesikelmembran mit der präsynaptischen Membran und zu einer Ausschüttung des Transmitters ACh in den synaptischen Spalt (Exozytose).
- Die Transmittermoleküle diffundieren zur postsynaptischen Membran.
- Dort binden die ACh-Moleküle an Rezeptoren, die mit Natriumionenkanälen gekoppelt sind (ligandenabhängige Na^+-Ionenkanäle), und öffnen diese.
- Na^+-Ionen strömen (entlang ihres Konzentrationsgefälles) ein und depolarisieren die postsynaptische Membran (erregendes postsynaptisches Potenzial).

TIPP Die Erregungsübertragung im engeren Sinne ist damit beschrieben. Im weiteren Sinne gehört auch noch das Recycling des Transmitters dazu:
- Der Transmitter ACh wird durch das Enzym Acetylcholinesterase in Cholin und Acetat gespalten.
- Cholin wird (über ein Transportprotein in der präsynaptischen Membran) ins Endknöpfchen aufgenommen und mit Actyl-CoA zu Acetylcholin resynthetisiert und in synaptischen Vesikeln gespeichert.

2.2 Erklärung der gesichert hohen Transmitterkonzentration im zentralen Bereich:
Da die Syntaxin-SNAP-25-Moleküle, an die die synaptischen Vesikel zur Exozytose über Synaptobrevin und Synaptophysin andocken, nur im zentralen Bereich an der präsynaptischen Membran vorhanden sind, kommt es auch nur in diesem Bereich zur Transmitterausschüttung und damit zu einer hohen Transmitterkonzentration im zentralen Bereich des synaptischen Spalts.

3 Formulierung der Fragestellung der Messreihe:

TIPP Um die Fragestellung formulieren und die Messreihen auswerten zu können, ist es empfehlenswert, sich den experimentellen Aufbau und Ablauf genau bewusst zu machen. Es wurden zwei Messreihen (eine ohne Gift und eine unter Einfluss von alpha-Bungarotoxin) durchgeführt, bei denen jeweils die Konzentration von ACh, die Konzentration der Spaltprodukte von ACh im synaptischen Spalt sowie der Natriumioneneinstrom in die postsynaptische Zelle nach zwei aufeinanderfolgenden, kurzen Reizen am Axon bei t_0 und t_8 gemessen wurden. Die dabei eingesetzte Reizspannung führte im Neuron zu einer überschwelligen Depolarisation und infolgedessen zur Entstehung eines Aktionspotenzials. Diese Erregung setzte sich entlang des Axons bis zum synaptischen Endknöpfchen fort. Die eigentlichen Messungen fanden im synaptischen Spalt und an der postsynaptischen Zelle statt.

Welcher Teilprozess der synaptischen Erregungsübertragung bzw. welche Struktur an der Synapse wird durch alpha-Bungarotoxin beeinflusst?

Auswertung der Messungen A–C:

- Messung A: Mit ca. einer halben Einheit Zeitverzug nach Reizung am Axon kommt es bei der Messung ohne Gift zu einem steilen Anstieg der Konzentration von ACh im synaptischen Spalt. Nach einem Höhepunkt bei t_3 bzw. t_{11} sinkt die Konzentration wieder auf den Ausgangswert ab. Da dieser Kurvenverlauf mit der Messkurve unter Einwirkung von alpha-Bungarotoxin identisch ist, lässt sich schlussfolgern, dass durch alpha-Bungarotoxin die Exozytose der mit ACh gefüllten synaptischen Vesikel in den synaptischen Spalt nicht beeinflusst wird.
- Messung B: Kurz nach Reizung des Axons kommt es bei der Messung ohne Gift durch die katalytische Aktivität des in der postsynaptischen Membran eingelagerten Enzyms Acetylcholinesterase zu einem zunächst langsamen, dann (nach ca. zwei Zeiteinheiten) steilen Anstieg der Konzentration der Spaltprodukte von ACh im synaptischen Spalt bis auf ein Maximum zwischen t_4 und t_5 bzw. t_{12} und t_{13}. Danach sinkt die Konzentration rasch auf den Ausgangswert ab. Da der Kurvenverlauf unter Einwirkung von alpha-Bungarotoxin identisch ist, lässt sich schließen, dass alpha-Bungarotoxin die Enzymaktivität der Acetylcholinesterase nicht beeinflusst.
- Messung C: Etwa eine Zeiteinheit nach Reizung des Axons wird bei der Messung ohne Gift ein steiler Anstieg des Natriumioneneinstroms in die postsynaptische Zelle registriert. Nach einem Maximum bei t_4 bzw. t_{12} nimmt der Einstrom wieder auf den Ausgangswert ab. Bei der Messung mit alpha-Bungarotoxin ergibt sich zwischen t_2 und t_6 bzw. zwischen t_{10} und t_{14} (mit Maxima bei t_4 bzw. t_{12}) hingegen nur ein sehr flacher, kaum über die Grundlinie hinausgehender Kurvenverlauf. Das bedeutet, dass alpha-Bungarotoxin den Einstrom von Na^+-Ionen in die postsynaptische Zelle weitgehend unterbindet (z. B. durch Blockade der ACh-Bindestellen und Verhinderung der Öffnung der Natriumionenkanäle).

TIPP Mit diesen Ausführungen wäre der Auswertung der Messungen hinsichtlich der eingangs formulierten Fragestellung Genüge getan. Wird die Fragestellung etwas weiter gefasst, lassen sich noch die aus einer Blockade der Natriumionenkanäle resultierenden weiteren Folgen ergänzen:

- Durch den sehr schwachen Na^+-Ioneneinstrom kommt es zu einer sehr geringen Depolarisation der postsynaptischen Membran (sehr kleines EPSP).
- Die Depolarisation reicht nicht aus, um ein AP auszulösen (→ Erregungsübertragung wird verhindert).

4.1 Formulierung einer **Vermutung** zur Wirkungsweise des beta-Bungarotoxins:
Beta-Bungarotoxin verhindert vermutlich die Wiederablösung der synaptischen Vesikel von der präsynaptischen Membran. Aufgrund der Form des Toxins wäre es denkbar, dass nach der Verschmelzung der Vesikelmembran mit der präsynaptischen Membran beta-Bungarotoxin (nach dem Schlüssel-Schloss-Prinzip) an Synaptophysin im Vesikel bindet, sodass sich der Membran-Protein-Komplex aus Synaptobrevin, Synaptophysin und Syntaxin-SNAP-25 (z. B. infolge einer Konformationsänderung) nicht mehr lösen kann. Infolgedessen könnten die Vesikel im Zustand der Exozytose mit der präsynaptischen Membran verschmolzen bleiben.

Begründung der Vermutung:
Die Anhäufung synaptischer Vesikel an der präsynaptischen Membran in entleertem bzw. exozytierendem Zustand, das Fehlen synaptischer Vesikel im Zytoplasma der präsynaptischen Endigung sowie die dort frei vorliegenden Acetylcholinmoleküle deuten darauf hin, dass beta-Bungarotoxin die Ablösung der Vesikel von der präsynaptischen Membran nach erfolgter Exozytose (und damit deren „Recycling“ und ihr Befüllen mit ACh) verhindert.

4.2 Erläuterung der Veränderung der Ergebnisse unter Einwirkung beider Toxine:

> **TIPP** Hier ist besonders zu berücksichtigen, dass bei aufeinanderfolgenden Reizungen des Axons aufgrund der Wirkung von beta-Bungarotoxin zunehmend weniger mit ACh gefüllte synaptische Vesikel für die synaptische Erregungsübertragung im Endknöpfchen zur Verfügung stehen (vgl. Abb. 4).

- Messung A: Nach der ersten Reizung ergibt sich der gleiche Kurvenverlauf wie in Messung A „ohne Gift“ (Abb. 3), da alpha-Bungarotoxin keinen Einfluss auf die Exozytose der mit ACh gefüllten synaptischen Vesikel in den synaptischen Spalt hat und beta-Bungarotoxin seine neurotoxische Wirkung erst nach erfolgter Exozytose entfaltet. Je nachdem, wie viele Vesikel ursprünglich im Endknöpfchen vorhanden waren, kommt es infolge der zweiten Reizung zu einer sehr viel geringeren bis kaum noch messbaren ACh-Konzentration im synaptischen Spalt, da durch die Wirkung von beta-Bungarotoxin die Vesikel nach der Exozytose nun an der präsynaptischen Membran gebunden bleiben. Sie können daher nicht erneut mit ACh befüllt werden und stehen somit bei einer nachfolgenden Reizung nicht für eine erneute Exozytose zur Verfügung.
- Messung B: Weder alpha- noch beta-Bungarotoxin beeinflussen die katalytische Aktivität der Acetylcholinesterase. Daher ist die Konzentration der Spaltprodukte direkt von der ausgeschütteten Konzentration von ACh im synaptischen Spalt abhängig. Nach der ersten Reizung ergibt sich somit der gleiche Kurvenverlauf wie in Messung B „ohne Gift“ (Abb. 3). Nach der zweiten Reizung ist (in Abhängigkeit von der ACh-Ausschüttung (s. o.) und der Entfer-

nung der Spaltprodukte aus dem synaptischen Spalt) die Konzentration der Spaltprodukte von ACh im synaptischen Spalt stark reduziert bis nicht mehr messbar.

- Messung C: Da alpha-Bungarotoxin den Natriumioneneinstrom in die postsynaptische Zelle fast vollständig verhindert, kommt es nach der ersten Reizung zu einem ähnlichen Kurvenverlauf wie in Messung C „mit alpha-Bungarotoxin" (Abb. 3). Nach der zweiten Reizung ist mit einem noch geringeren bzw. gar keinem Na^+-Ioneneinstrom zu rechnen, da alpha-Bungarotoxin unvermindert einwirkt und beta-Bungarotoxin zusätzlich die Bildung neuer synaptischer Vesikel und damit die Ausschüttung von Transmitter nach erneuter Reizung in den synaptischen Spalt verhindert. Die transmittergesteuerten Natriumionenkanäle in der postsynaptischen Membran können infolgedessen vermutlich gar nicht mehr aktiviert werden.

VP

Immer mehr Menschen in Deutschland leiden an Gicht. Gicht ist eine Stoffwechselstörung, deren Ursachen nicht nur in einer erblichen Veranlagung, sondern auch in der Ernährung zu suchen sind. Bei dieser Erkrankung kommt es infolge einer zu hohen Harnsäurekonzentration im Blut zu Ablagerungen von Harnsäurekristallen in Gelenken und dadurch zu schmerzhaften Entzündungen (siehe Abb. 1). Harnsäure entsteht im Körper durch den Abbau von Purinverbindungen, die z. B. in der DNA enthalten sind.

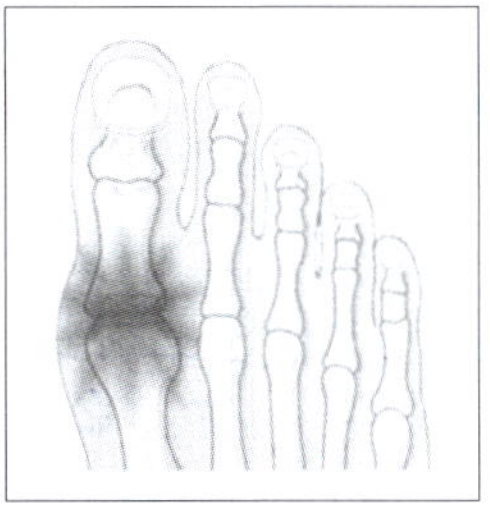

Abb. 1: Gelenkentzündung

1.1 Fertigen Sie eine beschriftete Schemazeichnung eines DNA-Moleküls an, welches die verschiedenen Nukleotide beinhaltet (Größe ca. ½ Seite).
Kennzeichnen Sie ein Nukleotid sowie die 3'- und die 5'-Enden des Moleküls. 3

1.2 Begründen Sie auf der Grundlage von Tabelle 1 und Abbildung 2 den Zusammenhang zwischen den Ernährungsgewohnheiten in Deutschland und der Zunahme der an Gichtsymptomen leidenden Personen.
Geben Sie zwei Ernährungsempfehlungen für Gichtpatienten. 3

	1960	1970	1980	1990	2000	2011
Fleisch	60	77	101	102	92	92
– davon Geflügel	*4*	*8*	*10*	*12*	*16*	*19*
Fisch	7	11	11	14	14	16
Milcherzeugnisse	113	94	85	92	90	93
Obst	81	93	84	61	75	70
Kartoffeln	132	102	81	75	70	58

Tab. 1: Pro-Kopf-Verbrauch von Nahrungsmitteln in Deutschland (1960 bis 2011; Angaben in kg)

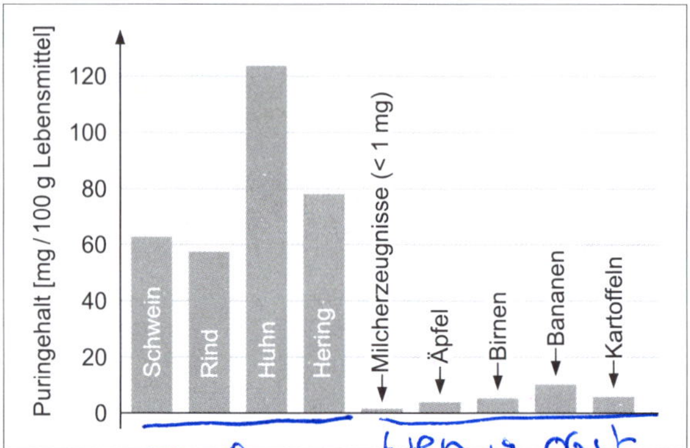

Abb. 2: Puringehalt in ausgewählten Nahrungsmitteln

Der Abbau von Purinverbindungen führt über verschiedene Stoffwechselprozesse zur Bildung von Xanthin. Das wasserlösliche Xanthin kann sowohl über den Urin ausgeschieden werden als auch mithilfe des Enzyms Xanthinoxidase in Harnsäure umgewandelt und in den Primärharn abgegeben werden. Aus dem Primärharn entsteht durch Resorptionsvorgänge in der Niere der Endharn (Urin). Nur ein geringer Teil der Harnsäure wird mit diesem ausgeschieden. Der überwiegende Anteil der Harnsäure aus dem Primärharn wird wie in Abbildung 3 dargestellt ins Blut resorbiert. Liegt Harnsäure im Blut in zu hoher Konzentration vor, fallen Harnsäurekristalle aus. Zur medikamentösen Therapie kann Gichtpatienten der Wirkstoff Lesinurad verabreicht werden, der auf das Transportprotein Urat-1 (siehe Abb. 3) wirkt.

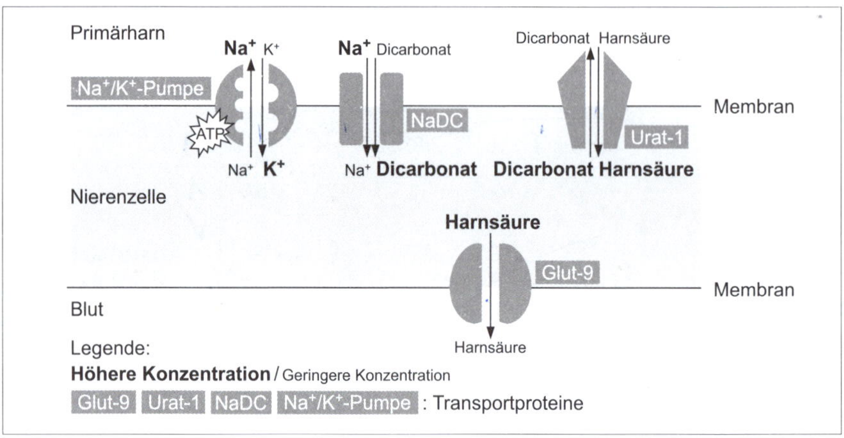

Abb. 3: Transportprozesse bei der Resorption von Harnsäure ins Blut

2.1 Erläutern Sie die in Abbildung 3 dargestellten Transportprozesse, die bei der Resorption von Harnsäure aus dem Primärharn ins Blut ablaufen. 4

2.2 Erläutern Sie, wie Lesinurad die Gichtsymptome lindern kann und begründen Sie, dass die Hemmung der Na^+/K^+-Pumpe kein Angriffspunkt einer medikamentösen Therapie sein kann. 3

Allopurinol ist ein weiterer Wirkstoff, der zur Gichttherapie eingesetzt wird. Er setzt am Enzym Xanthinoxidase an. Abbildung 4 zeigt die Strukturformeln von Xanthin und Allopurinol.

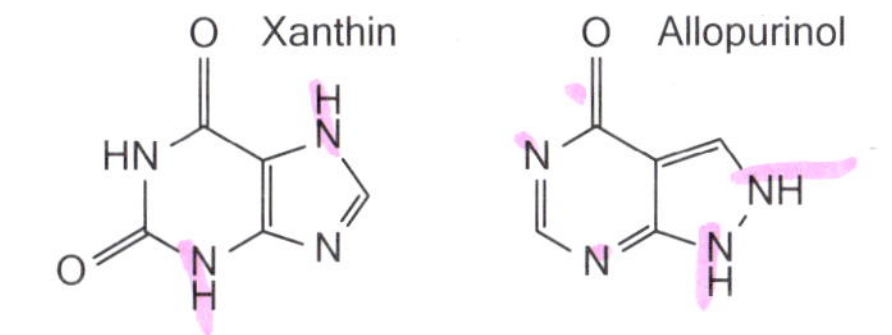

Abb. 4: Strukturformeln von Xanthin und Allopurinol

3 Erläutern Sie unter Verwendung von Abbildung 4 und mithilfe des Vortextes zu den Aufgaben 2.1 und 2.2 eine mögliche molekulare Wirkung von Allopurinol und erklären Sie, wie es infolgedessen zu einer Linderung der Gichtsymptome kommt. 3

Zur Untersuchung der molekularen Wirkung von Allopurinol wurde in einem Experiment die Reaktionsgeschwindigkeit des Enzyms Xanthinoxidase bei unterschiedlichen Konzentrationen des Substrats Xanthin untersucht. Eine erste Versuchsreihe wurde ohne Zugabe von Allopurinol durchgeführt. Tabelle 2 zeigt die Ergebnisse dieser Versuchsreihe 1. In einer weiteren Versuchsreihe 2 wird mit denselben Substratkonzentrationen wie in Versuchsreihe 1 gearbeitet; allerdings wird den Ansätzen jeweils eine konstante Menge Allopurinol zugesetzt.

Substratkonzentration [mmol/L]	0	0,5	1,0	2,0	3,0	5,0	10,0	15,0	20,0
Reaktionsgeschwindigkeit [mmol Harnsäure/(L · min)] ohne Zugabe von Allopurinol	0	1,8	2,8	4,0	4,8	5,7	6,5	6,7	6,8

Tab. 2: Reaktionsgeschwindigkeit der Xanthinoxidase in Abhängigkeit der Xanthin-Konzentration

4 Stellen Sie die Ergebnisse aus Tabelle 2 in einem Kurvendiagramm dar (Kurve 1) und zeichnen Sie eine Kurve ein, die für Versuchsreihe 2 zu erwarten wäre (Kurve 2).
Erläutern Sie den Verlauf von Kurve 2 im Vergleich zu Kurve 1. 4

20

Lösungsvorschlag

1.1 **Skizze** der DNA mit **Kennzeichnung** eines Nukleotids und der 3'- und 5'-Enden:

TIPP Ihre Skizze muss den Aufbau und alle Nukleotide der DNA (Adenin, Thymin, Cytosin, Guanin) enthalten. Die verwendete Symbolik muss dabei jedoch nicht an die chemische Struktur angelehnt sein.

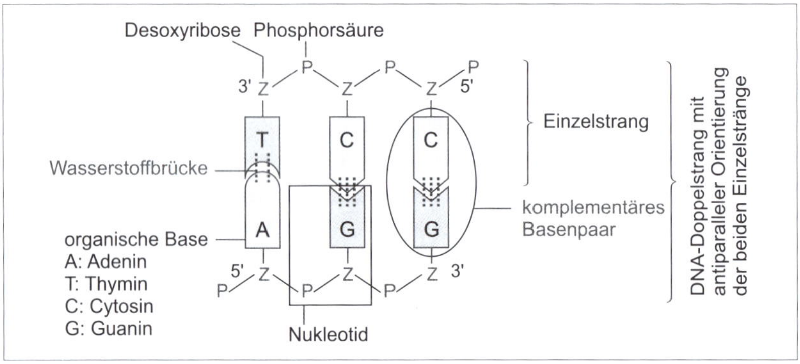

1.2 **Begründung** des Zusammenhangs zwischen den Ernährungsgewohnheiten und der Zunahme der Personen, die an Gichtsymptomen leiden:

- Tab. 1 zeigt, dass der Pro-Kopf-Verbrauch von Fleisch und Fisch von 1960 bis 2011 insgesamt deutlich gestiegen ist (ungefähre Zunahmen: Fleisch um 50 %, davon Geflügel um 375 %, Fisch um 130 %), während im gleichen Zeitraum der Konsum von Obst, Kartoffeln und Milcherzeugnissen mäßig bis stark gefallen ist (ungefähre Abnahmen: Kartoffeln um 56 %, Obst um 14 %, Milcherzeugnisse um 18 %).
- Abb. 2 zeigt, dass Schwein, Rind, Huhn und Hering jeweils mehr als 50 mg Purin pro 100 g konsumierter Menge enthalten, wobei Hühnerfleisch mit über 120 mg/100 g den höchsten Puringehalt hat. Milcherzeugnisse, Äpfel, Birnen, Bananen und Kartoffeln weisen hingegen jeweils weniger als 10 mg Purin/ 100 g Lebensmittel auf und sind damit besonders purinarm (insbesondere Milcherzeugnisse mit etwa 1 mg/100 g).

Nimmt man an, dass die in Abb. 2 beispielhaft für einige Nahrungsmittel angegebenen Werte auf Fleisch, Fisch und Obst im Allgemeinen zutreffen, so lässt sich feststellen, dass von 1960 bis 2011 der Pro-Kopf-Verbrauch purinhaltiger Nahrung (Fleisch und Fisch) stark gestiegen und der Konsum purinarmer Lebensmittel (Obst, Kartoffeln und Milcherzeugnisse) deutlich zurückgegangen ist. Gichtsymptome werden durch Harnsäurekristalle in den Gelenken verursacht, die infolge einer erhöhten Harnsäurekonzentration im Blut entstehen können. Da der Abbau

Biologie (Baden-Württemberg) ▪ Abiturprüfung 2021
Aufgabe III: Immunbiologie, Molekulargenetik, Gendiagnostik

VP

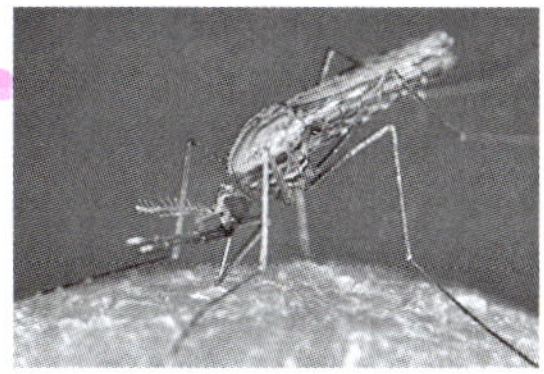

Abb. 1: *Anopheles*-Mücke
CDC/James Gathany

Malaria ist die häufigste Infektionskrankheit der Tropen und Subtropen. Malaria-Erkrankte zeigen grippeähnliche Symptome wie hohes Fieber, Schüttelfrost, Kopf- und Gliederschmerzen. Erreger der Malaria sind einzellige eukaryotische Parasiten, die Plasmodien. Diese werden durch den Stich einer infizierten weiblichen *Anopheles*-Mücke (siehe Abb. 1) auf den Menschen übertragen. Im Menschen dringen die Plasmodien in die roten Blutzellen (Erythrozyten) ein und vermehren sich darin stark. Nach einer gewissen Zeit platzen befallene Erythrozyten und geben zahlreiche Erreger zusammen mit deren Stoffwechselprodukten ins Blutplasma frei. Diese Erreger können daraufhin weitere Erythrozyten befallen.

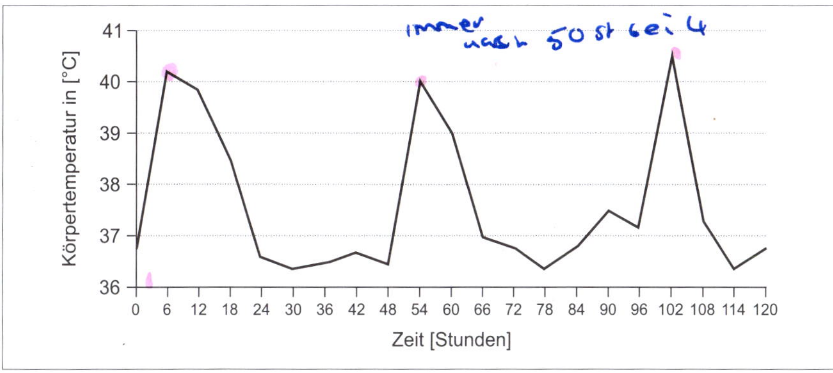

Abb. 2: Zeitlicher Verlauf der Körpertemperatur eines Malaria-Erkrankten

1.1 Beschreiben Sie den in Abbildung 2 gezeigten Verlauf der Körpertemperatur eines Malaria-Erkrankten und geben Sie eine mögliche Erklärung für diesen Verlauf.
Erklären Sie die biologische Bedeutung einer erhöhten Körpertemperatur im Rahmen einer Infektion. 3

1.2 Stellen Sie die Vorgänge, die nach einer Infektion zur Bildung spezifischer Antikörper führen, in Form eines Verlaufsschemas dar. 3

Die einzelligen Plasmodien durchlaufen einen Entwicklungszyklus mit einem Wirtswechsel zwischen Mensch und *Anopheles*-Mücke. In menschlichen Erythrozyten vermehren sich die Erreger ungeschlechtlich, während sie sich in der Mücke geschlechtlich fortpflanzen.

2 Erläutern Sie jeweils einen Vorteil der ungeschlechtlichen Vermehrung und der geschlechtlichen Fortpflanzung. 2

In Malaria-Gebieten hat man festgestellt, dass dort eine genetisch bedingte Erkrankung, die Sichelzellkrankheit, gehäuft auftritt. Ursache hierfür ist eine veränderte Form des in Erythrozyten vorkommenden Proteins Hämoglobin, das bei gesunden Menschen ausschließlich in Form von Hämoglobin A (HbA) vorliegt, während bei der Sichelzellkrankheit das Hämoglobin S (HbS) gebildet wird.
Bei Menschen, die das HbS-Allel homozygot (reinerbig) tragen, nehmen die Erythrozyten bei Sauerstoffmangel eine sichelförmige Struktur an (siehe Abb. 3) und führen so zur Verstopfung von Blutgefäßen. Heterozygote (mischerbige) Träger, die neben HbS ausreichend HbA bilden können, zeigen nur leichte Krankheitssymptome. In Abbildung 4 sind DNA-Ausschnitte der beiden Hämoglobin-Allele dargestellt.

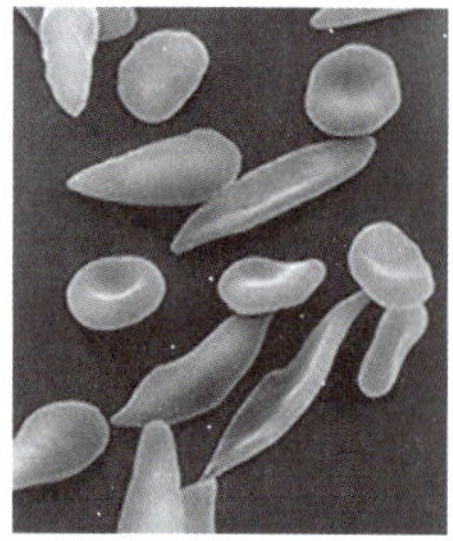

Abb. 3: Normale und sichelförmige Erythrozyten

HbA-Allel:	3' …	TGA	GGA	CTC	CTT	… 5'
HbS-Allel:	3' …	TGA	GGA	CAC	CTT	… 5'

Abb. 4: Einander entsprechende DNA-Ausschnitte des HbA- und des HbS-Allels

3 Ermitteln Sie mithilfe der Codesonne (siehe Anlage) die Aminosäuresequenzen zu den in Abbildung 4 dargestellten DNA-Ausschnitten der beiden Hämoglobin-Allele. Geben Sie eine mögliche Erklärung für die veränderte Raumstruktur von HbS. 2

Zur Diagnose der Sichelzellkrankheit dient eine molekulargenetische Untersuchung. Zuerst wird DNA isoliert und der entsprechende Bereich mithilfe einer Polymerasekettenreaktion (PCR) vervielfältigt. Diese vervielfältigten DNA-Abschnitte werden dann mit dem Restriktionsenzym MstII geschnitten und anschließend durch eine Gelelektrophorese aufgetrennt (siehe Abb. 5 und Abb. 6).

URUA AGU CCU GAG GAA

AGU CCU GUG GAA

Punktmutation

Glu -> Val

3' GGANT|CC 5'
5' CC|TNAGG 3'
(N = beliebiges Nukleotid)

Abb. 5: Erkennungssequenz und Schnittstelle von MstII

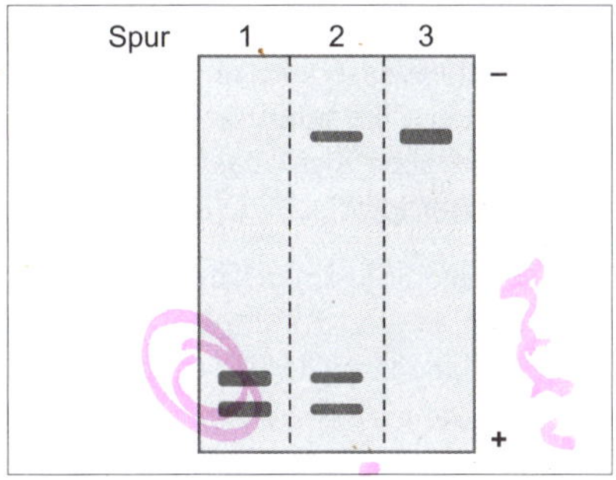

Abb. 6: Ergebnis der Gelelektrophorese

4 Erläutern Sie mithilfe der Abbildungen 4 und 5 das Ergebnis der Gelelektrophorese in Abbildung 6.
Ordnen Sie die Spuren 1, 2 und 3 begründet einem gesunden Menschen, einem homozygoten und einem heterozygoten Träger des HbS-Allels zu. 4

Ein neuer Test mit dem Namen HemoTypeSC™ ist bei der Erkennung der Sichelzellkrankheit sehr erfolgreich. Für diesen Test entnimmt man einen Tropfen Blut und gibt diesen in eine definierte Menge destillierten Wassers. Anschließend wird der untere Teil eines Teststreifens in diese Testflüssigkeit eingetaucht. Nach zehn Minuten kann am Bandenmuster des Teststreifens abgelesen werden, ob das Blut HbA und/oder HbS enthält (siehe Abb. 7).

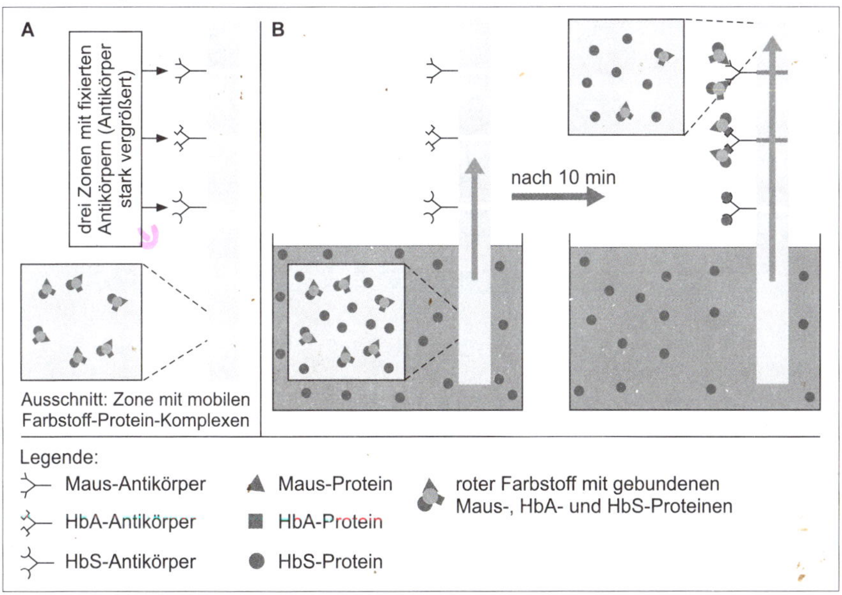

Abb. 7: (A) Aufbau des HemoTypeSC™-Teststreifens und (B) Ablauf des Tests, stark schematisiert

5.1 Erklären Sie, warum der Teststreifen in ein Gemisch aus Blut und destilliertem Wasser und nicht direkt ins Blut eingetaucht wird.
Erläutern Sie mithilfe von Abbildung 7 die Funktionsweise des Teststreifens. Gehen Sie dabei auch auf die Bedeutung der mobilen Farbstoff-Protein-Komplexe sowie der fixierten Maus-Antikörper ein. 4

5.2 Zeichnen Sie einen Teststreifen, der das Bandenmuster für einen homozygoten Träger des HbA-Allels zeigt, und daneben einen Teststreifen, der das Bandenmuster für einen homozygoten Träger des HbS-Allels zeigt. 2

20

Anlage Codesonne

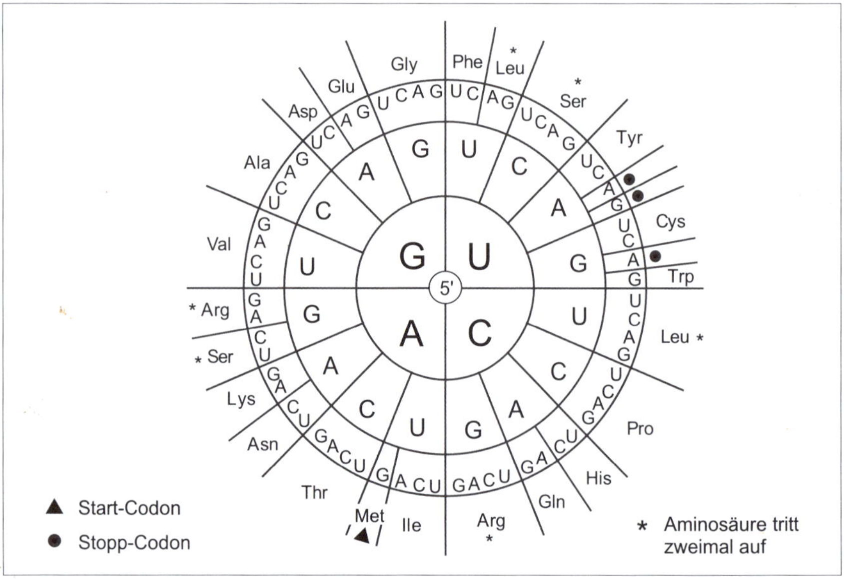

Lösungsvorschlag

1.1 **Beschreibung** des Verlaufs der Körpertemperatur eines Malaria-Erkrankten: Abb. 2 zeigt die zyklischen Veränderungen der Körpertemperatur (in °C) eines Malaria-Erkrankten über einen Zeitraum von fünf Tagen (Zeitangabe in Stunden). Alle 48 Stunden erfolgt ein Fieberschub. Die Körpertemperatur steigt dabei innerhalb eines Zyklus in den ersten sechs Stunden von knapp 37 °C auf ca. 40 °C an und fällt anschließend innerhalb von 12 bis 18 Stunden wieder auf die Normaltemperatur ab. Zwischen den Fieberschüben liegt jeweils ein nahezu fieberfreier Tag.

Mögliche **Erklärung** des Kurvenverlaufs:
Durch zyklisches (zeitgleiches) Platzen der befallenen Erythrozyten kommt es im Blut der Erkrankten zu einem schnellen Anstieg der Erreger (und damit zur Zugänglichkeit von deren Oberflächenantigenen) und deren möglicherweise giftigen Stoffwechselprodukten. Die darauffolgenden (durch Botenstoffe ausgelösten) Reaktionen des Immunsystems sind mit Fieberschüben verbunden, die eine erhebliche Reduktion der Erregerkonzentration im Blut des Infizierten zur Folge haben. Das Fieber geht daraufhin zurück. Einigen Erregern gelingt es dennoch, neue Erythrozyten zu infizieren, wodurch ein neuer Zyklus ausgelöst wird.

Erklärung der biologischen Bedeutung des Fiebers:

- Durch die erhöhte Körpertemperatur wird die Vermehrung der Erreger (hier: der Plasmodien) gehemmt.
- Durch die erhöhte Körpertemperatur können körpereigene Abwehrreaktionen wie z. B. die Synthese von Antikörpern und Signalstoffen des Immunsystems schneller ablaufen (Reaktionsgeschwindigkeit-Temperatur-Regel).

TIPP Nur eine Erklärung ist verlangt.

1.2 Darstellung der humoralen Immunantwort als **Verlaufsschema**:

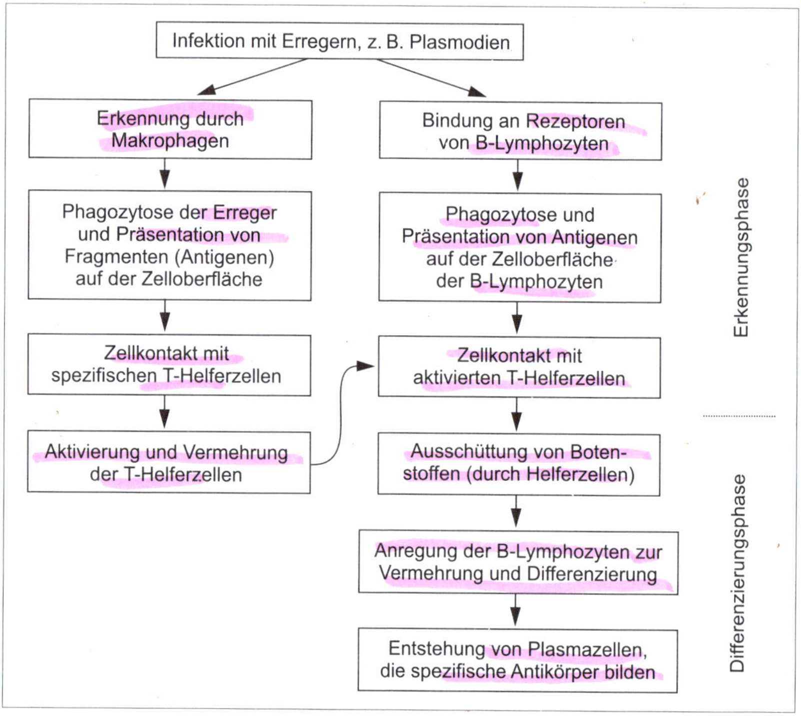

2 Erläuterung eines Vorteils der ungeschlechtlichen Vermehrung und der geschlechtlichen Fortpflanzung:

TIPP Aufgrund des Vortextes wird hier von Ihnen erwartet, dass Sie die Fragestellung konkret auf den evolutiven Vorteil des Wirtswechsels von Plasmodium beziehen und die Frage nicht nur allgemein beantworten.

- **Ungeschlechtliche** Vermehrung: Durch einfache Zellteilungen (Mitosen) können in den Erythrozyten sehr schnell viele (genetisch identische) Nachkommen erzeugt werden. Nach (zeitgleichem) Platzen der Erythrozyten werden daher sehr viele Erreger freigesetzt, die (vor einer vollständigen Ausprägung der Immunantwort) eine große Zahl weiterer Zellen befallen können.
- **Geschlechtliche** Fortpflanzung: Durch die Rekombination des Erbguts unterschiedlicher Geschlechtszellen ist die Entstehung neuer Phänotypen möglich, die z. B. eine höhere Varianz der Antigene (Oberflächenproteine auf der Zellmembran der Plasmodien) aufweisen. Dadurch entsteht ein besserer Schutz der

Erreger vor der Immunantwort des Menschen, da bei einer erneuten Infektion (aufgrund der unbekannten Antigene) keine rasche sekundäre Immunreaktion erfolgen kann.

3 **Ermittlung** der Aminosäuresequenzen von HbA und HbS:

HbA-Allel:	DNA:	3' … TGA GGA CTC CTT … 5'
	mRNA:	5' … ACU CCU GAG GAA … 3'
	AS-Sequenz:	Thr Pro Glu Glu
HbS-Allel:	DNA:	3' … TGA GGA CAC CTT … 5'
	mRNA:	5' … ACU CCU GUG GAA … 3'
	AS-Sequenz:	Thr Pro Val Glu

Mögliche **Erklärung** für die veränderte Raumstruktur von HbS:
Das HbS-Allel weist im dritten dargestellten Basentriplett (an Position 2) einen Austausch der Base Thymin durch Adenin (Punktmutation) auf. Dadurch wird nach Transkription und Translation die Primärstruktur (Aminosäuresequenz) des HbS im Vergleich zu HbA an einer Stelle verändert: Glutaminsäure *(negativ geladene hydrophile Seitenkette)* wird durch Valin *(hydrophobe Seitenkette)* ersetzt. Infolgedessen ändern sich Wechselwirkungen zwischen Aminosäureresten, die die Tertiärstruktur der Polypeptidkette stabilisieren. Dadurch verändert sich die Raumstruktur (Konformation) des HbS im Vergleich zu derjenigen des HbA.

4 **Erläuterung** des Ergebnisses der Gelelektrophorese:
Die Erkennungssequenz und damit die Schnittstelle des Restriktionsenzyms MstII (Abb. 5) ist im gezeigten Ausschnitt des HbA-Allels (Abb. 4) vorhanden, im Ausschnitt des HbS-Allels dagegen nicht.

TIPP Die folgende Darstellung dient der Veranschaulichung, sie ist nicht gefordert.

HbA-Allel:	DNA:	3' … TGA GGA CTC CTT … 5'
		5' … ACT CCT GAG GAA … 3'
		Erkennungssequenz MstII
HbS-Allel:	DNA:	3' … TGA GGA CAC CTT … 5'
		5' … ACT CCT GTG GAA … 3'
		Sequenz kann nicht von MstII erkannt werden

Die durch den Basenaustausch veränderte Sequenz des HbS-Allels enthält keine Schnittstelle mehr für das Restriktionsenzym MstII. Dadurch können die entstandenen PCR-Produkte nicht mehr geschnitten und in der nachfolgenden Gelelektrophorese aufgetrennt werden. Bei Restriktionsverdau mit MstII ergibt sich hiermit für das HbS-Allel ein einziges langes Fragment, während beim HbA-Allel zwei kurze Fragmente entstehen. Je kürzer ein DNA-Fragment ist, desto schneller und weiter wandert es bei der Gelelektrophorese in einer bestimmten Zeit in Richtung des Pluspols. Abb. 6 zeigt in den Spuren 2 und 3 eine Bande nahe dem Minuspol (Ansammlung langer Fragmente mit kurzer Wanderstrecke) und in Spur 1 und 2 zwei Banden nahe dem Pluspol (Ansammlungen zweier unterschiedlicher kurzer Fragmente mit langer Wanderstrecke).

Begründete Zuordnung der Spuren der Gelelektrophorese:

TIPP Jeder Mensch besitzt für Gene, die auf homologen Chromosomen liegen, zwei Varianten, die Allele. Individuen mit identischen Allelen sind bezüglich des Genorts bzw. des codierten Merkmals homozygot, Individuen mit unterschiedlichen Allelen sind diesbezüglich heterozygot. Bei der Interpretation von Ergebnissen einer Gelelektrophorese sind vor allem die Anzahl der Fragmente, die zurückgelegte Strecke der Fragmente im Gel und die Dicke der Banden entscheidend.

- Spur 1: gesunder Mensch
  Die beiden dicken Banden im unteren Bereich des Gels (Pluspol) entsprechen zwei kurzen Fragmenten mit langer Wanderstrecke. Sie lassen darauf schließen, dass die getestete Person über zwei identische Allele mit Restriktionsschnittstelle für MstII verfügt und somit homozygoter Träger des HbA-Allels ist.
- Spur 2: heterozygoter Träger des HbS-Allels
  Die obere Bande lässt sich einem langen Fragment ohne Schnittstelle für MstII zuordnen, das nur eine kurze Strecke im Gel zurückgelegt hat. Die beiden Banden nahe dem Pluspol entsprechen zwei kurzen Fragmenten, die durch Restriktionsverdau entstanden sein müssen. Folglich verfügt diese Person über ein HbA-Allel (mit Restriktionsschnittstelle für MstII) und ein HbS-Allel (ohne Schnittstelle für MstII).
- Spur 3: homozygoter Träger des HbS-Allels
  Das Vorhandensein nur einer dicken Bande im oberen Bereich des Gels lässt darauf schließen, dass die getestete Person zwei identische Allele ohne Restriktionsschnittstelle besitzt. Daher ergeben sich nur (ungeschnittene) lange Fragmente (mit kurzer Wanderstrecke).

5.1 Erklärung für das Eintauchen des Teststreifens in ein Gemisch aus Blut und destilliertem Wasser:

Bei dem in Abb. 7 gezeigten Verfahren handelt es sich um einen Antikörper-basierten Test zur Erkennung von HbA- und HbS-Proteinen. Bei Zugabe eines Tropfens Blut in destilliertes Wasser geraten die im Blut vorhandenen Erythrozyten in ein hypotones Medium und platzen infolge osmotisch bedingten Wassereinstroms auf. Dadurch wird das in den Zellen vorhandene Hämoglobin freigesetzt und kann durch den Teststreifen nachgewiesen werden.

Erläuterung der Funktionsweise des Teststreifens:

> TIPP Abb. B zeigt, dass bei Anwesenheit von HbS-Proteinen nach Aufsteigen der Testflüssigkeit nur HbS-Proteine (keine Farbstoffmoleküle) an den fixierten HbS-Antikörpern gebunden haben. Dies legt den Schluss nahe, dass die Farbstoffmoleküle in diesem Bereich von den HbS-Proteinen kompetitiv verdrängt werden. Die HbS-Proteine müssen also in einer deutlich höheren Konzentration vorliegen als die Farbstoffmoleküle. Alternativ wäre es auch denkbar, dass die HbS-Proteine aufgrund ihrer geringeren Größe den Teststreifen schneller durchwandern als die Farbstoffmoleküle.

Auf dem Teststreifen sind in einem gewissen Abstand von unten nach oben in je einem Bereich HbS-, HbA- und Maus-Antikörper fixiert. Im unteren Bereich des Teststreifens befindet sich eine Zone mit mobilen roten Farbstoffmolekülen, die jeweils mit Maus-, HbA- und HbS-Protein gekoppelt vorliegen. Nach Eintauchen des Streifens in die Blutprobe wandern mit der aufsteigenden Lösung sowohl diese Farbstoffmoleküle als auch die im Blut der Testpersonen vorhandenen Hb-Proteine in die Bereiche der fixierten Antikörper. Da die Farbstoffmoleküle dort in einer deutlich geringeren Konzentration vorliegen als die Hb-Proteine, verdrängen die Hb-Proteine die Farbstoffmoleküle an den Antikörperbindestellen.
Abb. 7 (B) zeigt das Testergebnis für einen homozygoten Träger des HbS-Allels. In diesem Fall befinden sich in der Testflüssigkeit nur HbS-Proteine, die von den fixierten HbS-Antikörpern gebunden werden. Der rote Farbstoff kann daher nicht an die HbS-Antikörper binden. Da keine HbA-Proteine vorhanden sind, binden die Farbstoffmoleküle im Bereich der fixierten HbA-Antikörper und verursachen dort eine Bande. Außerdem entsteht eine Bande im Bereich der fixierten Maus-Antikörper. Diese oberste Bande dient als Kontrolle: Damit der Test als Nachweis von HbA und/oder HbS im Blut dienen kann, muss sichergestellt sein, dass die Testflüssigkeit auch bis in die Bereiche der für diese Proteine spezifischen, fixierten Antikörper gewandert ist. Dies ist der Fall, wenn die mobilen Farbstoff-Protein-Komplexe an die zuoberst fixierten Maus-Antikörper binden und eine rote Kontrollbande auf dem Teststreifen erzeugen.

TIPP Diese Ausführungen anhand des in Abb. 7 dargestellten Testergebnisses sind für die Erläuterung der Funktionsweise des Teststreifens ausreichend. Würde ein heterozygoter Träger des HbS-Allels getestet, der sowohl HbS- als auch HbA-Proteine besitzt, könnten weder im Bereich der fixierten HbS-Antikörper noch im Bereich der fixierten HbA-Antikörper Farbstoffmoleküle binden. Daher wäre als Testergebnis nur die Kontrollbande zu sehen.

5.2 Zeichnung der Teststreifen:

TIPP Die Beschriftung der Zeichnung wird nicht erwartet, allerdings lassen sich dadurch eventuelle Uneindeutigkeiten vermeiden.

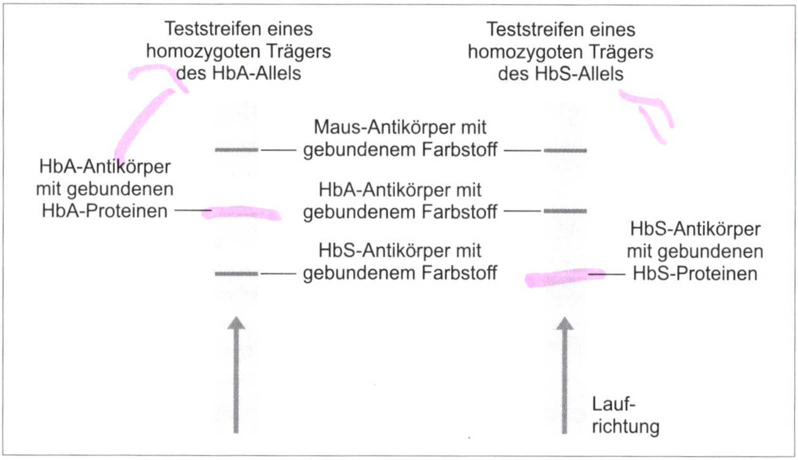

TIPP Wird ein homozygoter Träger des HbA-Allels getestet, verdrängen die in hoher Konzentration vorliegenden HbA-Proteine den roten Farbstoff an den Bindestellen der fixierten HbA-Antikörper im mittleren Bereich des Streifens, sodass nur die Banden im unteren und oberen Bereich des Teststreifens angefärbt werden. Das Testergebnis für einen homozygoten Träger des HbS-Allels ist unter Aufgabe 5.1 erläutert.

VP

Der Nacktmull (*Heterocephalus glaber*, Abb. 1) ist eine außergewöhnliche Nagetierart der Halbwüsten Ostafrikas. Er lebt in Kolonien von bis zu 200 Tieren unterirdisch in engen Gangsystemen und weist im Vergleich zu anderen Nagetierarten (z. B. Ratte, siehe Abb. 1) einen besonderen Körperbau auf.

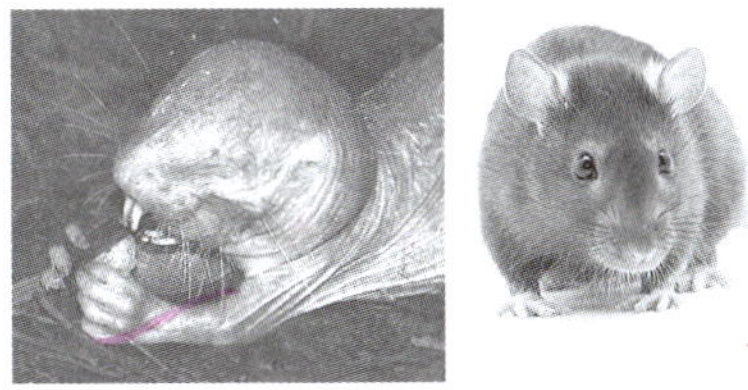

Abb. 1. Nacktmull (links), Ratte (rechts)
Foto rechts: © Pakhnyushchy. Shutterstock

1 Beschreiben Sie eine charakteristische Angepasstheit im Körperbau des Nacktmulls an seine Lebensweise und erläutern Sie die Entstehung dieser Angepasstheit auf der Grundlage der synthetischen Evolutionstheorie. 3

Außer im Körperbau unterscheiden sich Nacktmulle von anderen Säugetierarten durch eine verminderte Schmerzempfindlichkeit. Schmerzauslösende Reize werden bei Säugetieren von Schmerzsinneszellen registriert. Dabei handelt es sich um spezielle Nervenzellen, die in der Membran ihrer Dendriten Calciumionenkanäle aufweisen. Die durch einen Reiz hervorgerufene Veränderung der Calciumionenleitfähigkeit (siehe Abb. 2) führt letztendlich zur Bildung von Aktionspotenzialen am Axon der Schmerzsinneszelle.

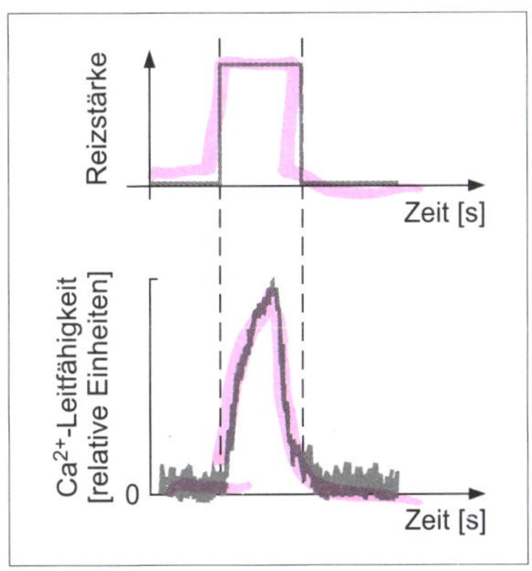

Abb. 2: Messungen an Schmerzsinneszellen

2 Erklären Sie anhand der Messergebnisse (siehe Abb. 2), wie es zur Ausbildung eines Aktionspotenzials am Axon der Schmerzsinneszelle kommt. Begründen Sie, welche Ergebnisse Sie bei entsprechenden Messungen am Nacktmull erwarten würden. 4

Die Schmerzempfindlichkeit wird bei Säugetieren durch Stoffe, die vom Körper selbst gebildet werden, beeinflusst. Ein solcher Stoff ist der Nerve Growth Factor (NGF). Er bindet an membranständige NGF-Rezeptoren, wodurch diese dann an ihrem intrazellulären Teil Phosphatgruppen anlagern können. Über einen von NGF-Rezeptoren ausgehenden, intrazellulären Signalweg wird die Schmerzsinneszelle dann empfindlicher (siehe Abb. 3A). Man geht davon aus, dass die verminderte Schmerzempfindlichkeit des Nacktmulls durch Mutationen im Gen für den NGF-Rezeptor entstanden ist. Abbildung 3B zeigt die Aminosäuresequenzen des jeweiligen NGF-Rezeptors bei Ratte und Nacktmull. Daraus wurden zwei mögliche Modelle zur Form der NGF-Rezeptoren des Nacktmulls vorgeschlagen (siehe Abb. 3C).

3.1 Erläutern Sie mithilfe von Abbildung 3A die Wirkung von NGF auf die Schmerzempfindlichkeit der Ratte. 3

3.2 Vergleichen Sie die beiden möglichen Modelle (siehe Abb. 3C) mit dem NGF-Rezeptor der Ratte und erklären Sie die verminderte Schmerzempfindlichkeit des Nacktmulls. 2

3.3 Ermitteln Sie die wahrscheinlichste DNA-Nukleotidsequenz für die 533. Aminosäure des NGF-Rezeptors des Nacktmulls (siehe Abb. 3B) und begründen Sie Ihre Vermutung. 3

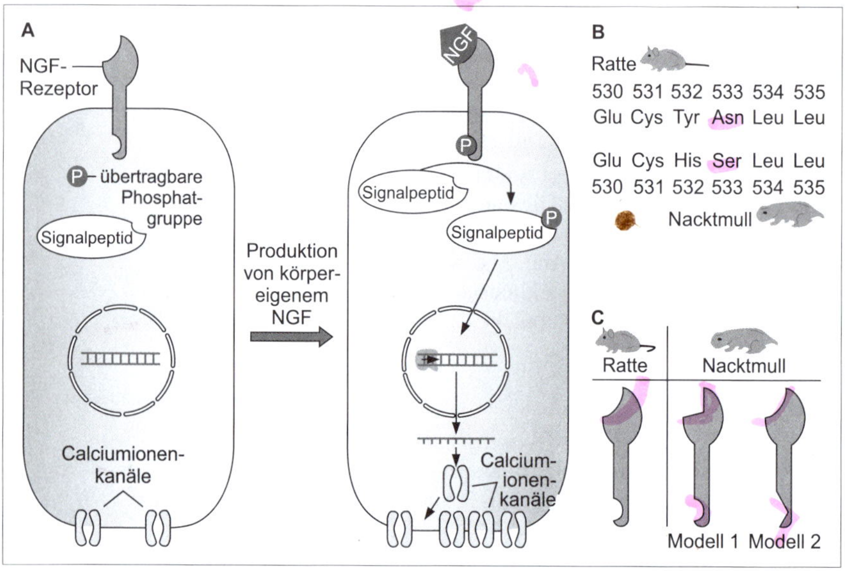

Abb. 3: **A** Intrazellulärer Signalweg an einer Schmerzsinneszelle; **B** Ausschnitt aus den Aminosäuresequenzen des NGF-Rezeptors bei Ratte und Nacktmull; **C** Modelle 1 und 2 zur Form des NGF-Rezeptors

Zur Überprüfung, welches der beiden Modelle zur Form des NGF-Rezeptors beim Nacktmull (siehe Abb. 3C) zutreffender ist, wurde folgendes Experiment durchgeführt: In Zellen von Säugetieren wurden gezielt Gene eingeführt und in Zellkulturen exprimiert. Man kultivierte so Zellen mit Ratten-NGF-Rezeptoren und solche mit Nacktmull-NGF-Rezeptoren. Außerdem konnten durch Einführung rekombinierter Ratten-Nacktmull-Gene auch Zellkulturen erzeugt werden, bei denen neu kombinierte (chimäre) NGF-Rezeptoren exprimiert wurden. Diese chimären NGF-Rezeptoren bestanden in ihrem extrazellulären Teil aus Ratten-NGF-Rezeptoren und in ihrem intrazellulären Teil aus Nacktmull-NGF-Rezeptoren. Außerdem exprimierten alle Zellkulturen auch die Calciumionenkanäle. An den Zellkulturen wurden Experimente mit NGF durchgeführt, deren Ergebnisse in Abbildung 4 dargestellt sind.

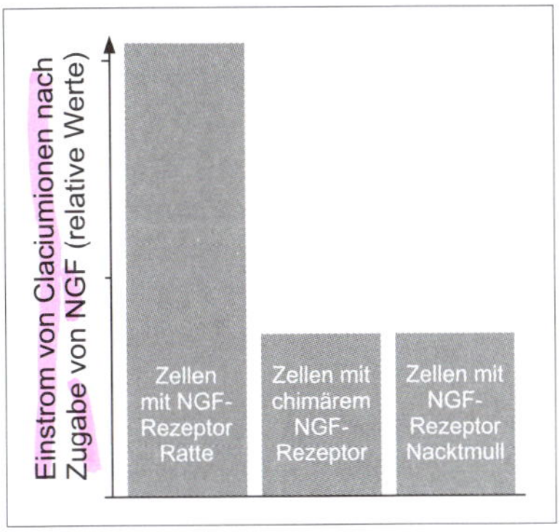

Abb. 4: Einstrom von Calciumionen in verschiedenartig manipulierte Zellen

4 Begründen Sie anhand der Versuchsergebnisse (siehe Abb. 4), welches Modell zur Form des NGF-Rezeptors beim Nacktmull (siehe Abb. 3C) sicher widerlegt werden kann und inwieweit die Versuchsergebnisse für das andere Modell sprechen. 3

Kenntnisse über die Bedeutung von NGF und den zugehörigen Signalweg (siehe Abb. 3) bildeten eine Grundlage für die Entwicklung von Medikamenten zur Schmerzminderung bei Verletzungen und Entzündungen.

5 Erläutern Sie zwei Möglichkeiten, wie die Wirkung von NGF extrazellulär medikamentös unterbunden werden kann. 2

20

Lösungsvorschlag

1 **Beschreibung** einer Angepasstheit im Körperbau des Nacktmulls:

- Nacktmulle haben kein oder ein sehr stark reduziertes Fell, nur Tasthaare sind erkennbar. Im unterirdischen Lebensraum ist ein u. a. vor Sonneneinstrahlung und Kälte schützendes Fell verzichtbar und die Haarlosigkeit erlaubt eine reibungsarme, verbesserte Fortbewegung in den engen Gängen.
- Die Augen der Nacktmulle sind offenbar kaum ausgebildet. Im lichtlosen unterirdischen Lebensraum ist die Wahrnehmung visueller Reize von geringer Bedeutung.
- Nacktmulle besitzen keine äußeren Ohrmuscheln. In den engen Gangsystemen ist die Ausbreitung akustischer Signale eingeschränkt und deren genaue Lokalisierung spielt eine untergeordnete Rolle.
- Die Tiere verfügen über sehr prägnante, nach vorne gebogene Nagezähne, die vermutlich als (Grab-)Werkzeuge in den unterirdischen Gängen eingesetzt werden können.

> **TIPP** Nur eine Angepasstheit muss beschrieben werden. Die Erklärung der genannten Körpermerkmale als Angepasstheit an die grabende Lebensweise ist nicht verlangt.

Erläuterung der Entstehung einer Angepasstheit (hier: Fellreduktion):

> **TIPP** Die Entstehung charakteristischer Merkmale, die als Angepasstheiten an spezielle Umweltbedingungen gedeutet werden können, lässt sich im Sinne der Synthetischen Evolutionstheorie mithilfe der Begriffe Mutation, Rekombination, Selektion, Population und Allelfrequenz erklären.

Durch Mutationen entwickelten sich bei einigen Individuen innerhalb einer unterirdisch lebenden Population von Vorfahren des Nacktmulls neue Allele, deren Genprodukte zu einer geringen (oder keiner) Behaarung führten. Durch Rekombination entstand in der Population eine (phänotypische) Variabilität der Stärke der Fellausprägung. Tiere mit weniger Behaarung konnten sich in den engen Gangsystemen z. B. schneller fortbewegen (geringere Reibung an den Tunnelwänden, v. a. bei Rückwärtsbewegungen) und waren so effizienter bei der Nahrungssuche. Individuen mit einer entsprechenden Allelkombination hatten somit einen Selektionsvorteil, da sie aufgrund ihrer besseren Ressourcennutzung einen größeren Fortpflanzungserfolg (eine höhere reproduktive Fitness) erreichten. Über viele Generationen häuften sich infolgedessen die betreffenden Allele im Genpool der Population an und es kam zu einer Verschiebung der Allelhäufigkeit (Allelfrequenz) in Richtung der Allele, die an der Ausprägung einer weitgehend unbehaarten Haut beteiligt waren.

TIPP Auch die Reduktion der Augen infolge der fehlenden entsprechenden physikalischen Reize, die fehlenden äußeren Ohrmuscheln oder die großen Nagezähne könnten Sie als Angepasstheiten an die unterirdische Lebensweise im Boden der Halbwüsten Ostafrikas erläutern.

2 **Erklärung** der Entstehung eines Aktionspotenzials an einer Schmerzsinneszelle: Abb. 2 zeigt, dass sich an Schmerzsinneszellen von Säugern kurz nach Einsetzen eines Reizes (mit konstanter Stärke) die Leitfähigkeit für Ca^{2+}-Ionen erhöht, verursacht durch die Öffnung der Ca^{2+}-Ionenkanäle in der Dendritenmembran. Der darauffolgende Ca^{2+}-Ioneneinstrom in das Zellplasma des Dendriten (entlang des Konzentrationsgradienten) führt zu einer Depolarisation der Dendritenmembran. Diese Erregung breitet sich elektrotonisch bis zum Axonhügel aus. Wird dort der Schwellenwert überschritten, kommt es zur Entstehung von Aktionspotenzialen (AP) am Axon der Schmerzsinneszelle.

TIPP Trotz gleichbleibender Reizstärke kommt es ab einem gewissen Zeitpunkt zu einer abnehmenden Ca^{2+}-Leitfähigkeit der Dendritenmembran. Auch besteht vor und nach dem Reiz eine geringe (schwankende) Ca^{2+}-Leitfähigkeit. Diese Details sind nicht für die Erklärung der Ausbildung eines APs zu berücksichtigen; ihre Erwähnung wird daher nicht verlangt.

Begründung der erwarteten Ergebnisse beim Nacktmull:
Bei gleicher Reizstärke kommt es zu einem schwächeren oder zu keinem Ca^{2+}-Ioneneinstrom (z. B., da weniger Ca^{2+}-Ionenkanäle in der Dendritenmembran vorhanden sind oder da sich die Ionenkanäle erst bei höheren Reizstärken öffnen) und damit zu einem geringeren messbaren Anstieg der Ca^{2+}-Leitfähigkeit. Dies führt am Axonhügel der Schmerzsinneszelle zur Auslösung einer geringeren AP-Frequenz bzw. gar nicht zur Ausbildung eines APs (bei unterschwelliger Depolarisation) und somit zu einer verminderten Schmerzempfindlichkeit. Mit den Sinneszellen anderer Säugetierarten vergleichbare AP-Frequenzen (und damit Schmerzempfindungen) würden beim Nacktmull so erst bei höheren Reizstärken erreicht werden.

3.1 **Erläuterung** der NGF-Wirkung bei der Ratte:
NGF lagert sich nach dem Schlüssel-Schloss-Prinzip an den extrazellulären Teil des NGF-Rezeptors (Transmembranprotein) an. Daraufhin bindet dessen intrazellulärer Teil eine Phosphatgruppe und überträgt diese auf ein Signalpeptid im Zellplasma. Die phosphorylierte Form dieses Peptids wandert in den Zellkern und bewirkt dort die Aktivierung des Gens, das für den Ca^{2+}-Ionenkanal codiert. Nach Transkription dieses Gens gelangt die mRNA ins Zytoplasma und wird dort translatiert. Hierdurch kommt es zu einer verstärkten Bildung von Ca^{2+}-Ionenkanälen und zu deren Einbau in die Dendritenmembran der Schmerzsinneszellen. Findet eine Reizung statt, strömen dadurch mehr Ca^{2+}-Ionen in die Dendriten, sodass es

zu einer stärkeren Depolarisation und damit zu einer höheren AP-Frequenz kommt als ohne NGF-Einfluss. Die Schmerzempfindlichkeit der Ratte wird also durch die Wirkung von NGF erhöht.

3.2 **Vergleich** der NGF-Rezeptor-Modelle mit dem NFG-Rezeptor der Ratte:

> **TIPP** Der Operator „vergleichen“ erfordert die Nennung von Ähnlichkeiten/ Gemeinsamkeiten und Unterschieden.

Beide Modelle des NGF-Rezeptors des Nacktmulls unterscheiden sich vom NGF-Rezeptor der Ratte jeweils in der Form einer der beiden Molekülbindestellen:

- Modell 1: Die intrazelluläre Bindestelle für die Phosphatgruppe ist unverändert im Vergleich zum NGF-Rezeptor der Ratte. Die extrazelluläre Bindestelle für NGF weist eine veränderte Raumstruktur auf.
- Modell 2: Es liegt ein Unterschied in der räumlichen Ausprägung der intrazellulären Phosphatbindestelle vor. Die extrazelluläre NGF-Bindestelle ist unverändert.

Erklärung der verminderten Schmerzempfindlichkeit des Nacktmulls:
Ein unterbrochener oder ineffizienterer Signaltransduktionsweg, der zur Ausprägung der Ca^{2+}-Ionenkanäle führt, würde die verminderte Schmerzempfindlichkeit erklären:

- Nach Modell 1 könnte die räumlich veränderte extrazelluläre Bindestelle die Affinität des Rezeptors zu NGF herabsetzen oder die Bindung von NGF komplett verhindern.
- Nach Modell 2 wäre die Bindung der Phosphatgruppe an den intrazellulären Bereich des Rezeptors oder ihre Übertragung auf das Signalpeptid beeinträchtigt.

In beiden Fällen käme es zu einer verminderten oder zu gar keiner Expression der Gene, die für das Ca^{2+}-Ionenkanalprotein codieren. Die Anzahl dieser Kanäle in der Dendritenmembran und somit die Schmerzempfindlichkeit wären (trotz Anwesenheit von NGF) relativ gering.

3.3 **Ermittlung** der wahrscheinlichsten DNA-Sequenz für die 533. Aminosäure:

Ratte:	Aminosäure:	Asn		
	mRNA:	5' … AAC/U … 3'		
	mögliche DNA-Sequenz:	3' … TTG/A … 5'		
Nacktmull:	Aminosäure:	Ser		
	mRNA:	5' … UCN … 3'	oder	5' … AGC/U … 3'
	mögliche DNA-Sequenz:	3' … AGN … 5'	oder	3' … **TCG/A** … 5'

Begründung der Vermutung:
Die Aminosäure Serin ist mit insgesamt sechs möglichen Basentripletts redundant codiert. Zwei davon weisen in der ersten Base T und in der zweiten C auf, die anderen A und G. Die Sequenz mit der markierten Mutation in der zweiten Base von T nach C ist am wahrscheinlichsten, da hier eine einzige (Punkt-)Mutation die Veränderung erklären kann. Bei der zweiten Möglichkeit (Asn: 3' TTG/A 5' $\rightarrow$ Ser: 3' AGG/A 5') wäre der Austausch von zwei Nukleotiden erforderlich, was unwahrscheinlicher ist.

4 **Begründung** der Interpretation der Versuchsergebnisse:

> **TIPP** Obwohl es nicht ausdrücklich verlangt ist, empfiehlt es sich, zunächst die in Abb. 4 dargestellten Versuchsergebnisse zu beschreiben. Abb. 4 zeigt dabei die Stärke des Calciumioneneinstroms als Antwort auf einen (Schmerz-)Reiz in verschiedenen genmanipulierten Zellen, nachdem diese Zellen mit NGF behandelt wurden.

Nach NGF-Zugabe (und Reizung) zeigten sowohl die Zellen mit dem Nacktmull-NGF-Rezeptor als auch die Zellen mit dem chimären NGF-Rezeptor einen deutlich schwächeren Ca^{2+}-Ioneneinstrom als die Zellen mit dem NGF-Rezeptor der Ratte.
Da der chimäre NGF-Rezeptor (Außenseite Rattenrezeptor, Innenseite Nacktmullrezeptor) nach NGF-Zugabe einen genauso geringen Ca^{2+}-Ioneneinstrom wie der Nacktmullrezeptor verursacht, kann Modell 1 widerlegt werden. In Modell 1 wird nämlich ein gegenüber dem Rattenrezeptor unveränderter intrazellulärer Teil postuliert, sodass der chimäre Rezeptor genau dem NGF-Rezeptor der Ratte entsprechen müsste. Es müsste daher ein exakt gleich hoher Ca^{2+}-Ioneneinstrom wie bei diesem gemessen werden. Da dies nicht der Fall ist, stützen die Ergebnisse die Annahme des Modells 2, dass die Innenseite des Nacktmullrezeptors verändert ist. Hierdurch könnte die Phosphatgruppe nicht gebunden und übertragen werden, der Signalweg wäre somit unterbrochen und es käme nur zu einem geringen Ca^{2+}-Ioneneinstrom.

5 **Erläuterung** von Möglichkeiten, die Wirkung von NGF zu unterbinden:

> **TIPP** Prinzipiell sind Wirkstoffe, die entweder auf den Signalstoff (NGF) selbst oder auf den extrazellulären Teil des NGF-Rezeptors einwirken, denkbar. Nur zwei Möglichkeiten müssen erläutert werden.

Es könnten u. a. folgende Wirkstoffe verabreicht werden:
- Kompetitiver Hemmstoff, der aufgrund einer NGF-ähnlichen räumlichen Struktur an die extrazelluläre NGF-Bindestelle andocken und diese blockieren kann, ohne den Signalweg auszulösen.

- (Neutralisierende) Anti-NGF-Antikörper, die spezifisch an NGF binden können, sodass NGF nicht mehr an den NGF-Rezeptor andocken kann.
- Enzym, das NGF spalten kann, sodass es nicht mehr zur Bindung von NGF an die NGF-Bindestelle des Rezeptors kommen kann.
- Wirkstoff, der durch Bindung an den NGF-Rezeptor die räumliche Struktur der extrazellulären NGF-Bindestelle so verändert, dass NGF nicht mehr binden kann.

In allen Fällen führt die medikamentöse Wirkung dazu, dass die durch NGF angestoßene Signalkaskade nicht ausgelöst wird. Die Anzahl der Ca^{2+}-Ionenkanäle in der Membran wird daher nicht erhöht. Schmerzauslösende Reize führen somit nicht mehr zu einem erhöhten Ca^{2+}-Ioneneinstrom und zu einem erhöhten Schmerzempfinden.

VP

Abb. 1: Raupe des Monarchfalters *(Danaus plexippus)*
© Marsha Mood. Shutterstock

Die Blätter der Seidenpflanze (Gattung *Asclepias*) enthalten ein Gift, das zur Gruppe der Cardenolide zählt. Bei Tieren, die solche Blätter fressen, führt das Gift zu tödlichen Lähmungen, da es auf die Na^+/K^+-Pumpe der Nervenzellen wirkt. Die Raupen verschiedener Schmetterlingsarten, u. a. die Raupe des Monarchfalters (siehe Abb. 1), können sich jedoch von *Asclepias*-Blättern ernähren, ohne beeinträchtigt zu werden. Ihre Na^+/K^+-Pumpe hat gegenüber anderen Arten eine veränderte Aminosäuresequenz. Der in Tabelle 1 gezeigte Ausschnitt liegt in unmittelbarer Nähe des aktiven Zentrums der Na^+/K^+-Pumpe, welches für die Abspaltung einer Phosphatgruppe von ATP zuständig ist.

Tierart	**Aminosäuresequenz der Na^+/K^+-Pumpe (Ausschnitt Positionen 118–122)**				
	118	119	120	121	122
Monarchfalter *(D. plexippus)*	Pro	Ser	Asp	Asp	His
Insekten (andere Arten)	Pro	Ser	Asp	Asp	Asn

Tab. 1: Aminosäuresequenz der Na^+/K^+-Pumpe bei verschiedenen Arten

1.1 Geben Sie für die Aminosäuresequenz der Insekten (andere Arten) in Tabelle 1 eine mögliche Sequenz des codogenen Strangs der DNA an. Geben Sie eine Punktmutation an, welche die Veränderung an Position 122 beim Monarchfalter erklärt. 2

1.2 Erläutern Sie die Funktion der Na^+/K^+-Pumpe in der Axonmembran und geben Sie eine mögliche Erklärung für das Auftreten der geschilderten Lähmungssymptome unter Einwirkung der Cardenolide.
Erklären Sie auf molekularer Ebene, wie es bei funktionsfähiger Na^+/K^+-Pumpe zur Verträglichkeit von Cardenoliden beim Monarchfalter kommt.

5

Auch die Raupe der Schmetterlingsart *Euploea core* frisst an Blättern der Seidenpflanze; sie scheint also gegenüber den Giften unempfindlich zu sein. Dies ist überraschend, da ihre Na^+/K^+-Pumpe der der anderen Insektenarten entspricht (siehe Tab. 1) und daher ebenso empfindlich gegenüber Cardenoliden sein müsste. In Untersuchungen (siehe Abb. 2 und Abb. 3) wurde *Euploea core* mit dem Monarchfalter verglichen.

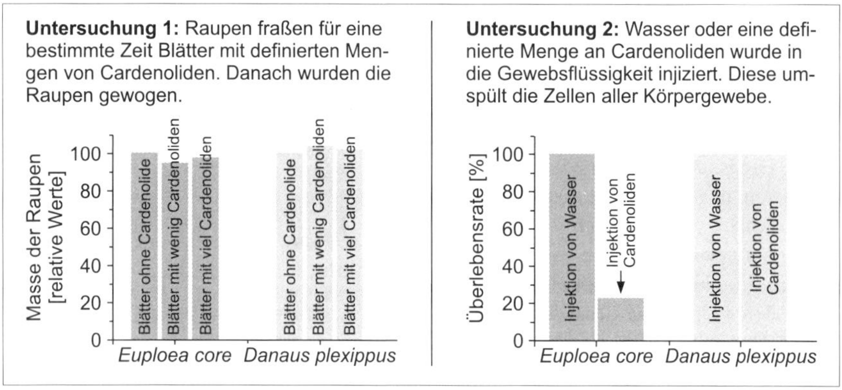

Abb. 2: Vergleichende Untersuchungen 1 und 2 an *Euploea core* und am Monarchfalter

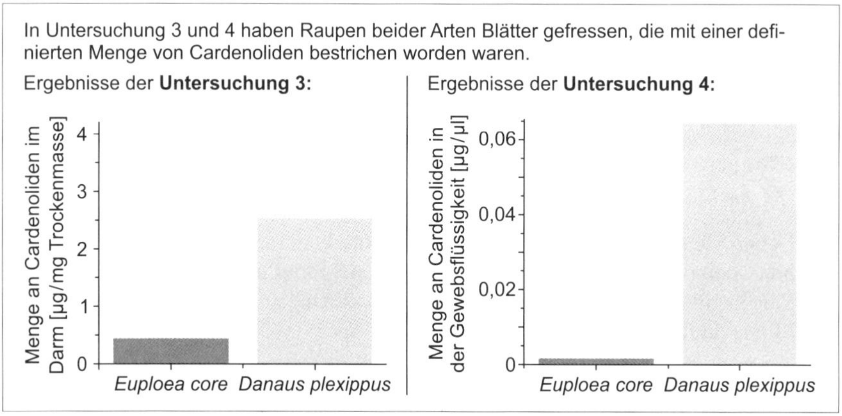

Abb. 3: Vergleichende Untersuchungen 3 und 4 an *Euploea core* und am Monarchfalter

2.1 Beschreiben Sie die Ergebnisse der Untersuchungen 1 und 2. Werten Sie sie hinsichtlich der Aussagen zur Verträglichkeit des Giftes und zur Na^+/K^+-Pumpe bei *Euploea core* aus. 3

2.2 Beschreiben Sie die Ergebnisse der Untersuchungen 3 und 4. Leiten Sie daraus einen Mechanismus ab, der die Toleranz von *Euploea core* gegenüber den Cardenoliden erklären könnte. 3

Die Raupen des Monarchfalters lagern die giftigen Cardenolide in ihrem Körpergewebe ein. Darüber hinaus sind die Raupen auffallend gelb-schwarz gestreift. Fressen Vögel die Raupen, erbrechen sie sich heftig und meiden diese Raupen fortan.

3 Erklären Sie mithilfe der synthetischen Evolutionstheorie die Ausbildung einer gelb-schwarzen Körperfärbung bei den Raupen des Monarchfalters. 3

Freilandbeobachtungen zeigen, dass auch die Raupen von *Euploea core* von Vögeln gemieden werden, obwohl diese Art genießbar ist. Man führt dies auf ihre Färbung zurück, die der der Monarchfalterraupen ähnelt. Eine solche Nachahmung einer ungenießbaren Art durch eine genießbare Art bezeichnet man als Scheinwarntracht (Mimikry). Das gleichzeitige Vorkommen (Koexistenz) zweier ähnlicher Arten bei einer Mimikry wurde mithilfe von Modellrechnungen simuliert. Ziel war es herauszufinden, unter welchen Bedingungen Mimikry besonders wirksam ist. Die Ergebnisse sind in Abbildung 4 dargestellt.

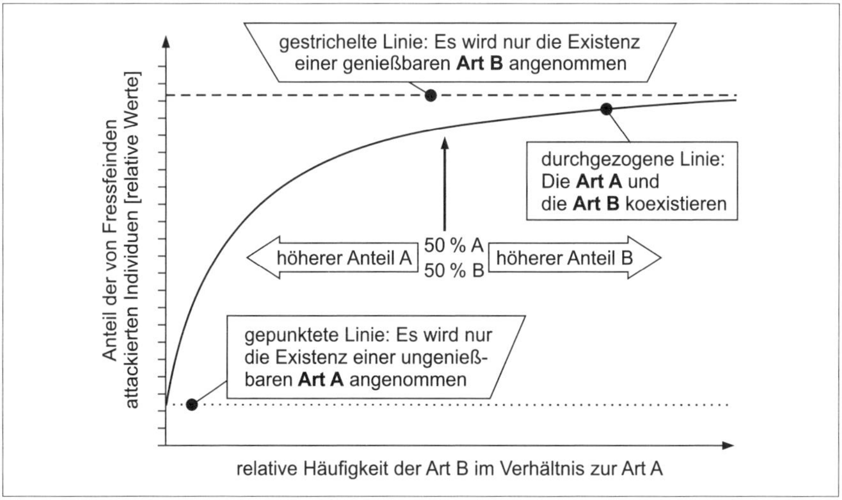

Abb. 4: Modellrechnung: Bedrohung durch Fressfeinde in Abhängigkeit vom Verhältnis der Häufigkeit von Art B (genießbar) zu Art A (ungenießbar). Gestrichelte und gepunktete Linie: Vergleichswerte ohne Koexistenz

4 Erklären Sie den Verlauf des Graphen (durchgezogene Linie). Erläutern Sie, unter welcher Bedingung eine Mimikry besonders wirksam ist. 4

20

Lösungsvorschlag

1.1 **Angabe** einer möglichen Sequenz des codogenen Strangs der DNA:

TIPP Nur die Angabe einer möglichen Sequenz ist verlangt. Die mRNA-Sequenz muss nicht angeführt werden.

Position		118	119	120	121	122	
Aminosäure		Pro	Ser	Asp	Asp	Asn	
mRNA	*5'*	*CCU* *CCC* *CCA* *CCG*	*UCU* *UCC* *UCA* *UCG* *AGC* *AGU*	*GAU* *GAC*	*GAU* *GAC*	*AAC* *AAU*	*3'*
DNA	3'	GGA GGG GGT GGC	AGA AGG AGT AGC TCG TCA	CTA CTG	CTA CTG	TTG TTA	5'

Angabe einer Punktmutation, die die Veränderung (Pos. 122) erklärt:

	Insekten (andere Arten)	Monarchfalter
DNA	3' … TTG … 5' 3' … TTA … 5'	3' … GTG … 5' 3' … GTA … 5'
mRNA	*5' … AAC … 3'* *5' … AAU … 3'*	*5' … CAC … 3'* *5' … CAU … 3'*
Aminosäure	*Asn*	*His*

1.2 **Erläuterung** der Funktion der Na^+/K^+-Pumpe in der Axonmembran:
Durch einen ATP-getriebenen (*primär* aktiven) Transport pumpt die Na^+/K^+-ATPase pro Zyklus entgegen dem jeweiligen Konzentrationsgradienten 3 Na^+-Ionen aus dem Axoplasma nach außen und 2 K^+-Ionen (aus dem Umgebungsmedium) ins Zellinnere.

- Die Natrium-Kalium-Pumpe bewirkt dadurch einen Konzentrationsunterschied dieser beiden Ionenarten zwischen Axoplasma und Umgebungsmedium (innen: hohe K^+-Ionenkonzentration; außen: hohe Na^+-Ionenkonzentration). Infolgedessen kann sich durch die hohe Permeabilität der Axonmembran für Kaliumionen eine Ladungsdifferenz (Potenzialdifferenz) zwischen Axoplasma und extrazellulärem Medium, das Ruhepotenzial, etablieren.

- Da pro Zyklus in der Bilanz jeweils ein Kation aus dem Axoplasma entfernt wird, trägt sie darüber hinaus auch direkt zur Ausbildung des Ruhepotenzials bei (elektrogene Wirkung).
- In nicht erregtem Zustand der Nervenzellmembran besteht eine geringe Permeabilität für Na^+-Ionen (ihrem Konzentrationsgefälle und dem elektrischen Gradienten folgend) in das Axon hinein. Ohne die Kompensation dieser Leckströme durch die Na^+/K^+-Pumpe käme es zu einem Zusammenbrechen des Ruhepotenzials.
- Da es mit jedem Aktionspotenzial zu einer Störung des Ruhepotenzials (Na^+-Ioneneinstrom und K^+-Ionenausstrom) kommt, stellt die Na^+/K^+-Pumpe die ursprünglichen Ionenverhältnisse wieder her und schafft so die Voraussetzung dafür, dass neue Aktionspotenziale ablaufen können.

Erklärung der Lähmungssymptome unter Einwirkung von Cardenoliden:
Cardenolide binden vermutlich nahe der ATP-Bindungsstelle der Na^+/K^+-ATPase und verhindern (z. B. durch eine Konformationsänderung des aktiven Zentrums) die Bindung und Spaltung von ATP. Der energieabhängige Transport von Na^+-Ionen aus dem Axoplasma und von K^+-Ionen ins Axon kommt damit zum Erliegen. Das Ruhepotenzial bricht zusammen, da nach erfolgten Aktionspotenzialen die ursprüngliche Ionenverteilung nicht wiederhergestellt und auch im unerregten Zustand der Na^+-Ionenleckstrom nach innen nicht mehr kompensiert werden kann. Motoneurone, die die Muskulatur innervieren, können daher keine Erregungen mehr durch die Erzeugung von Aktionspotenzialen leiten, sodass es zu den geschilderten Lähmungssymptomen kommt.

TIPP Die mutationsbedingt veränderte Aminosäure beim Monarchfalter, die ihn resistent gegenüber Cardenoliden macht, liegt in unmittelbarer Nähe des aktiven Zentrums der Na^+/K^+-ATPase und verändert vermutlich an dieser Stelle die Raumstruktur des Enzyms. Daher ist es am wahrscheinlichsten, dass die Bindestelle für Cardenolide, die beim Monarchfalter verloren geht, an dieser Position liegt. Andere Bindungsorte für Cardenolide (z. B. direkt am aktiven Zentrum oder an einer Ionenbindungsstelle) sind weniger plausibel, auch, da die Funktion des Enzyms trotz der Mutation erhalten bleibt.

Erklärung der Verträglichkeit von Cardenoliden beim Monarchfalter:
Die mutationsbedingt veränderte Aminosäure (Asn $\rightarrow$ His) des Monarchfalters, die in unmittelbarer Nähe des aktiven Zentrums der Na^+/K^+-ATPase liegt, hat vermutlich in dieser Region eine Veränderung der räumlichen Struktur *(z. B. durch eine andere chemische Eigenschaft der Seitenkette und damit andere chemische Wechselwirkungen mit Einfluss auf die Tertiärstruktur)* des Proteins zur Folge. Dadurch können Cardenolide nicht mehr nach dem Schlüssel-Schloss-Prinzip

an die Natrium-Kalium-Pumpe in der Nähe der ATP-Bindungsstelle binden und diese verändern. Bindung und Spaltung von ATP bleiben möglich und somit bleibt die Funktionsfähigkeit des Enzyms trotz Einwirkung von Cardenoliden erhalten.

2.1 **Beschreibung** der Versuchsergebnisse in Abb. 2:

- Untersuchung 1: Weder bei *Euploea core* noch bei *Danaus plexippus* ließen sich in Abhängigkeit vom Cardenolidegehalt der gefressenen Blätter (ohne, mit wenig, mit viel Cardenolide/n) signifikante Unterschiede in der Masse(zunahme) der Raupen feststellen.

> TIPP Die geringen Unterschiede in der Massezunahme können vernachlässigt werden, da gerade bei biologischen Experimenten natürliche Schwankungen (oder kleine Messungenauigkeiten) zu erwarten und zu berücksichtigen sind.

- Untersuchung 2: Die Überlebensrate sank bei *Euploea core* nach Injektion von Cardenoliden in die Gewebsflüssigkeit im Vergleich zur Kontrollgruppe (Injektion von Wasser) von 100 % auf ca. 20 %. Auf die Überlebensrate von *Danaus plexippus* hatte die Injektion von Cardenoliden keinen Einfluss.

Auswertung der Untersuchungen 1 und 2:
Der vom Cardenolidegehalt der gefressenen Blätter nahezu unbeeinträchtigte Massezuwachs von *Euploea core* in Untersuchung 1 belegt, dass *Euploea core* durch Fressen des Giftstoffes (im Wachstum) kaum/nicht beeinträchtigt wird.
Die Cardenolideresistenz von *Euploea core* kann nicht mit einem veränderten Bau der Na^+/K^+-Pumpe erklärt werden, da das Gift, in die Gewebsflüssigkeit injiziert, zu einem massiven Versterben der Raupen führt. Dies legt nahe, dass das Gift seine Wirkung an einer unveränderten Na^+/K^+-Pumpe entfalten kann. Folglich muss die Cardenolideresistenz eine andere Ursache haben.

> TIPP Die etwas mehr als 20 %ige Überlebensrate trotz Gifteinwirkung auf das Körpergewebe von *Euploea core* lässt sich z. B. auf Mutationen einzelner Individuen oder ein potenteres Abwehrsystem zurückführen. Eine Erklärung dazu ist aber nicht verlangt.

2.2 **Beschreibung** der Versuchsergebnisse in Abb. 3:

- Untersuchung 3: Nachdem Raupen beider Arten mit Cardenoliden bestrichene Blätter gefressen hatten, wurde bei *Danaus plexippus* eine fünffach höhere Konzentration an Cardenoliden im Darm nachgewiesen (ca. 2,5 µg/mg Trockenmasse) als bei *Euploea core*.
- Untersuchung 4: Die Konzentration von Cardenoliden in der Gewebsflüssigkeit lag bei *Danaus plexippus* nach dem Verzehr von mit Cardenoliden bestrichenen Blättern ca. 65-mal höher (ca. 0,065 µg/µl) als bei *Euploea core* (ca. 0,001 µg/µl).

Ableitung eines möglichen Toleranzmechanismus:
Obwohl beide Raupenarten gleiche Mengen von Cardenoliden mit der Nahrung aufgenommen hatten, ließen sich bei *Euploea core* im Vergleich zu *Danaus plexippus* deutlich geringere Mengen im Darm nachweisen (U3). Dies legt eine Modifikation oder den Abbau des Giftes, z. B. durch Enzyme oder den pH-Wert, im Verdauungstrakt von *Euploea core* nahe. Eine Folge davon wäre, dass nur entsprechend geringe Mengen unmodifizierten Giftes von den Darmzellen in die Gewebeflüssigkeit aufgenommen werden könnten (U4). Allerdings war der Unterschied in der Konzentration von Cardenoliden in der Gewebsflüssigkeit zwischen *Euploea core* und *Danaus plexippus* um ein Vielfaches größer als im Darm. Daher ist zusätzlich anzunehmen, dass auch die Aufnahme des Giftstoffes aus dem Darmtrakt in die Gewebsflüssigkeit, z. B. durch veränderte Transportsysteme in den Zellmembranen der Darmzellen von *Euploea core*, beeinträchtigt ist.

3 **Erklärung** der Körperfärbung mithilfe der synthetischen Evolutionstheorie:

> **TIPP** Die Entstehung neuer Merkmale lässt sich im Sinne der Synthetischen Evolutionstheorie mithilfe der Begriffe Mutation, Rekombination, Selektion und Allelfrequenz erklären. In diesem Fall sind besonders die bei der Ursprungspopulation bereits vorhandene Cardenolideresistenz und der Lerneffekt der Prädatoren (Vögel) zu beachten. Ohne Letzteren wäre die Entstehung eines derart auffälligen Merkmals nur schwer zu erklären.

Als Ausgangspunkt kann eine Population von Vorfahren des Monarchfalters angenommen werden, deren Raupen bereits eine Cardenolideresistenz aufwiesen, jedoch vermutlich noch eine an ihren Lebensraum angepasste grüne Körperfärbung trugen. Durch Mutationen entwickelten sich bei Individuen neue Allele, deren Genprodukte unterschiedlich gefärbte und gemusterte Körperoberflächen hervorriefen. Durch Rekombination dieser Allele (bei der sexuellen Fortpflanzung) entstand eine bezüglich der Körperfärbung variable Population. Kontrastreich schwarz-gelb gestreifte Individuen hatten vermutlich ursprünglich eine geringere Überlebensrate, da sie vor dem grünen Hintergrund ihres Lebensraums leichter von Vögeln erkannt und vermehrt erbeutet wurden. Infolge negativer Erfahrungen der Vögel beim Fressen der Raupen wandelte sich die auffällige Färbung jedoch in einen Selektionsvorteil, da Raupen mit diesem Merkmal leicht erkannt und fortan als ungenießbar verschmäht wurden. Individuen mit einer entsprechenden Allelkombination hatten somit aufgrund ihrer höheren Überlebenswahrscheinlichkeit einen größeren Fortpflanzungserfolg. Die erhöhte reproduktive Fitness führte von Generation zu Generation im Genpool der Population zu einer gesteigerten Häufigkeit derjenigen Allele, die für die Ausprägung des gelb-schwarzen Streifenmusters der Larvenstadien codierten (Veränderung der Allelfrequenz) und damit zu einer zunehmenden Häufigkeit der Träger dieses Merkmals innerhalb der Population.

4 **Erklärung** des Verlaufs des Graphen:
Der Graph zeigt für zwei koexistierende Arten A und B die Abhängigkeit des Anteils der von Fressfeinden attackierten Individuen (Art A und Art B zusammen) von der relativen Häufigkeit der beiden Arten zueinander. Kommt die genießbare Art B gegenüber der ungenießbaren Art A kaum vor, werden die Insekten auch ähnlich selten angegriffen wie bei Existenz nur einer ungenießbaren Art. Mit zunehmender Häufigkeit der genießbaren Art B nimmt die Gefährdung (beider Arten) durch Fressfeinde schnell stark zu, da die Fressfeinde vermehrt genießbare Tiere erbeuten. Sind Individuen beider Arten gleich häufig vertreten, wird ein fast so großer Anteil der Raupen attackiert wie bei Existenz nur einer genießbaren Art. Steigt der relative Anteil der Art B über 50 %, nähert sich die Kurve langsam (mit abnehmender Steigung) dem maximalen Wert der Angriffshäufigkeit an, der vorliegt, wenn nur eine genießbare Art vorkommt.

Erläuterung der Wirksamkeit der Mimikry:
Besonders bei einem sehr hohen Anteil der giftigen Art A im Verhältnis zur genießbaren Art B sind die wenigen ungiftigen Individuen aufgrund der Nachahmung der Warntracht der giftigen Art vor Angriffen der Fressfeinde gut geschützt. Die Wahrscheinlichkeit, genießbare Nahrung zu erbeuten, ist für die Angreifer dann zu gering. Diese steigt jedoch mit der Zunahme der Häufigkeit der Art B schnell an, sodass der Schutzmechanismus (die Warntracht) der ungenießbaren Art dann unwirksamer wird und es vermehrt zu Attacken (auf beide Arten) kommt.

Um Ihnen die Prüfung 2022 schnellstmöglich zur Verfügung stellen zu können, bringen wir sie in digitaler Form heraus.

Sobald die Original-Prüfungsaufgaben 2022 freigegeben sind, können sie als PDF auf der Plattform **MyStark** heruntergeladen werden (Zugangscode vgl. Farbseiten vorne im Buch).

Prüfung 2022

www.stark-verlag.de/mystark